Dietrich Schroeer

Physik verändert die Welt?

Facetten der Physik

Physik hat viele
Facetten: historische, technische
soziale, kulturelle, philosophische und
amüsante. Sie können wesentliche und
bestimmende Motive für die Beschäftigung
mit den Naturwissenschaften sein. Viele
Lehrbücher lassen diese „Facetten der
Physik" nur erahnen. Daher soll
unsere Buchreihe ihnen
gewidmet sein.

Prof. Dr. Roman Sexl
Herausgeber

Eine Liste der erschienenen Bücher
finden Sie auf Seite 195

Dietrich Schroeer

Physik verändert die Welt?

Die gesellschaftliche Dimension
der Naturwissenschaft

Aus dem Englischen übersetzt von
Ernst Streeruwitz

Springer Fachmedien Wiesbaden GmbH

Dieses Buch ist die deutsche Übersetzung von
Dietrich Schroeer
Physics and its Fifth Dimension
© Addison-Wesley Publishing Company 1972

Übersetzung: Dr. *Ernst Streeruwitz*, Wien

Die deutsche Ausgabe wurde gegenüber dem Original um neun Kapitel gekürzt:
Entfallen sind die Kapitel 12, 14, 19, 20, 22, 23, 25, 26 und 27 des Originals.

Das Titelbild zeigt einen Ausschnitt aus dem Objekt 637 '76 von *Curt Stenver*
„Von der Unmöglichkeit der Diskussion".

1984

Alle Rechte an der deutschen Ausgabe vorbehalten
© Springer Fachmedien Wiesbaden 1984.
Ursprünglich erschienen bei Friedr. Vieweg & Sohn Verlagsgesellschaft mbH, Braunschweig 1984

Die Vervielfältigung und Übertragung einzelner Textabschnitte, Zeichnungen oder
Bilder, auch für Zwecke der Unterrichtsgestaltung, gestattet das Urheberrecht nur,
wenn sie mit dem Verlag vorher vereinbart wurden. Im Einzelfall muß über die Zahlung
einer Gebühr für die Nutzung fremden geistigen Eigentums entschieden werden. Das
gilt für die Vervielfältigung durch alle Verfahren einschließlich Speicherung und jede
Übertragung auf Papier, Transparente, Filme, Bänder, Platten und andere Medien.

Satz: Vieweg, Braunschweig

ISBN 978-3-528-08414-1   ISBN 978-3-322-88798-6 (eBook)
DOI 10.1007/978-3-322-88798-6

Inhaltsverzeichnis

Einleitung X

1 **Die zwei Kulturen** 1
   Einleitung 2
   Kritik an den zwei Kulturen 4
   Die historischen Wurzeln der zwei Kulturen .. 6

2 **Die verlorene Welt** 8
   Einleitung 8
   Die Lebenserwartung 9
   Die Lebensqualität 13
   Zusammenfassung 16

3 **Das Wachstum der Wissenschaft** 17
   Einleitung 17
   Das Wachstum der Wissenschaft 18
   Die Expansion der Wissenschaft und ihre Probleme .. 21
   Gesellschaftliche Prioritäten 22
   Falsche Prioritäten 23
   Zusammenfassung 24

4 **Das Gebäude der Wissenschaften** 27
   Einleitung 27
   Wissenschaft als Disziplin 30
   Wissenschaftspolitik und „Konsens-Wissenschaft" .. 31
   Die Lindemann-Tizard-Kontroverse 31
   Zusammenfassung 32

V

5 Mythos, Kosmologie und Astrologie 34
   Einleitung 34
   Die frühesten Mythen und Kosmologien 35
   Astronomie und Zeitrechnung 35
   Stonehenge 36
   Ägyptische Astronomie 38
   Babylonische und assyrische Astrologie 39
   Ist Astrologie eine Wissenschaft? 41
   Zusammenfassung 42

6 Der Irrweg der griechischen Wissenschaft 44
   Einführung 44
   Die Entstehung der griechischen Wissenschaft 45
   Der pythagoräische Zugang zur Wissenschaft 46
   Aristoteles und die Natur 50
   Der Irrweg der griechischen Wissenschaft: Eine Zusammenfassung . . . 51

7 Galilei und die wissenschaftliche Revolution 55
   Einleitung 55
   Die Entwicklung der Wissenschaft von den alten Griechen
   bis zur Renaissance 56
   Kopernicus und Kepler 57
   Christentum und Wissenschaft 58
   Galileo Galilei: Leben und Werk 60
   Die Konfrontation zwischen Galilei und der katholischen Kirche 62
   Das Leben des Galilei nach Bertold Brecht 66
   Schlußfolgerungen 67

8 Die Welt als Uhrwerk 70
   Einleitung 70
   Das Uhrwerk-Modell 71
   Newtons Physik 73
   Der Einfluß der Newtonschen Mechanik 74
   Newtonsche Philosophie und Theologie 75
   Newtonsche Philosophie und der freie Wille 76
   Zusammenfassung 77

9 Romantik, Physik und Goethe 79
   Einleitung 79
   Romantik und englische Dichtkunst 80
   Deutsche Romantik 82
   Goethe und die Romantik 83
   Goethe als Wissenschaftler 85
   Zusammenfassung 87

10 Wissenschaft und industrielle Revolution 88
   Einleitung 88
   Die industrielle Revolution 89
   Die Lunatiker 89
   Dampfmaschine und Thermodynamik 90
   Elektromagnetische Theorie und elektrische Industrie 92
   Schlußfolgerungen 93

11 Maxwellscher Dämon, Wärmetod und Evolution 95
   Einleitung 95
   Die Entwicklung des 19. Jahrhunderts auf dem Gebiet
   der Kunst und Physik 96
   Thermodynamik 98
   Der Maxwellsche Dämon 99
   Physik und Evolution 101
   Degeneration 103
   Zusammenfassung 104

12 Die moderne wissenschaftliche Revolution:
   Relativität und Quantenmechanik 106
   Einleitung 106
   Die Natur des Lichts 108
   Einsteins Relativitätstheorie 109
   Die Quantenmechanik 111
   Das Heisenbergsche Unbestimmtheitsprinzip 113
   Die Auswirkungen der Quantentheorie und der Quantenmechanik . . . 113

13 Wissenschaft und moderne Kunst 116
   Einleitung 116
   Technik und Kunst: 1900 bis 1933 117
   Expressionismus 120

Futurismus 121
Die Bauhaus-Bewegung in der Zeit nach dem ersten Weltkrieg 123
Andere Beispiele für Wissenschaft und Kunst 125
Zusammenfassung 127

14 Wissenschaft und politische Ideologien 129
Einleitung 129
Wissenschaft und Politik im ersten Weltkrieg 130
Einstein und Politik 131
Die intellektuelle Abwanderung 134
Der Nationalsozialismus und die angewandte Wissenschaft 138
Zusammenfassung 138

15 Die Wissenschaftler ziehen in den Krieg: Die Atombombe 141
Einleitung 141
Die Wissenschaft in früheren Kriegen 142
Wissenschaftliche Beiträge des zweiten Weltkrieges 143
Das Prinzip der Atombombe 144
Die Propaganda für die Bombe 146
Der erste Kernreaktor 147
Die U^{235}-Anreicherung 147
Der Vater der Atombombe 148
Die Atombombe 152
Zusammenfassung 154

16 Die Entscheidung über den Abwurf der Bombe 156
Einleitung 156
Die Angst der Wissenschaftler 157
Die deutsche Atombombe 157
Die Atombombe und Japan 161
Die Meinung der Wissenschaftler 162
Die militärische Situation in Japan 165
Zusammenfassung 168

17 Häresie, Geheimhaltung und Politik 170
Einleitung 170
Marxismus und Wissenschaft 171
Peter Kapitsa 172

    Philosophie und Wissenschaft in der UdSSR 173
    Der Fall Lisenko 174
    Die Zensur des Scientific American 175
    In der Sache J. Robert Oppenheimer 177
    Zusammenfassung 181

18 Der Mann am Mond 183
    Einleitung 184
    Die Geschichte des Raumfahrtprogramms 185
    Das Apollo-Mond-Programm 188
    War das Raumfahrtprogramm gerechtfertigt? 190
    Zusammenfassung 192

Bildquellenverzeichnis 194

Einleitung

Die Wissenschaft beeinflußt in vielfältiger Weise unser heutiges und noch mehr unser künftiges Leben. Der technologische Fortschritt wird sich eines Tages nicht nur auf unsere Lebensweise, sondern auch auf unsere Überlebenschancen bestimmend auswirken. Vielleicht sollten gerade die Wissenschaftler, die diesen Fortschritt zustandebringen, auch über die Richtlinien entscheiden, nach denen das neue erworbene Wissen eingesetzt wird. Derzeit werden diese Entscheidungen von Juristen, Fernsehkommentatoren und Politikern getroffen. Diese also müßten aufgrund ihres Einflusses auf wissenschaftspolitische Entscheidungen mit der Wissenschaft vertraut sein, aber ihr Verständnis müßte gerade soweit gehen, daß sie nicht vom Fortschritt beherrscht werden, sondern — umgekehrt — ihn beherrschen. Dies aber wird nur dann möglich sein, wenn Wissenschaftler und Nichtwissenschaftler immer wieder und auf allen Ebenen das Gespräch miteinander suchen.

Das vorgelegte Material entspricht der gegenwärtig unter den Wissenschaftlern stattfindenden „Gewissenserforschung", die sich gerade in der letzten Zeit durch ökonomische und andere Zwänge intensiviert hat. Heute stehen wir immer wieder vor der Frage, ob wir in der Wissenschaft unsere einzige Überlebenschance zu suchen haben oder ob sie gerade in der heutigen Gesellschaft eine jener „heiligen Kühe" darstellt, durch deren Finanzierung anderen wichtigen Aufgaben Mittel entzogen werden. Jede befriedigende Antwort auf diese Frage muß vom grundlegenden Verständnis des Zusammenwirkens zwischen Wissenschaft und Gesellschaft ausgehen.

Zur Sprache kommen derart verschiedenartige Aspekte und Probleme wie „Die mittlere Lebenszeit im 16. Jahrhundert", „Die Unabhängigkeitserklärung", „Ein plötzlicher Anstieg in der Selbstmordrate junger Europäer des Jahres 1774", „Schmilzt das Polareis durch Umwelteinflüsse", „Physiker-Arbeitslosigkeit", „Geheimhaltung und Atomenergiekommission", „Gesellschaftliche Verantwortung des Wissenschaftlers". Dieser Themenkatalog beinhaltet zahlreiche Beispiele für die Wechselwirkung wissenschaftlicher und gesellschaftlicher Prozesse.

Der technologische Fortschritt hat die menschliche Gesellschaft durch seine Einflüsse auf Lebensquantität und -qualität maßgeblich umgestaltet. Unter Quantität des Lebens verstehen wir heute längere Lebenszeit, bessere Gesundheit und mehr Nahrung. Unter Lebensqualität verstehen wir Phänomene wie Lebensfreude und menschliches Glück. Die Segnungen des wissenschaftlichen Fortschritts standen bis vor nicht all zu langer Zeit hoch im Kurs. Heute sehen wir uns einer umfassenden Diskussion der möglicherweise schädlichen Auswirkungen des wissenschaftlichen Fortschrittes gegenüber.

Was leistet die Wissenschaft für uns? Welche Mittel benötigt sie? Sollen wir zum Mond fliegen, sollen wir Teilchenbeschleuniger konstruieren oder sollen wir Häuser für die Armen bauen? Einige Kriterien sollen angegeben werden, um die Beiträge der Wissenschaft für die Weiterentwicklung unserer Gesellschaft abschätzen zu können. Diese Kriterien sind an Beispielen aus Vergangenheit und Gegenwart zu verifizieren. An diesen Beispielen soll auch die Frage nach der gesellschaftlichen Verantwortung des Wissenschaftlers konkretisiert werden.

Das angebotene Material will am Beispiel der physikalischen Wissenschaft die folgenden drei Tatsachen demonstrieren:

(a) Arbeitsstil und Tendenzen einer Wissenschaft können dargestellt werden, ohne auf die jeweiligen wissenschaftlichen Inhalte im Detail einzugehen.
(b) Jede Wissenschaft steht in einem historischen und gesellschaftlichen Kontext und hat ihre deutlichen Auswirkungen auf den Ablauf der Geschichte selbst.
(c) Jede Wissenschaft hat Auswirkungen auf verwandte Wissenschaften und auf gesellschaftliche Phänomene wie etwa Politik und Krieg.

Gerade heute ist es wichtig, sich diese Tatsachen immer wieder plastisch vor Augen zu führen. Darin haben wir auch eine der wesentlichen Aufgaben unseres Bildungssystems zu sehen.

1 Die zwei Kulturen

Das Gegenteil einer richtigen Behauptung ist eine falsche Behauptung. Aber das Gegenteil einer vernüftigen Annahme kann eine ebenfalls vernüftige Annahme sein. (Niels Bohr)

Die Idee dieses Kapitels geht auf das Buch „Die zwei Kulturen" von C. P. Snow sowie auf die Diskussion um dieses Werk zurück, die zwei konträre Denkweisen über die Wechselwirkung zwischen Wissenschaft und Gesellschaft aufzeigt.

Einleitung

Im Jahre 1959 wurde Sir C. P. Snows Buch „Die zwei Kulturen" veröffentlicht. Es geht darin um die Vermutung, daß die Gesellschaft in zwei Bereiche polarisiert sei: In eine „wissenschaftliche" und eine „literarische" Kultur. Die wissenschaftliche Kultur konstituiert sich aus Wissenschaftlern und Technikern; in der literarischen Kultur finden wir alle jene Bereiche, die das Menschsein sozusagen erst richtig ausmachen. Snow beklagt die starke Polarisierung zwischen diesen beiden Kulturen und sieht in ihr eine Bedrohung für die ganze Gesellschaft.

„Die zwei Kulturen" lösten heftige Reaktionen aus. Es gab zahllose Stellungnahmen und Kommentare – einige waren begeistert, einige nicht ganz so begeistert und einzelne von vernichtender Ablehnung. Folgt man den Kritikern, so hat Snow diese kulturelle „Zweiteilung" überzeichnet. Exemplarisch läßt sich das Problem an Hand jenes Spruchbandes „Kultur gegen Landwirtschaft" veranschaulichen, das bei einem Basketballwettkampf zwischen einer Kunsthochschule und einer technischen Hochschule zu sehen war.

Wie die heftigen Reaktionen zeigen, trifft Snows Buch einen wunden Punkt. Das Konzept der kulturellen Polarisierung ist insofern nützlich, als es zwei Denkmodelle konfrontiert, die für viele Tendenzen in der Wechselwirkung zwischen Wissenschaft und Gesellschaft charakteristisch sind. Wir werden nun einige typische Unterschiede zwischen den beiden Kulturen und ihren Denkweisen herausarbeiten.

Die zwei Kulturen von C. P. Snow

Die Verwendung der beiden Worte Wissenschaftler und Nicht-Wissenschaftler gibt bereits einen ersten Hinweis auf die kulturelle Zweiteilung: Die Menschheit erscheint in zwei intellektuelle Untergruppen geteilt. Folgt man Snow, so gibt es eine wissenschaftliche Kultur, deren Extremisten die Naturwissenschaftler sind, und eine literarische Kultur*), deren Aristokraten die großen Dichter sind. Dieser Gegensatz hat eine ehrwürdige Geschichte und einige unserer heutigen Gesellschaftskonflikte, wie etwa die Hochschulunruhen, sind in gewissem Sinne ebenfalls Folgen dieses Gegensatzes.

Man muß nicht unbedingt mit Snows Beschreibung der gesellschaftlichen Polarisierung einverstanden sein, schließlich sind auch Wissenschaftler human. Trotzdem scheint es eine signifikante Zweiteilung unserer Kultur zu geben; wie auch immer man vorgeht, stößt man auf zwei sehr verschiedene kulturelle Einflußbereiche. Der gesellschaftliche Einfluß der wissenschaftlichen Kultur ist angesichts der technischen und wissenschaftlichen Entwicklungen offensichtlich. Unser heutiger Lebensstil ist durchdrungen und bestimmt von der Überflußgesellschaft, von der Mobilität des Autos, den Kommunikationsmöglichkeiten des Fernsehens und des Telefons. Der Einfluß der literarischen Kultur ist subtiler; sie bestimmt die Inhalte des Fernsehens, der Zeitungen, der Filme und Bücher, und ist daher in gleicher Weise gesellschaftlich relevant.

Die beiden Kulturen unterscheiden sich weitgehend in ihrer Haltung bezüglich der Zukunft. Wissenschaftler sind eher zukunftsorientiert und haben die weitere Entwicklung der Menschheit traditionell mit viel Optimismus beurteilt. Charakteristisch dafür ist beispielsweise Lord Rutherfords Beschreibung der Dreißigerjahre: „Dies ist das Heldenzeitalter der Wissenschaft!" Ähnliches brachte der Nobelpreisträger Isidor I. Rabi zum Ausdruck: „Die Wissenschaft erfüllt uns mit einem Gefühl der Hoffnung und der unbegrenzten Möglichkeiten ... Wird der menschliche Geist entsprechend den Traditionen der Wissenschaft eingesetzt, so wird er seinen Weg zum Ziel finden. Wie die Wissenschaft beweist, läßt sich die Zukunft prognostizieren und vorausplanen." [1.3]

In den letzten Jahren hat sich dieser Optimismus der Wissenschaft, ausgehend vom ersten Bericht des „Club of Rome" über „Die Grenzen des Wachstums" [1.4] merklich verändert. Bücher wie „Das Ende der Verschwendung" [1.5] oder „Planspiel zum Überleben" [1.6] zeigen, daß die weitere Entwicklung der Menschheit nicht unbedingt und restlos gesichert erscheint, nachdem sich materielle Resourcen aller Art langsam dem Ende zuneigen. Aber selbst

---

*) Der Ausdruck „literarische Kultur" hat sich im Deutschen als Übersetzung von Snows „humanistic culture" eingebürgert und umfaßt neben der Literatur auch andere Gebiete von Kunst und Geisteswissenschaft.

Bild 1-1 Diese „Computerkomposition" symbolisiert eine Vereinigung der beiden Kulturen.

in diesen Überlegungen kommt das Interesse der Wissenschaft für die zukünftige Entwicklung zum Ausdruck.

Obwohl Wissenschaftler religiös sein können, läßt sie ihr zukunftsorientiertes Denken den Gedanken an ein unkontrollierbares Schicksal nur schwer akzeptieren; instinktiv lehnen sie Pessimismus ab. Als Preis ihrer exakten Denkweise werden sie manchmal unduldsam und anfällig für eine gewisse Oberflächlichkeit; und die Konkretheit ihres Denkens wird mit Mangel an Phantasie bezahlt.

Andererseits ist die literarische Kultur mit einem hohen Maß von Phantasie ausgestattet, widmet sich aber vielleicht zu intensiv dem Studium der Vergangenheit. Sie beschäftigt sich mit den Menschen; und da sich die Natur des Menschen im Laufe der Zeiten nur wenig geändert hat, stellt sich für sie die Frage „Warum in die Zukunft schauen?" Der Blick in die Vergangenheit macht den Anhänger der literarischen Kultur oft zu pragmatisch und allzu bereit, den momentanen Zustand der Dinge zu akzeptieren und nicht offen zu sein für einen Wechsel. Snow verwendet im Zusammenhang mit der literarischen Kultur den Begriff der Tradition und kritisiert damit ein gewisses Verharren im status quo: eine Kunstströmung liege erst dann vor, wenn sie einen Namen hat. Dann allerdings ist sie bereits ebenso ausgeformt wie stationär und daher nicht länger eine „Strömung".

Im Grunde ist es natürlich nichts Schlechtes, daß in unserer Gesellschaft zwei Kulturen nebeneinander existieren. Zwei Gesichtspunkte bieten immer mehr Möglichkeiten als einer. Bedauerlicherweise kam es jedoch zu einem Zusammenbruch der Kommunikation zwischen den beiden Kulturen, ja zu einer fast feindlichen Polarisierung. Der Mangel an gegenseitiger Befruchtung brachte für beide Kulturen die Gefahr der intellektuellen Verarmung. Der Mangel an gemeinsamen Vorstellungen hat den Gegensatz zwischen wissenschaftlicher Präzision und menschlicher Phantasie noch verschärft.

Als Folge der oben skizzierten Gegensätze scheint es manchem Vertreter der literarischen Kultur, daß die Wissenschaft in unserer Zeit versagt, ist es ihr doch noch nicht gelungen, die Grundprobleme der Menschheit zu lösen. Redewendungen von der „guten alten Zeit", einem vergangenen „goldenen Zeitalter" sind hierfür typisch. Natürlich können auch Anhänger der wissenschaftlichen Kultur manchmal der Versuchung des Glaubens an „gute alte Zeiten" nur schwer widerstehen. Meist glauben sie aber wohl doch nicht recht daran, sondern nur daran, daß die Reichen oder die Humanisten zu diesen „goldenen" Zeiten zurückkehren wollen. So erscheinen dem Wissenschaftler die Vertreter der humanistischen Tradition manchmal wie der sprichwörtliche Vogel Strauß.

Andererseits kritisieren die „Literaten" alle negativen Folgen der technischen Revolutionen, die ja zum Teil sehr real sind. Die Bevölkerungsexplosion führte zur Übervölkerung. Wo findet man heute Zuflucht vor seinen Nachbarn? Die Umweltverschmutzung wird als Folge des technischen Fortschritts betrachtet; die Atombombe gleicht einem Damoklesschwert; die weitere Verfügbarkeit zahlreicher Rohstoffe und der Energie ist in Frage gestellt und ganz allgemein scheinen die guten Dinge im Leben auszusterben. Wie die Literaten meinen, haben Wissenschaftler kein Gefühl für ihre Verantwortung und tragen die Schuld an dieser Entwicklung.

Kritik an den zwei Kulturen

Wir haben Snows Theorie der beiden Kulturen vorgestellt und werden sie nun durch die Beschreibung zweier realer, aber entgegengesetzter Denkweisen ergänzen. Zunächst aber sollte man sich vielleicht mit der sehr heftigen Reaktion auf Snows Buch beschäftigen. Seine Theorie wurde mit vielen richtigen und wichtigen Fragen konfrontiert. Sind diese beiden gesellschaftlichen Gruppen so homogen, daß sie Kulturen genannt werden können? Können Grundlagenforscher und praxisorientierte Techniker in einen Topf geworfen werden? Oder können sie sich zumindest miteinander verständigen, da sie dieselbe Sprache sprechen? Und schließlich, mißachten sie einander nicht? Gelegentlich wurde behauptet, daß in der Gesellschaft eine dritte Kultur dominiert, die Kultur der Soziologen, der Juristen, der Politologen, der Ökonomen und der Politiker: Alle diese Menschen beschäftigen sich damit, wie die menschliche Gesellschaft lebt und gelebt hat. Betrachtet man allerdings unsere heute so technologisch orientierte Gesellschaft, dann erhebt sich tatsächlich die Frage, ob die wissenschaftliche Kultur nicht längst die Vormacht übernommen hat.

Snows Kritiker untermauern seine Thesen häufig dadurch unfreiwillig, daß sie ihre eigenen Vorurteile offenlegen. Einige Zitate sollen den tatsächlichen Nachweis für die Existenz des Kulturgegensatzes führen. A. B. C. Lovell, Direktor des Radioteleskops von Jodrell-Bank in England, reagierte auf Snow mit der Behauptung, daß die freie Welt hinter den Russen in der Wissenschaft zurückgeblieben sei und nun noch mehr Geld investieren müsse, um mit ihnen gleichzuziehen. (Die Notwendigkeit dieses Gleichziehens wurde nicht in Frage gestellt.) Lovells Version einer einheitlichen Kultur hat ein wissenschaftliches Antlitz:

„Die Wiederherstellung einer einheitlichen Kultur könnte uns eine neue Grundlage geben, wird aber durch die neue Krise unserer Hochschulen behindert. Ich lehne jene ab, die sich der wissenschaftlichen Revolution an den Hochschulen widersetzen." [1.7]

Viele Wissenschaftler scheinen instinktiv eine gewisse Abneigung gegenüber der Koexistenz beider Betrachtungsweisen zu haben. Auch C. P. Snow tendiert eher zur wissenschaftlichen Kultur, hält sie anscheinend für die wichtigste, da sie die Welt umgestaltet.

Die Reaktionen der anderen Kultur auf Snows Buch illustrieren ebenfalls die kulturelle Polarität. Der größte zeitgenössische Literaturkritiker Englands, F. R. Leavis, nahm derartig scharf gegen „Die zwei Kulturen" Stellung, daß sein Verlag vor der Drucklegung seiner Kritik bei Snow anfragte, ob er gegen die Veröffentlichung mit einer Klage vorgehen wolle. Einige Zitate aus dem Kommentar von Leavis machen deutlich, wie schwer die beiden Gesichtspunkte auf einen Nenner gebracht werden können:

„ ‚Die zwei Kulturen' zeigen das völlige Fehlen von intellektueller Schärfe und einen bestürzend vulgären Stil."

„Die Argumente in Snows Vorlesung bewegen sich auf einem ungeheuer niedrigen begrifflichen Niveau und sind so unpräzise und wenig konsequent, daß ich, ein Literat, sie in einer Diskussion einem meiner Schüler nicht gestatten würde." [1.2, S. 34]

„Daher komme ich zu dem Schluß, daß Snow nicht nur kein Genie ist; seine Intellektualität ist derart unkultiviert, wie sie nur sein kann. Es ist ein Wunder, wie er, selbst ohne jede Bedeutung, für das Publikum auf beiden Seiten des Atlantiks zu einem Geistesriesen und Weisen werden konnte. Er weiß nicht, was er meint, und er weiß nicht, daß er es nicht weiß." [1.2, S. 28]

„Die Geschichte der Zivilisation und die Geschichte ihrer neuesten Entwicklung ist die Geschichte der industriellen Revolution und ihrer humanen Kriterien; die Literatur und jene Art gemeinsamer Kreativität, wie wir sie in der Literatur finden, läßt es nicht als Übertreibung erscheinen, wenn wir Snow als selbstzufrieden und ahnungslos bezeichnen." [1.2, S. 28]

„Es ist leicht, Snow zuzubilligen, daß er die intellektuelle Tiefe, Komplexität und Artikulation [der Wissenschaften] in voller Schönheit darstellt. Es gibt aber eine noch weit grundlegendere gemeinschaftliche Errungenschaft menschlicher Kreativität, eine noch wichtigere Schöpfung des menschlichen Geistes (und mehr als des Geistes), ohne die der triumphale Bau der Wissenschaften nicht möglich gewesen wäre: die Schöpfung der menschlichen Welt, einschließlich der Sprache. Sie lebt in der kreativen Antwort auf den Wandel unserer Gegenwart." [1.2, S. 47 f.]

Will hier nicht auch die literarische Kultur zeigen, daß sie die wichtigere ist, versteht sie doch den Menschen und sein menschliches Erleben?

Die historischen Wurzeln der zwei Kulturen

Wie dieses Buch zeigen will, sind die zwei Kulturen nur die moderne Version eines Konfliktes, der weit in die Geschichte zurückreicht und der die Kultur der westlichen Welt stets beeinflußt hat. Es ist dies ebenso ein Konflikt zwischen zwei verschiedenen Denkweisen wie zwischen zwei verschiedenen Kulturen. Die eine Auffassung entspricht etwa der wissenschaftlichen Kultur. Sie betrachtet das Universum als eine Maschine, die man verstehen kann, indem man sie in alle ihre Teile zerlegt und untersucht. Die Untersuchung von Details ist typisch für das wissenschaftliche Verfahren, bei dem jedes Phänomen einen Schluß auf das Ganze zuläßt. Die andere Denkweise, der wir vorwiegend in der literarischen Kultur begegnen, betrachtet die Natur als Organismus. Der Blick ist auf „das Ganze" gerichtet, das mehr als die Summe seiner Teile ist, der Mensch ist mehr als eine Anhäufung von Atomen. Sogar die Natur selbst erhält eine Eigenpersönlichkeit.

In den folgenden Kapiteln wollen wir zeigen, daß der aristotelische Zugang zur Wissenschaft, der wissenschaftliche Einfluß der Aufklärung, die Gefühlswelt der Romantik, aber auch der heutige Kampf gegen die Technik als Aspekte eines historischen Gegensatzes dieser beiden Denkweisen und der zugehörigen gesellschaftlichen Gruppen verstanden werden können.

Fragen

1. Sind die Argumente für die Unterscheidung der beiden Kulturen überzeugend?
2. Wissenschaft und Technik verändern die Welt. Sollten die Angehörigen der wissenschaftlichen Kultur deshalb eine uneingeschränkte Macht als Philosophen-Könige haben?
3. Welcher kulturellen Gruppe gehören Parlamentarier an? Welcher die Hausfrauen? . . . ?
4. Ist ein wechselseitiges Verständnis der beiden Kulturen von Nutzen? Sollten deshalb an technischen Universitäten geisteswissenschaftliche Kurse vorgeschrieben sein und auch Dichter wissenschaftliche Vorlesungen besuchen?
5. Leavis klagt über Snows Gleichsetzung von „literarischer Kultur" und „traditioneller Kultur". Wie unterscheiden sich diese beiden?
6. Yudkin hält die Lektüre von Dickens, den Genuß von Mozart oder den Anblick eines Tizians für eine lohnenswerte Erfahrung, während er das Studium des Begriffes „Beschleunigung" nur als Teil einer Tatsacheninformation betrachtet. Ist dies eine vernüftige Behauptung?
7. Yudkin meint, daß man die europäische Kultur ohne Vorbildung genießen kann, während das Verständnis der wissenschaftlichen Denkweise zumindest einführende Kurse erfordert. Trifft dies zu?

Literatur zu Kapitel 1

[1.1] *C. P. Snow*, Die zwei Kulturen. Literarische und naturwissenschaftliche Intelligenz, Klett-Cotta, Stuttgart 1967.
[1.2] *F. R. Leavis* und *M. Yudkin*, Two Cultures? The Significance of C. P. Snow, Pantheon Books, New York 1962.
[1.3] *I. I. Rabi*, Faith in Science, Atlantic Monthly 187, 20–30 Januar 1951.
[1.4] *D. Meadows* u. a., Die Grenzen des Wachstums, Bericht des Club of Rome zur Lage der Menschheit, Rowohlt, Reinbek 1973.
[1.5] *D. Cabor* u. a., Das Ende der Verschwendung, zur materiellen Lage der Menschheit, olva, Stuttgart 1976.
[1.6] *E. Goldsmith, R. Allen*, Planspiel zum Überleben, olva, Stuttgart 1972.
[1.7] Encounter 13, 1959, p. 67–73.

2 Die verlorene Welt

Johannistag zu Abend wird sie vierzehn
(Shakespeare: Romeo und Julia)

... das mittlere Alter dieser jungen Paare lag etwa bei 24 Jahren ...
(P. Laslett)

Das folgende Kapitel beschäftigt sich mit dem Einfluß von Wissenschaft und Technik auf Lebenserwartung und Lebensqualität.

Einleitung

Am augenscheinlichsten zeigt sich die Wechselwirkung zwischen Wissenschaft und Gesellschaft an den Auswirkungen neuer Technologien. Natürlich besteht zwischen Wissenschaft und Technik ein Unterschied, den wir in Kapitel 4 genau untersuchen wollen. Heute sind Wissenschaft und Technik aber derart miteinander verflochten, daß sie oft kaum mehr unterschieden werden können. Als Folge dieser Wechselwirkung ergaben sich seit der industriellen Revolution ungeheure Veränderungen in der Lebenserwartung und in der Lebensqualität. Dies manifestiert sich in objektiv meßbaren Größen wie der durchschnittlichen menschlichen Lebensdauer, den Ernährungsgewohnheiten und dem allgemeinen Gesundheitszustand, aber auch in derart subjektiven Variablen wie dem „menschlichen Glück".

Der Einfluß technischer Entwicklungen in unserer Gesellschaft ist heute derart dominant, daß er auch viele kritische Reaktionen hervorgerufen hat. Viele Menschen meinen, daß die Technik die Lebenserwartung vor allem auf Kosten der Lebensqualität verlängert. Statt klarer Landluft haben wir heute die Luftverschmutzung der Industriestädte; wir sind bedroht von nuklearer Vernichtung; Tradition und Familienleben sind gestört; das „gute Leben" von Plato gibt es kaum mehr. Häufig wird beklagt, daß der Mensch in unserer Gegenwartskultur durch geistige Qualen bedrückt wird. Die Einbrüche der

Fernsehwelt in unser Leben, der Hungertod inmitten des Überflusses, die Studentenrevolte gegen die Entmenschlichung der Massenuniversitäten, oder der Kampf gegen Umweltverschmutzung sind Signale unserer Alltagsängste. Jede Diskussion über Wissenschaft und Gesellschaft muß diese Aspekte untersuchen. Wir wollen die Auswirkungen der Technik auf die Lebenserwartung von jenen auf die Lebensqualität trennen. An Beispielen soll nachgewiesen werden, daß die durchschnittliche Lebensdauer sich tatsächlich erhöht hat und daß antitechnische Vorwürfe zumeist auf die Veränderungen in der Lebensqualität abzielen.

Die Lebenserwartung

Der am leichtesten quantifizierbare Aspekt des Lebens ist seine durchschnittliche Dauer. Sie kann an Faktoren wie der Säuglingssterblichkeit und der mittleren Lebenserwartung, insbesondere als Funktion des Alters gemessen werden. Da Volkszählungen nur sehr sporadisch durchgeführt wurden, liegen Daten über die Veränderung dieser einfachen Größen nur bruchstückhaft vor. Glücklicherweise wurde in den letzten Jahren mit beträchtlichem Aufwand in alten Pfarrbüchern nach Geburten, Ehen und Todesfällen geforscht. So können wir die statistischen Daten der Gegenwart doch gelegentlich mit jenen aus der Zeit vor der industriellen Revolution vergleichen.

Die präsisesten Statistiken liegen über die Lebenserwartung vor. In Bild 2-1 ist jener Prozentsatz der weiblichen Bevölkerung graphisch dargestellt, die das jeweils angegebene Alter in York (England) im Jahre 1600, in Wales im Jahre 1910 und in den Vereinigten Staaten im Jahre 1967 überlebte. Die Unterschiede sind offensichtlich. So hatte etwa im Jahre 1600 eine „Dame" die vierfache Chance, das Alter von 40 Jahren zu erleben, als dies bei einer Durchschnittsbürgerin der Fall war. Ähnliche Informationen enthält die Darstellung der Lebenserwartungen in Tabelle 2-1, wo England, Wales und Deutschland im Jahre 1690 mit Ägypten zwischen 1936 und 1938, Großbritannien im Jahre 1951 und den Vereinigten Staaten in den Jahren 1900 und 1967 verglichen werden.

Interessanterweise ist die mittlere Rest-Lebenszeit alter Menschen im Jahre 1690 fast die gleiche wie im 20. Jahrhundert. So liegt die Vermutung nahe, daß eine bestimmte, physiologisch determinierte Lebensdauer auch durch die Errungenschaften der Medizin und Technik nicht überschritten werden kann. Die Erhöhung der Lebenserwartung ist vor allem auf den starken Rückgang der Säuglichssterblichkeit zurückzuführen, von etwa 20 % im 17. Jahrhundert auf etwa 2 % in den USA von heute (die in dieser Statistik keineswegs an der Spitze stehen).

Diese Daten über Lebenserwartung und Säuglingssterblichkeit sprechen für sich. Es liegt auf der Hand, daß hier Fortschritte im Gesundheitswesen,

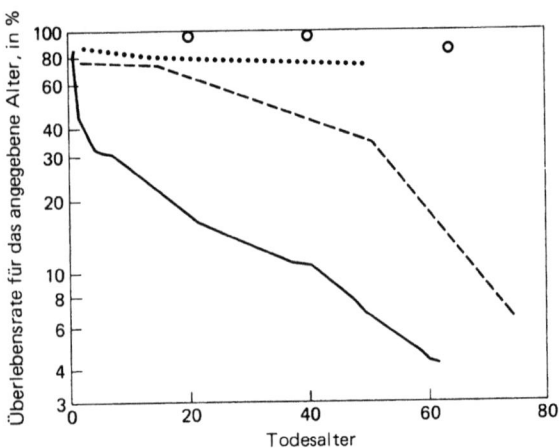

Bild 2-1 Die Überlebensrate in Prozenten für verschiedene Lebensalter: Städtische Frauen aus York (durchgezogene Linie) und aristokratische Frauen (strichlierte Linie) im Jahr 1690, walisische Frauen, geboren 1910 (punktierte Linie) und Frauen aus den Vereinigten Staaten im Jahr 1967 (Kreise). [2.8, 2.9]

Tabelle 2-1 Lebenserwartungen für verschiedene Nationen zu verschiedenen Zeiten [2.9, 2.10]

Im Alter von	England und Wales 1690, beide Geschlechter	Breslau 1690, beide Geschlechter	Ägypten 1936–38, Männer	Großbritannien 1951, Männer	USA 1900 Männer, weiß/farbig	USA 1967 Männer weiß/farbig
0	32	27,54	42,9	65,8	48,2/32,5	70,5/61,1
10		40,25	46,86	58,7	42,2/35,1	62,4/54,2
20		33,93	39,77	49,1	–	52,9/44,8
30		27,64	32,96	39,7	27,7/23,1	43,5/36,3
40		22,05	26,12	30,5	–	34,3/28,3
50		17,05	19,42	21,7	–	25,7/21,1
60		12,33	13,29	14,3	–	18,1/15,3
65		–	–	–	11,5/10,4	14,8/12,7
70		7,74	8,6	7,9	–	11,9/11,1

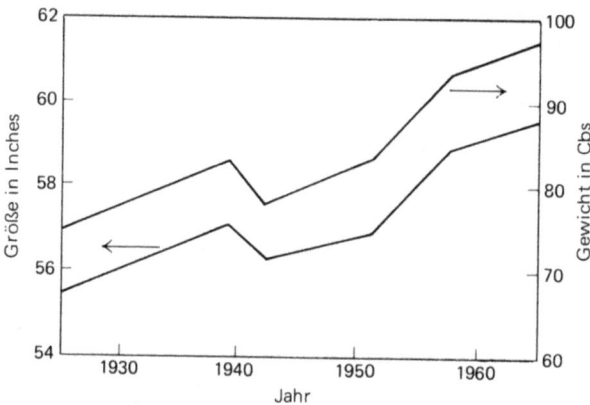

Bild 2-2 Die steigende Tendenz von Größe und Gewicht 13-jähriger Knaben wurde in Moskau durch die Hungersnot des Zweiten Weltkrieges unterbrochen. [2.11]

Hygiene und Medizin entscheidend waren. Es gibt aber noch andere und subtilere Einflüsse auf die menschliche Physiologie, über die keine eindeutigen Daten vorliegen. Sie beziehen sich auf den Gesundheitszustand der Durchschnittsbevölkerung. Wie verbreitet war beispielsweise der Hungertod in der vorindustriellen westlichen Welt? Diesbezüglich gibt es zwar einige Nachrichten über landwirtschaftliche Krisen, die jedoch offensichtlich nur selten und regional beschränkt auftraten. Andererseits sprechen aber viele Anzeichen dafür, daß sich das allgemeine Niveau der Gesundheit im Laufe der Geschichte wesentlich erhöht hat. Physiologische Indizes wie die Größe und das Pubertätsalter scheinen sehr stark mit dem allgemeinen Gesundheitszustand und den Ernährungsbedingungen zusammenzuhängen. Wie Bild 2-2 zeigt, hat sich die Hungersnot während des zweiten Weltkreises negativ auf den Zuwachs in Größe und Gewicht von Moskauer Knaben ausgewirkt. Und Bild 2-3 illustriert die Auswirkungen eines Jahrhunderts zivilisatorischer Entwicklungen auf das Pubertätsalter in Europa und in den Vereinigten Staaten. Vom Pubertätsalter wiederum hängt das Alter der ersten Heirat nicht unwesentlich ab. Tabelle 2-2 zeigt das mittlere Alter von Brautleuten verschiedener sozialer Schichten im Canterbury des 17. Jahrhunderts – verglichen mit einem Heiratsalter von rund 20 Jahren im heutigen Amerika. Die Hochzeit von Romeo und Julia mit 14 Jahren war offensichtlich nicht typisch für die damalige Zeit. Jedenfalls ist das Gesundheitsniveau seit dem Jahre 1600 offensichtlich gestiegen.

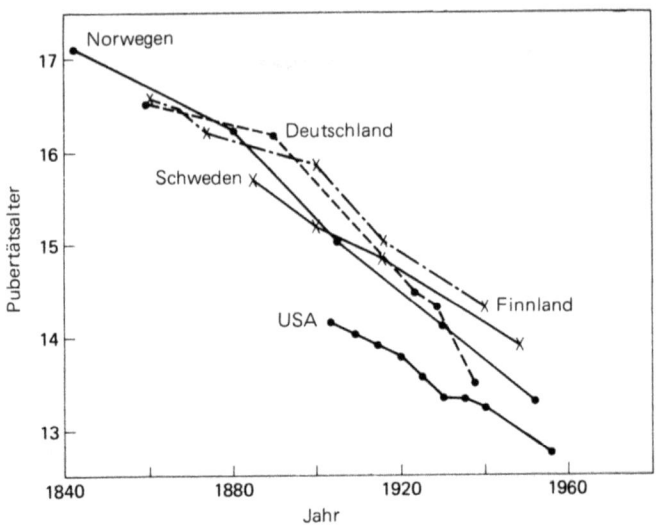

Bild 2-3 *Pubertätsalter in verschiedenen europäischen Ländern und den Vereinigten Staaten* [2.11]

Tabelle 2-2 Mittleres Alter bei der ersten Ehe (Canterbury, 17. Jh.) [2.10]

	Mittleres Alter der Braut	Mittleres Alter des Bräutigams
Eheleute, Diözese Canterbury, 1619–1660 (1082 Frauen, 1070 Männer)	24,0	26,9
Höherer Bürgerstand in Canterbury (84 Frauen, 84 Männer)	21,7	26,5
Ehen von Adeligen zwischen 1600 und 1625 (325 Frauen, 313 Männer)	19,4	24,3
Ehen von Adeligen zwischen 1625 und 1650 (510 Frauen, 403 Männer)	20,7	26,0

Die Lebensqualität

Die soeben angeführten Daten sind allerdings für die Änderung der Lebensqualität und ihre Ursachen nicht besonders relevant. Die Zunahme der Lebenserwartung muß nicht unbedingt einen Zuwachs an Lebensqualität zur Folge haben. Gesündere Menschen sind zwar vielleicht vitaler und leistungsfähiger, können aber oft ihr Leben durch die Beeinträchtigung ihres Sozialmilieus nicht genießen. Die Frage nach der Lebensqualität ist nicht so einfach quantitativ entscheidbar, wie jene nach der Lebensdauer, da hier subtile Wertentscheidungen erforderlich sind.

Diskussionen um die Lebensqualität haben üblicherweise zwei Aspekte. Einerseits wird der Mangel an „Lebensfreude" beklagt, andererseits die Kosten-Nutzen-Relation des technischen Fortschritts bezweifelt.

So stehen beispielsweise den Annehmlichkeiten von Klimaanlagen die daraus resultierenden Gefahren einer thermischen Umweltbeeinflussung gegenüber. Die Vorteile des Autos müssen mit den Nachteilen des heutigen Bewegungsmangels konfrontiert werden. Die Bequemlichkeiten, die den täglichen Lebenskampf erleichtern, sind in Relation zu jenem Konkurrenzkampf zu sehen, den heute jedermann mit seinem Nachbarn führt; die Möglichkeit, immer mehr Dinge zu tun und zu sehen, hat einen Verlust in der Tiefe des Lebensgefühls zur Folge. Alle diese Probleme sind nicht neu und können in ihrer Tradition bis zu den alten Griechen zurückverfolgt werden. Die entscheidende Frage bleibt, ob die Verschlechterung der Lebensbedingungen heute anders oder schwerwiegender ist, als früher. Wir werden diese Frage in späteren Kapiteln behandeln.

Um die historische Perspektive herauszuarbeiten, sollen hier einige Auszüge aus einem Buch zitiert werden, das unter dem Titel „The Grand Concerns of England" im Jahre 1673 geschrieben wurde. Das Buch beschäftigt sich mit der Verbreitung von Pferdekutschen und deren Auswirkungen auf englische Gesellschaft:

„Diese Kutschen und Karawanen sind die größte Plage, von der das Königreich in den letzten Jahren heimgesucht wurde, unheilvoll für den Staat, schädigend für den Handel und von Nachteil für das Land.

Zum ersten, weil sie die Zucht guter Pfede, den Stolz der Nation, ruinieren und weil sie den Menschen davon abhalten, sich der Reitkunst zu widmen, die für edle Menschen ebenso nützlich wie empfehlenswert ist.

Zum zweiten, weil sie die Ausbildung von Fährleuten, also die Kinderstube der Seeleute und damit ein Bollwerk des Königreiches beeinträchtigen.

Und weil sie schließlich drittens die Steuern seiner Majestät schmälern.

Zum ersten Punkt: Postkutschen behindern die Pferdezucht und ruinieren die guten Pferde; sie verweichlichen die Bürger seiner Majestät, die sich nun weder um die eigene Reitkunst noch um jene ihrer Kinder mühen, und die daher unfähig geworden sind, ihrem Land auf dem Pferderücken zu dienen, falls es einmal notwendig sein sollte. Heute werden Menschen müde und matt, wenn sie einige Meilen reiten, oder sie wollen überhaupt keinen Pferderücken mehr besteigen. Auch sind sie nicht fähig, Kälte, Schnee und Regen zu ertragen oder in den Feldern zu übernachten. Und der einzige Grund für ihre Unfähigkeit liegt in ihrer Bequemlichkeit, an die sie sich durch die Postkutsche gewöhnt haben.

Wer soll schon Pferde züchten, wenn dieses Unwesen sich ausbreitet? Postkutschen verweichlichen den menschlichen Körper und verleiten die Leute, ihre gute Kleidung zu schonen; jeder hält sich selbst trocken und sauber, während er im Wagen durch das Land rollt, anstatt auf einem Pferderücken zu reiten. Soll also jemand weiterhin Pferde züchten, so muß er schon ein großer Pferdeliebhaber sein und sich entscheiden, trotz allem bei seiner Vorliebe zu bleiben, oder er gibt, wie so viele Züchter, seine Pferdezucht auf."

Unser Autor beklagt 1673 den Ruin einer Berufsgruppe, die sich neben den Straßen entwickelt hatte, nämlich der „Wasserträger", und was noch viel ärger ist, den Steuerverlust der Regierung.

„Die Steuereinnahmen seiner Majestät werden beeinträchtigt: Nun reisen nämlich 4 oder 5 Personen in einer Kutsche mitsammen und 20 oder 30 in einer Karawane, Herren und Damen, ohne jeden Diener, und sie konsumieren während ihrer Reise kaum Getränke. Wären aber die Reisenden wie früher auf Pferderücken unterwegs, so würde kein Mensch, der auf sich hält, ohne seinen Diener aufbrechen: Auf diese Weise würde der Konsum von Bier oder Ale sichergestellt und damit zu den Steuern seiner Majestät beitragen."

Auch bestimmte Industriezweige sind geschädigt worden:
„Diese Kutschen und Karawanen beeinträchtigen den Handel und die Fabriken des Königreiches, sie haben viele tausende Familien ruiniert oder arm gemacht, die sich der Erzeugung der Wolle oder des Leders gewidmet hatten; zwei der wichtigsten Berufszweige des Königreiches: Denn bevor die Kutschen eingeführt wurden, ritten die Reisenden auf Pferderücken und ein jeder hatte Stiefel, Sporen, Sättel, Saumzeug, Decken, gute Reitkleider, Mäntel, Strümpfe und Hüte."

Aber das Reisen mit der Kutsche ruiniert nicht nur das Land, und ist nicht nur teuer, es ist auch weniger komfortabel und bequem:

„Das Reisen mit Pferdekutschen ist weder für unsere Gesundheit noch für unser Wohlbefinden von Vorteil: Wie kann es der Gesundheit des Menschen nützen, wenn er eine Stunde vor Tagesanbruch aufstehen muß, um die Kutsche zu besteigen, und dann von einem Platz zum anderen rast, manchmal bis drei Uhr nachts. Was kann es dem Wohlbefinden oder der Gesundheit des Menschen nützen, den ganzen Tag mit Fremden unterwegs zu sein, mit Kranken, Alten oder mit kleinen schreienden Kindern; wir sind den Launen der anderen ausgesetzt, müssen sie ertragen, sind oft von lästigen Gerüchen gequält und von der Menge des Reisegepäcks belästigt. Kann es der menschlichen

Gesundheit nützten, mit Schindmähren zu reisen? Und schließlich wird auch die Moral herabgesetzt.

Da es sehr leicht ist, nach London zu reisen, kommen die Leute öfter nach London, als es nötig ist. Und ihre Frauen kommen mit ihnen oder folgen ihnen häufig mit diesen Kutschen. Sind sie dann dort, so müssen sie modisch gekleidet sein, nach dem letzten Schrei, müssen Kleider kaufen, müssen Schauspiele oder Feste besuchen, wo sie sich gewohnheitsmäßig der Vergnügung widmen, ja sich in Vergnügen oder Unterhaltung verlieben; all das müßten sie entbehren, wollten sie zurück aufs Land. Und kehren sie dorthin zurück, so müssen sie dies alles aus London beziehen, ganz gleich was es kostet."

Durch diese Zitate wollen wir nicht a priori jede Kritik an technischen Fehlentwicklungen entmutigen. Es gibt genug Beispiele für negative Einflüsse der Technik auf den Menschen und seine Umgebung. Aber man muß doch vorsichtig sein, ehe man sich diesem Klagelied im einzelnen anschließt.

Auch in anderer Hinsicht wird die Lebensqualität durch den Einfluß der Technik verändert: Der Mensch unterscheidet sich von anderen Lebewesen, er ist mit einer Seele ausgestattet. Hier will ich Schriftsteller und Denker als legitime Zeugen sprechen lassen. Zunächst den Philosophen E. M. Adams:

„Man kann mit gutem Grund fragen, ob unsere naturalistische Lebensweise den menschlichen Geist verdirbt. Es gibt viele Indizien dafür." [2.12]

Und ebenso der Literaturkritiker F. R. Leavis:

„Die Vision unseres morgigen Lebens erkenne ich im heutigen Amerika; der Überfluß an Energie, der Triumph der Technik, die Produktivität, der hohe Lebensstandard und andererseits die Verarmung des menschlichen Lebens; menschliche Leere und Langeweile treiben viele in den Alkohol – oder in andere Abhängigkeiten. Wer könnte behaupten, daß das durchschnittliche Mitglied einer modernen Gesellschaft humaner ist und sensibler, als ein Buschmensch, ein indischer Bauer oder ein Überlebender der primitiven Völker mit ihrer wunderbaren Kunst, ihren Fertigkeiten und ihrer vitalen Intelligenz." [1.2]

Schließlich zitiere ich den Schriftsteller D. H. Lawrence, der in deprimierender Weise den Einfluß der Kohle- und Stahlindustrie in England beschreibt:

„Die Ursache liegt hier ... in den üblen elektrischen Lichtern und im diabolischen Geklapper der Maschinen, in dieser Welt von mechanischer Gier, ... so entstand eine neue Menschenrasse. Überbewußt hinsichtlich des Geldes, des sozialen und politischen Lebens, aber allzu tot, was Spontaneität und Intuition betrifft." [2.5]

Zusammenfassung

Technik ist nicht identisch mit Wissenschaft, ist aber mit ihr auf das engste verknüpft. Wenn wir daher in den folgenden Kapiteln den Einfluß der Wissenschaft auf die Gesellschaft untersuchen, werden wir es vor allem mit Auswirkungen der Technik zu tun haben. Die durchschnittliche Lebenserwartung hat sich durch die Technik meßbar erhöht, könnte aber in Zukunft wieder sinken. Der Einfluß auf die Lebensqualität ist schwerer zu beurteilen, da er subjektive Wertentscheidungen umfaßt. Auch hier begegnen wir in gewissem Sinne den beiden Kulturen: Die wissenschaftliche Kultur orientiert sich stärker an der Frage der Lebenserwartung, während die literarische Kultur den Verlust an Lebensqualität beklagt. Typisch dafür sind die kritischen Kommentare über den Qualitätsverlust und die Entmenschlichung des Lebens. Wenn wir die Auswirkungen der Technik in den folgenden Kapiteln untersuchen, werden wir uns also auch mit dem weithin beklagten Verlust an Lebensqualität auseinandersetzen müssen.

Fragen

1. Hat die Technik vor allem Einfluß auf die Lebensdauer oder auf die Lebensqualität?
2. Welches Verdienst und welche Verantwortung trägt die Wissenschaft für diesen Einfluß der Technik?
3. Welche Folgen hätte es, wenn sich durch Automation eine völlig arbeitsfreie Bevölkerungsgruppe herausbildet?
4. Gab es jemals die guten alten Tage?
5. Hat Leavis recht, wenn er behauptet, daß ein Buschmann ebenso gut lebt wie das durchschnittliche Mitglied der modernen Gesellschaft?

Literatur zu Kapitel 2

[2.1] *A. Peccei*, Die Qualität des Menschen, Dt. Verlagsanstalt, Stuttgart 1977.
[2.2] *M. Mesarovic* und *E. Pestel*, Menschheit am Wendepunkt, Rowohlt, Reinbek 1977.
[2.3] *A. Peccei*, Die Zukunft in unserer Hand, Molden, Wien 1981.
[2.4] *L. Mumford*, Mythos der Maschine, Fischer, Frankfurt a. M. 1977.
[2.5] *D. H. Lawrence*, Lady Chatterley, 1973.
[2.6] *A. Huxley*, Schöne Neue Welt, Fischer, Frankfurt a. M. 1976.
[2.7] *G. Orwell*, 1984, Ullstein, Berlin 1976.
[2.8] *U. M. Cowgill*, The People of York, 1538–1812, Scientific American 222, Januar 1970.
[2.9] *U.S. Bureau of the Census*, Statistical Abstract of the U.S. 1969, Washington 1969.
[2.10] *P. Laslett*, The World We Have Lost, Methmen and Co., London 1965.
[2.11] *J. M. Tanner*, Earlier Maturation in Man, Scientific American 218, Januar 1968.
[2.12] *E. M. Adams*, The Personalist 49, 1968.

3 Das Wachstum der Wissenschaft

Wie geht es Dir mein Kind?
Warum weißt Du nicht,
daß Du so klein bist,
daß Du genug Platz zum Wachsen hast. (Kinderreim)

Die wissenschaftlichen Anstrengungen der westlichen Welt sind seit 1700 exponentiell gewachsen und schienen bis vor kurzem alle anderen gesellschaftlichen Aufgaben zu überflügeln. Die Gründe für diese Dominanz der Wissenschaft sollen hier analysiert werden. Aber auch die „neue Skepsis" und die Ursachen für die Arbeitsplatzprobleme in der wissenschaftlichen Welt der letzten Jahre sind zu untersuchen.

Einleitung

Derek J. de Solla Price leitete sein Buch „Little Science, Big Science" [3.1] mit obigem Kinderreim ein und sprach damit das exponentielle Wachstum der Wissenschaft an, das etwa seit dem Jahre 1700 andauert und seiner Meinung nach in absehbarer Zukunft zum Stillstand kommen müßte. Das Buch von Price ist im Jahre 1961 erschienen. In der Folge ist – entgegen seiner Prophezeiung – der Umfang der wissenschaftlichen Arbeiten weiterhin beachtlich angestiegen. Die Entwicklung hat sich jedoch seit der Mitte der Sechzigerjahre verlangsamt, nachdem eine gewisse „Wissenschaftsmüdigkeit" eingetreten ist. Die Wissenschaft ist nur eine von vielen gesellschaftlichen Anstrengungen und muß mit anderen Aktivitäten den Wettbewerb um Marktanteile aufnehmen. Auch hier wird der „Platz zum Wachsen" langsam aber sicher enger.

Wenn wir uns hier mit dem Wachstum beschäftigen, müssen wir untersuchen, welche neue Prioritäten die heutige Situation der Menschheit in Zukunft erfordert. Jede Analyse der sozialen Leistungen von Wissenschaft und

Technik muß von einer Bewertung des Wechselspiels zwischen Wissenschaft und Gesellschaft ausgehen. Die „Weinberg-Kriterien" sollen uns bei dieser Bewertung helfen. Sie wurden geschaffen, um Prioritäten bei der Finanzierung bestimmter wissenschaftlicher und technischer Aufgaben festzulegen.

Zunächst wollen wir jedoch zeigen, wie das Fehlen jeder äußeren Kontrolle des Wissenschaftswachstums in den späten Sechziger- und den frühen Siebzigerjahren zu einer Überproduktion von wissenschaftlichen Arbeitskräften geführt hat.

Das Wachstum der Wissenschaft

Dem großen Physiker Isaac Newton wird folgender Ausspruch zugeschrieben: „Ich konnte deshalb so weit sehen, weil ich auf den Schultern von Riesen stand." Es ist charakteristisch für die explosive Entwicklung der Wissenschaft, daß zu jedem Zeitpunkt jeweils 80 bis 90 % dieser „Riesen" immer noch am Leben sind. Wissenschaft ist also durch und durch eine zeitgenössische Aktivität; infolge des raschen Wachstums stehen für jeden ausscheidenden Wissenschaftler viele andere bereit, um ihn zu ersetzen.

Um 1970 wurden 3 % des Bruttonationalproduktes (BNP) der Vereinigten Staaten für Forschung und Entwicklung eingesetzt. Rund ein Zehntel dieser Mittel geht in die Grundlagenforschung [3.8]. Diese Zahlen veranschaulichen den Umfang der heutigen Wissenschaft, nicht nur im Vergleich zu früheren Zeiten, sondern auch in Relation zur gesamten volkswirtschaftlichen Leistung. Die Wissenschaften sind bis vor kurzem derart ungebremst expandiert, daß eine Verlangsamung dieses Wachstums geradezu naturgesetzlich notwendig war, wie die folgende Analyse zeigen wird.

Der Umfang aller wissenschaftlichen Tätigkeiten schien bis vor kurzem einem exponentiellen (geometrischen) Wachstumsgesetz zu gehorchen, wie man es beispielsweise auch von Algen-Kulturen kennt. Die Verdopplungsperiode betrug rund 15 Jahre. Es ist nicht einfach, statistisches Material über den Umfang der Forschungstätigkeiten zu finden — insbesondere, wenn man hinreichend lange Zeiträume untersuchen und das kontinuierliche exponentielle Wachstum zwingend nachweisen will.

Da die Bemühungen der Wissenschaften zumeist nach ihrem „Output" beurteilt werden, kann die Anzahl der wissenschaftlichen Publikationen ruhigen Gewissens als Maß für die Entwicklung der Wissenschaft herangezogen werden. Natürlich könnte sich die Qualität oder der Umfang der Arbeiten im Laufe der Jahre verändert haben. Trotzdem wollen wir hoffen, daß solche Trends nur einen geringfügigen Einfluß auf das Gesamtergebnis haben.

In Bild 3-1 ist die Anzahl der wissenschaftlichen Zeitschriften seit 1650 als Funktion ihres Erscheinungsdatums aufgetragen. Die strichlierte Linie ent-

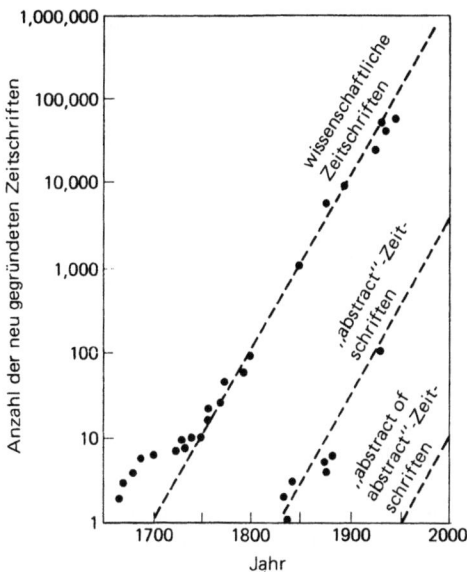

Bild 3-1 Die Anzahl der wissenschaftlichen Zeitschriften als Funktion der Zeit. Die punktierte Linie entspricht einer Verdopplungszeit von 15 Jahren. [3.1]

spricht einer Verdopplung innerhalb von 15 Jahren und steht in guter Übereinstimmung mit den empirischen Daten, ausgenommen vielleicht am Beginn der Entwicklung. Die Zahl der Zeitschriften liegt heute bei über 30 000. Rechnet man für jede Zeitschrift 100 Seiten pro Monat, so entspricht dies 300 Büchern mit je 300 Seiten pro Tag. Um diese Informationsexplosion zu bewältigen, werden „abstract"-Zeitschriften publiziert: Sie bringen Kurzfassungen jener Artikel, die in den üblichen Zeitschriften erscheinen; anhand dieser „abstracts" entscheidet der Forscher, welcher Artikel ein genaueres Studium lohnt. Interessanterweise verdoppelt sich auch die Anzahl dieser „abstract"-Journale alle 15 Jahre, wie wir Bild 3-1 entnehmen können. Die Anzahl der Zeitschriften verhält sich zur Anzahl der „abstract"-Zeitschriften wie 300:1; offensichtlich ist dieser „Verdichtungsfaktor" von etwa 300 in der Praxis einigermaßen vernünftig. So könnte man annehmen, daß in Anbetracht der heute existierenden 300 „abstract"-Zeitschriften eine weitere Verdichtung erforderlich ist; und tatsächlich gibt es heute eine „Schlagwort"-Zeitschrift, in der nur die Überschriften der Publikationen aus den „gewöhnlichen" Zeitschriften erscheinen. Faßt man die Überschrift einer Publikation als Verdichtung ihres „abstract" auf, dann gibt es heute bereits „abstract of abstract"-Journale. Die Informationsexplosion ist also ein permanentes und gleichzeitig schwieriges Problem.

Nicht nur der „output" der Wissenschaftler nimmt zu, sondern auch ihre Anzahl. In Bild 3-2 ist die Anzahl der Wissenschaftler in den Vereinigten Staaten für den Zeitraum zwischen 1900 und 1960 dargestellt (aus „American Men of Science"). Die Verdopplungszeit von 13,5 Jahren steht in guter Übereinstimmung mit jener Verdopplungszeit von 15 Jahren, die sich aus den Daten über die Publikationen ergab. Dem gegenüber steht für die Gesamtbevölkerung der Vereinigten Staaten eine Verdopplungszeit von rund 50 Jahren.

Nimmt man den Zeitraum von 15 Jahren als typisch für das exponentielle Wachstum der Wissenschaftlergemeinde, so kann leicht gezeigt werden, daß zu jedem Zeitpunkt 95 % aller jener Wissenschaftler am Leben sind, die insgesamt jemals tätig waren: Während des aktiven Lebens jedes Wissenschaftlers (25. bis 70. Lebensjahr, also drei Verdopplungsperioden) verachtfacht sich die Zahl seiner Kollegen. Im Schnitt werden innerhalb dieser drei Perioden alle jene N Wissenschaftler ausgeschieden sein, die zum Zeitpunkt seines Berufseintritts aktiv waren. Jene 8N Forscher, die später als er ins Berufsleben eingetreten sind, üben ihre Tätigkeit noch aus. So wird unser Forscher von ungefähr 8N/(N + 8N) = 89 % aller Wissenschaftler überlebt, die bis dahin jemals gewirkt haben.

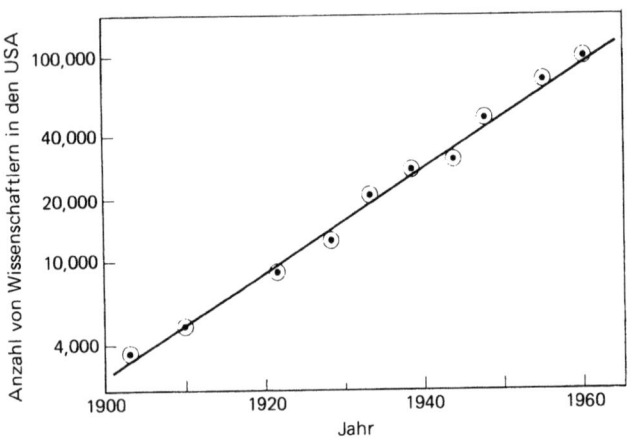

Bild 3-2 Anzahl der in „American Men of Science" angeführten Personen [*3.1*]

Die Expansion der Wissenschaften und ihre Probleme

Das explosive Wachstum der Wissenschaft legt auch die Frage nach einer wirksamen „Qualitätskontrolle" nahe. Es könnte ja sein, daß die Forscherqualität langsam aber kontinuierlich sinkt, wenn auch weniger begabte Individuen den Wissenschaftlerberuf ergreifen. Price [3.1] und Herring [3.9] beschäftigen sich mit dieser Erwartung. Im übrigen müßte eine konstante Verdopplungsperiode von 15 Jahren langfristig zur Folge haben, daß der gesamte Vorrat an Arbeitskräften vom Bereich der Wissenschaften ausgeschöpft würde.

Bild 3-3 stellt dar, wie sich die amerikanische Bevölkerung und die Anzahl der amerikanischen Physiker (um nur eine bestimmte Untergruppe der Wissenschaftler herauszugreifen) in Zukunft entwickeln müßten, hätten die Verdopplungsperioden von 50 bzw. 15 Jahren angehalten: Im Jahre 2250 würde auf jeden Mann, jede Frau und jedes Kind, ja sogar auf jeden Hund ein Wissenschaftler entfallen. Da Hunde wahrscheinlich keine guten Physiker sind,

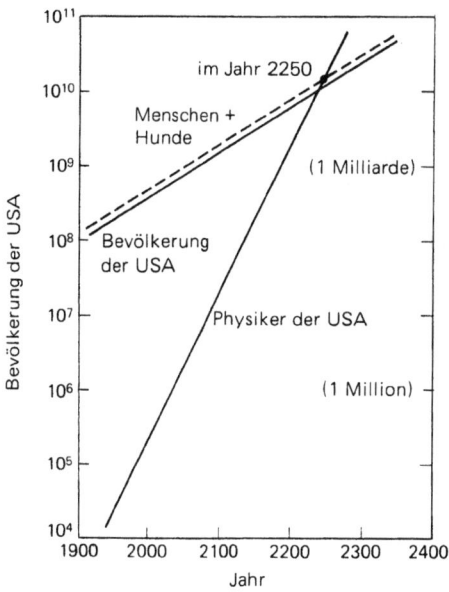

Bild 3-3 Die Bevölkerung und die Anzahl der Physiker in den USA als Funktion der Zeit. Als Verdopplungsperioden wurden entsprechend 50 bzw. 15 Jahre angenommen.

mußte eine Gegenentwicklung einsetzen. Wie diese an sich unsinnige Extrapolation zeigt, mußte eine Sättigung eintreten, die nunmehr allmählich erreicht wird. Zweckmäßigerweise sollte der Übergang ein allmählicher sein, bedenklich wäre es vor allem, wenn die Aufwendungen für die Wissenschaft unkontrollierbar schwanken.

Gesellschaftliche Prioritäten

Wissenschaftliche Projekte bilden heute einen recht beachtlichen Anteil an den sozialen Anstrengungen; unter den Forschern selbst setzen bereits Konflikte über die Verteilung der vorhandenen Mittel und ihren Einsatz ein. So ist es offensichtlich, daß der sozialen Bewertung wissenschaftlicher Ergebnisse heute größeres Augenmerk gewidmet wird. Begründungen, wie sie früher für die materielle Dotierung der Forschung gegeben wurden, klingen heute etwas hohl:

„Die Integration von Technikern in unserer Gesellschaft ist vor allem von der Seite des Angebots und nicht von jener der Nachfrage begrenzt; dies wird auch in Zukunft so sein... Die vorhandenen wissenschaftlichen und technischen Arbeitskräfte treiben die Entwicklung voran, ohne daß volkswirtschaftliche Grenzen für die Arbeitskräftenachfrage im Forschungsbereich wirksam werden könnten." [3.10]

Verschiedenste Fragen stellen sich heute. Was leistet die Wissenschaft für die Gesellschaft? Welche finanzielle Unterstützung benötigt die Wissenschaft? Brauchen wir Hochenergiebeschleuniger, müssen wir zum Mond fliegen oder sollen wir lieber Häuser für die Armen bauen, vielleicht für die Freizeitgesellschaft planen? Tatsächlich gibt es Kriterien, die für die soziale Bewertung wissenschaftlicher Aktivitäten nützlich sind.

Alvin Weinberg, der Direktor des Oak Ridge National Laboratory, hat sich intensiv mit dieser Problemstellung auseinandergesetzt und einige Kriterien vorgeschlagen, auf deren Basis beurteilt werden kann, wie der wissenschaftliche „Kuchen" auf die verschiedenen Disziplinen verteilt werden soll. [3.11] Mit Hilfe dieser Kriterien kann die Wissenschaft als eine von vielen gesellschaftlichen Aktivitäten bewertet werden. Das erste „Weinberg-Kriterium" bezieht sich auf die Frage: Kann dieses wissenschaftliche Projekt überhaupt organisiert werden? Die Antwort muß von der jeweiligen wissenschaftlichen Disziplin selbst kommen. Das zweite Kriterium wirft die Frage auf: Warum soll die Gesellschaft gerade diese Forschungsaktivität fördern? Zum Unterschied vom ersten Kriterium muß diese Frage vorwiegend von gesellschaftlichen Bereichen außerhalb der jeweiligen Disziplin beantwortet werden.

Das „innere" Kriterium umfaßt zwei Aspekte: Ist das Gebiet reif für eine Erforschung? Und sind die Wissenschaftler auf diesem Gebiet wirklich kompetent? Wenn die National Science Foundation (NSF) ein Forschungsprojekt beurteilt, so wird der Vorschlag zunächst einigen Schiedsrichtern zugeleitet, die selbst auf das vorgeschlagene Forschungsgebiet spezialisiert sind. Genau die beiden von uns aufgeworfenen Fragen sind für ihre Bewertung von besonderer Bedeutung. Allerdings wurde von den Wissenschaftlern selbst das innere Kriterium oft als einzig relevantes bezeichnet. Das obige Zitat liegt genau auf dieser Linie.

Die Anwendung des „äußeren" Kriteriums erweist sich als wesentlich schwieriger, stellt es doch Fragen nach dem technischen, wissenschaftlichen und sozialen Fortschritt, der mit einer wissenschaftlichen Entwicklung einhergeht.

Läßt ein Forschungsprojekt konkrete technische Anwendungen erwarten und erscheinen diese auch als nützlich, dann ist eine Bewertung seiner möglichen Vorteile vorstellbar. So gesehen reduziert sich dann alles auf technische Abschätzungen und damit auf quantitative Urteile.

Die Frage nach dem wissenschaftlichen Fortschritt ist nicht so einfach zu beantworten. Wie kann der Einfluß einer sektoralen wissenschaftlichen Entwicklung bewertet werden? Folgt man Weinberg, so ist der Gesamtbetrag einer Einzeldisziplin von deren Kontakt mit den anderen Wissenschaftsbereichen abhängig. Werden benachbarte Disziplinen inspiriert oder inspirieren sie das konkrete Projekt, dann liegt der wissenschaftliche Gesamtwert höher und das Vorhaben ist eher zu unterstützen als andere, isoliertere Ziele. Beurteilt man etwa die kostspieligen Forschungsprojekte der Hochenergiephysik nach diesem Kriterium, so zeigt sich ein gewisser Widerspruch, denn die Ergebnisse der Hochenergiephysik sind für keinen anderen Forschungsbereich von vitaler Relevanz.

Der soziale Impuls, der von einer wissenschaftlichen Entwicklung ausgeht, kann wohl überhaupt kaum quantifiziert werden. Wie wird letztlich die Lebensqualität in unserer Gesellschaft vom Ausgang eines bestimmten Forschungsvorhabens insgesamt beeinflußt? Zur Beantwortung dieser Frage müssen widerstreitende Programme, wie etwa jenes gegen die Armut oder jenes zur Förderung der Kunst, gegenübergestellt werden. Dann aber eröffnen sich mit einem Schlag Fragestellungen ökonomischer, soziologischer, politischer und philosophischer Natur. Und wer hätte die Qualifikation, um alle diese Bewertungen zu treffen?

Falsche Prioritäten

Wir werden die Weinberg-Kriterien später auf die Bewertung wissenschaftlicher Prioritäten anwenden und, wie ich hoffe, damit noch deutlicher machen, worum es geht. Hier soll nur ein kurzes Beispiel die Ursachen der gegenwärtigen Krise anschaulich machen. An Hand der exponentiellen Wissenschaftsexpansion werden wir sehen, welche Konsequenzen die Mißachtung der Weinberg-Kriterien haben kann.

Im Jahre 1964 wurde die „National Academy of Science" aufgefordert, für verschiedene Forschungsgebiete den Bedarf an Wissenschaftlern und Ingenieuren zu prognostizieren, um auf dieser Basis die Finanzmittel für die wissenschaftlichen Projekte der Nation zu veranschlagen. Die Akademie schlug damals in den meisten Gebieten, zumeist für die folgenden sechs Jahre, eine Verdopplung vor. Die physikalische Forschung wurde mit einer Wachstumsrate von 15 % pro Jahr eingeschätzt. [3.12] Ausschlaggebend war damals die Überbetonung des „inneren" Kriteriums. Anstatt nämlich Fragen nach der Relevanz physikalischer Forschung zu stellen, wurde von einer Projektgruppe untersucht, wieviele Wissenschaftler es damals gab und wieviel Geld sie vernünftigerweise verbrauchen könnten. Wieviele Physiker braucht man zur Ausbildung von Physikstudenten, um eine Verdopplung der Physiker-Anzahl über eine Periode von sechs Jahren zu garantieren? Von dieser Frage ausgehend mußte man natürlich zu anderen Ergebnissen kommen, die mit dem wünschenswerten Umfang der physikalischen Aktivitäten aber auch schon gar nichts zu tun hatten.

Die gesellschaftliche Nachfrage für eine solche Verdopplung wurde nicht ernsthaft in Frage gestellt. Tatsächlich war bereits damals der Bedarf an Physikstudenten im Abnehmen, von einem exponentiellen Zuwachs gar nicht zu reden. Dieser Umstand wurde jedoch außer acht gelassen. Mit Hilfe einiger Gleichungen und eines theoretischen Ansatzes für das Verhältnis Lehrer – Studenten wurde damals über die nächste Sechsjahresperiode ein Mehrbedarf von 12 000 akademischen Physikern prognostiziert. Daraus wiederum wurde eine Schätzung für die Zahl der industriellen Physiker errechnet. Dies wiederum ergab einen Zusatzbedarf von 7000 bis 8000 Physiklehrern.

Tatsächlich wurden 12 000 zusätzliche Physiker „produziert". Ein Überhang von etwa 4000 Physikern belastete lange den Arbeitsmarkt. [3.13, 3.14, 3.15] Diese Katastrophe hätte bei Beachtung des „äußeren" Kriteriums vermieden werden können. Der Zirkelschluß: Wieviele Physiker braucht man, um jene Anzahl von Physikern zu produzieren, die nötig ist, um jene Anzahl von Physikern zu produzieren, ...? mußte fast zwangsläufig in eine Notlage führen.

Zusammenfassung

Der Umfang von Wissenschaft und Forschung hat offensichtlich lange Zeit hindurch exponentiell zugenommen und zwar wesentlich stärker als die Gesamtbevölkerung. Diese Entwicklung konnte sich nicht ewig fortsetzen und es mußte ein Übergang zu einer stationären Situation eintreten, an deren Anfang eine zunehmende Skepsis gegenüber der Bedeutung und der Objektivität der Wissenschaft stand.

Ist der stationäre Zustand einmal erreicht, so müssen Forschungsprioritäten gesetzt werden; die Weinberg-Kriterien sind wahrscheinlich ein taugliches Instrument dazu. Insbesondere können die sozialen Auswirkungen wissenschaftlicher Ergebnisse nicht länger ignoriert werden; davon abgesehen, ist die Wissenschaft nur eine von mehreren gesellschaftlichen Aktivitäten. Schenkt man dem „äußeren" Kriterium nicht das angemessene Augenmerk, so kommt es zu Fehlentwicklungen, wie etwa beim derzeitigen Überschuß an wissenschaftlichen Arbeitskräften. Wir werden später die Anwendungen der Weinberg-Kriterien noch an anderen Beispielen illustrieren.

Fragen

1. Entspricht die rasche Zunahme wissenschaftlicher Aktivitäten einem entsprechenden Anstieg im Wissenschaftsverständnis der allgemeinen Bevölkerung?
2. Welche Gründe könnten für die lange Zeit hindurch konstante Wachstumsrate der Wissenschaft ausschlaggebend gewesen sein?
3. Da Zweifel an der Qualität mancher Wissenschaftler bestehen, sollte man vielleicht einen minimalen Intelligenzquotienten für Naturwissenschaftler festlegen?
4. Wissenschaftliche Karriere ist an Publikationen gebunden, wodurch ein enormer Publikationsdruck entsteht. Welche Maßnahmen könnten die Literaturexplosion unter Kontrolle halten?
5. Wie könnte man die Weinberg-Kriterien dazu benützen, die Verdienste der NASA mit dem Aufbau eines Hochgeschwindigkeits-Eisenbahnsystems zu vergleichen?
6. Kann die Wissenschaft geplant werden?
7. Welchen Umfang sollten die Wissenschaften vernüftigerweise haben?
8. Welche Verantwortung kommt den Wissenschaftlern bei der Bewertung ihrer Aktivitäten innerhalb eines breiteren, externen Kontextes zu?

Literatur zu Kapitel 3

[3.1] *D. J. de Solla Price*, Little Sience, Big Sience. Von der Studierstube zur Großforschung, Suhrkamp, Frankfurt a. M. 1974.
[3.2] *P. R. Ehrlich* und *A. H. Ehrlich*, Humanökologie. Der Mensch im Zentrum einer neuen Wissenschaft, Springer, Heidelberg 1975.
[3.3] *O. Schatz* (Hrsg.), Brauchen wir eine andere Wissenschaft, Salzburger Humanismusgespräch, Styria, Graz 1981.
[3.4] *P. Weingart* (Hrsg.), Wissenschaftssoziologie, Fischer – Athäneum, Frankfurt a. M. 1972.
[3.5] *H. Pietschmann*, Das Ende des naturwissenschaftlichen Zeitalters, Zsolnay, Wien 1980.

[3.6] *W. Büchel*, Gesellschaftliche Bedingungen der Naturwissenschaft, C. H. Beck, München 1975.
[3.7] *E. Zilsel*, Die sozialen Ursprünge der neuzeitlichen Wissenschaft, Suhrkamp, Frankfurt a. M. 1976.
[3.8] *J. P. Martino*, Science and Society in Equilibrium, Science 165, 1969.
[3.9] *C. Herring*, Distill on Drown: The Need for Reviews, Physics Today 21, 1968.
[3.10] *H. Brooks*, The Government of Science, M.I.T. Press, Cambridge 1968.
[3.11] *A. Weinberg*, Reflections on Big Science, M.I.T. Press, Cambridge 1967.
[3.12] *Physic: Survey and Outlook*, Physic Survey Committee, National Academmy of Sciences, Washington 1966.
[3.13] *A. A. Strassenburg*, Supply and Demand for Physicists, Physics Today 23, 1970.
[3.14] *W. R. Gruner*, Why There Is a Job Shortage, Physics Today 23, 1970.
[3.15] *L. Grodzins*, The Manpower Crisis and Physics, Bulletin of the American Physical Society 16, 1971.

4 Das Gebäude der Wissenschaften

> Die Wissenschaften sind in Amerika zu einer sehr wichtigen Einrichtung des politischen Systems geworden. Nur wissenschaftlichen Institutionen werden ohne genauere Kontrolle Steuermittel zur Verfügung gestellt, um auf diese Weise die Autonomie und die klösterliche Abgeschiedenheit des Laboratoriums zu stützen. (Don K. Price, 1965)
>
> ... [wurden] Steuermittel ... zur Verfügung gestellt ... [Korrektur des Herausgebers aus dem Jahre 1972]

Mit Hilfe einer Wissenschaftsdefinition von Ziman werden Versuche analysiert, nach dem zweiten Weltkrieg Konsenswissenschaft zu organisieren.

Einleitung

In diesem Kapitel wird der Begriff „Wissenschaft" allgemein definiert und auf den Konsensbegriff zurückgeführt. Die Forschungsmittel und Forschungsziele der einzelnen Wissenschaftler sollen zunächst beiseite gelassen werden. Statt dessen werden wir die istitutionalisierte Zusammenarbeit der Wissenschaftler untersuchen, um den Einfluß der Wissenschaft auf die Gesellschaft besser zu verstehen. Anhand konkreter Beispiele soll die Konsensdefinition der Wissenschaft veranschaulicht werden.

Wissenschaft als öffentliches Wissen

Ein wesentlicher Beitrag zum Verständnis des Phänomens der Wissenschaft wurde von Prof. J. Ziman in seinem Buch „Public Knowledge" geliefert. Gemäß seiner „Konsensdefinition" müssen *wissenschaftliche Erkenntnisse jeder vernunftbegabten Person zugänglich sein, die sich um das einschlägige Verständnis bemüht.* [4.9]

Diese Konsensdefinition (oder Interpretation) wollen wir mit anderen Wissenschaftsbegriffen vergleichen. Können individuelle und kollektive Aktivitäten von Wissenschaftlern überhaupt Zimans Ansprüchen genügen? Und wie kommt Wissenschaft als einheitliche Disziplin zustande? Wie steht es mit der gesellschaftlichen Verantwortung des Wissenschaftlers? Diese Fragen wollen wir hier und in späteren Kapiteln untersuchen. Zunächst aber soll der „Konsens"-Begriff der Wissenschaft mit einigen anderen und gebräuchlichen Definitionen verglichen werden.

Wissenschaft ist Kontrolle der Natur: Historisch gesehen war dies zweifellos der dominierende Aspekt; er geht auf Francis Bacons New Atlantis und Novum Organum [4.9] zurück. Das Bestreben, die Natur zu kontrollieren, war stets das stärkste Argument für die finanzielle Ausstattung der Wissenschaften. Trotzdem ist dieses Konzept in gewisser Hinsicht unbefriedigend. Einige Wissenschaftsbereiche, wie etwa die Kosmologie (Lehre von der Entwicklung des Universums), haben nichts zur Natur-Beherrschung beigetragen. Andererseits wären nach dieser Definition viele rein technische Entwicklungen unter den Begriff Wissenschaft zu subsummieren. Gerade an diesem Beispiel zeigt sich der Vorteil von Zimans „Konsens"-Definition, mit deren Hilfe reine Wissenschaft durchaus von technischer Anwendung unterschieden werden kann.

Ob der Beitrag eines Wissenschaftlers zur Erzeugung oder Verbesserung eines Produktes von wissenschaftlichem Wert ist, kann weder aus der Nutzbarkeit noch aus dem Neuigkeitswert seines Vorschlages abgeleitet werden. Dient die Untersuchung letztlich nur dem privaten Wissen des Produzenten, so kann sie sicher nicht als wissenschaftlich bezeichnet werden. Wird das Ergebnis hingegen in einer allgemein zugänglichen Wissenschaftszeitschrift publiziert, dann handelt es sich — jedenfalls nach der obigen Definition — um eine wissenschaftliche Erkenntnis.

So wird Wissenschaft klar von Technik unterschieden. Der Techniker erhält den Auftrag, die Konstruktion eines Rasierapparates zu verbessern. Sicherlich verwendet er dabei Erkenntnisse der Wissenschaft, wiewohl es ihm nicht um allgemeine Zustimmung geht. Natürlich kann auch über die Brauchbarkeit eines Prototyps der Konsens herbeigeführt werden, wie dies im Falle der Atombombe geschah (Kapitel 15). Dies wäre dann z.B. ein Fall von technischem Konsens. Oft allerdings wird das Produkt des Technikers ein ökonomischer Kompromiß sein. Dies weiß der Konstrukteur eben so gut wie sein Auftraggeber, so daß die Frage nach dem wissenschaftlichen Konsens sich gar nicht stellt. Deshalb fallen technische Entwicklungen im allgemeinen nicht unter den Wissenschaftsbegriff.

Wissenschaft als Studium der materiellen Welt: Diese Definition ist schon deshalb unbefriedigend, weil sie bestimmte Bereiche, wie etwa die mathematische Physik mit ihrem hohen Abstraktionsgrad oder die gesamten Gesellschaftswissenschaften ausschließt, die sich mit dem sozialen Verhalten der Menschen und nicht mit Aspekten der materiellen Welt beschäftigen. Definieren wir hingegen Wissenschaft als allgemein zugängliches Wissen, so werden auch diese Disziplinen mit einbezogen, soweit sie sich jedenfalls um den Konsens bezüglich der gesicherten Fakten bemühen. In den Sozialwissenschaften ist gerade dies ein sehr mühsamer Prozeß, der nicht immer zum Erfolg führt. Trotzdem geht es auch hier genau um diesen Konsens.

Wissenschaft ist eine experimentelle Methode: Auch diese Definition schließt bestimmte wissenschaftliche Disziplinen aus. So konnten in der Astronomie bisher keine Experimente durchgeführt werden. Astronomische Parameter können nicht kontrolliert verändert werden; deshalb war die Astronomie lange Zeit hindurch eine rein beobachtende Disziplin. Trotzdem gehört sie zu den Wissenschaften. Gerade die Konsensdefinition der Wissenschaft macht es möglich, die Bedeutung der experimentellen Methode zu verstehen. Das Experiment ist eine hervorragende und weitgehend unbestrittene Technik, um wissenschaftlichen Konsens herbeizuführen. Das allgemeine Modell eines wissenschaftlichen Vorganges besteht aus vier Stufen: Sammeln von Daten, Entwickeln einer Hypothese auf der Basis dieser Daten, Sammeln weiterer Daten zur Überprüfung der Voraussagen dieser Hypothese und schließlich Formulieren einer mehr oder weniger tragfähigen Theorie. Weder das Sammeln der Ausgangsdaten, noch die Formulierung des hypothetischen Ansatzes erfordert schon den Konsens. Es sind die nächsten beiden Schritte, die das „Wissenschaftliche" an dem Vorgang ausmachen. Die Hypothese wird weiteren Überprüfungen ausgesetzt; zumindest sind es experimentelle Tests, die auch von Kritikern der Ausgangs-Hypothese durchgeführt werden können.

Selbst wenn die Prognosen nicht von jedermann überprüft worden sind, so wissen die Vertreter der Hypothese doch, daß dies geschehen könnte, und spielen daher selbst den advocatus diaboli. Eben auf diese Weise unterscheidet sich Wissenschaft durch den Konsens der Beobachter von der „Nichtwissenschaft". Dieses Entscheidungsverfahren ist es, daß die wissenschaftliche Methode so nützlich und erfolgreich macht.

Wissenschaft ist das Ergebnis einer großen Anzahl von Beobachtungen: Von allen Definitionen ist diese wahrscheinlich am wenigsten akzeptabel. Viele und brillante wissenschaftliche Theorien beruhen auf wenigen Daten und kamen vornehmlich durch intuitives Denken zustande. Für diese Einsichten ist wissenschaftliches Genie oft wichtiger als Logik. Tatsächlich hängt die Wissenschaftlichkeit einer Hypothese nicht von ihrem Ursprung ab, sondern sie verifiziert sich an der rigorosen Überprüfung ihrer Voraussagen.

Natürlich ist auch die Konsensdefinition nicht allumfassend. Sie überbetont die öffentliche Tätigkeit des Wissenschaftlers: Die wissenschaftlichen Bestrebungen des Leonardo da Vinci verblieben in der „Geisterwelt", ehe seine Notizen 100 Jahre später veröffentlicht wurden. Leonardo hielt seine Theorien in Spiegelschrift fest, und verhinderte gerade dadurch in sehr unwissenschaftlicher Weise eine Veröffentlichung seiner Erkenntnisse. Im übrigen haben wir bisher vorausgesetzt, daß sich Wissenschaft als monolithische Organisation selbstloser Individuen manifestiert und nicht als Wettbewerb von egoistischen Primadonnen. Oft waren wissenschaftliche Aussagen derart dogmatisiert, daß nur eine Revolution (oder der Tod ihres Verfechters) etwaige Fehler korrigieren konnte. [4.2, 4.3] Und schließlich gab es auch im religiösen Bereich häufig Konsensbestrebungen, die durchaus auch erfolgreich waren. Allerdings basiert Religion auf dem Glauben an unbeweisbare Daten (zumindest, was die Wunder betrifft). Und der einzige Weg, um die religiösen Überzeugungen eines Gläubigen zu ändern, ist die Herbeiführung eines neuen Glaubensaktes (wie etwa beim Übertritt eines Christen zum Buddhismus).

Wissenschaft als Disziplin

Die Konsensdefinition der Wissenschaft scheint alle anderen Definitionen zu umfassen. Wir verstehen Wissenschaft als eine Gemeinde von „Lernenden". Der einzelne Wissenschaftler kann seine Forschung auch ohne Konsensstreben vorantreiben. Manchmal betrachtet er die Natur als Rätsel und die Lösung dieses Rätsels als vergnügliches Spiel. Trotzdem muß er sich im Gespräch den Kritikern seines Modells stellen und sie überzeugen, statt zu überreden.

Die Konsensdefinition trennt Wissenschaft von anderen Wissensbereichen wie etwa Rechtskunde, Geschichte oder Soziologie. Rechtskunde kann niemals eine wissenschaftliche Disziplin sein. Entscheidungen eines Gerichtes können von ihrer Natur her nicht den vollständigen Konsens erzielen. Gäbe es den Konsens – der Angeklagte bekennt sich schuldig –, dann erübrigen sich wesentliche Teile des Gerichtsverfahrens. Jede Gerichtsentscheidung ist sozusagen a priori eine Frage der Bewertung von Daten und von begrenzt vorhandenen Informationen. Vor Gericht entspricht einem Freispruch die Vermutung der Unschuld des Angeklagten, jedoch keineswegs ein absoluter Beweis. In einem Gerichtsverfahren über finanzielle Fragen muß trotz kontroverser Standpunkte ein Spruch gefällt werden. Auch die Historiker scheinen nur in eingeschränktem Sinne Wissenschaftler zu sein. Soweit nämlich wissenschaftliche Fakten und Dokumente vorgelegt werden, soweit ist auch Geschichte eine Wissenschaft. Erhebt sich aber die Frage nach der Interpretation (Warum kam es zum zweiten Weltkrieg? Warum kannten die Griechen keine experimentelle Wissenschaft?), dann verhalten sich auch die Historiker durchaus nicht als Wissenschaftler. Wie steht es mit der Soziologie? Sie will durch wissenschaftliche Fragestellungen und statistische Analysen ihren Anspruch auf Exaktheit nachweisen. Könnten die Resultate solcher Untersuchungen reproduziert werden, dann wäre auch Soziologie eine Wissenschaft. Tatsächlich aber ist die Wechselwirkung zwischen Einzelbeobachtung und dem beobachteten Objekt hier so stark, daß die Daten von anderen Einzelbeobachtern zumeist nicht mehr reproduziert werden können. So gesehen, führt die Wiederholung gleicher Fragestellungen oft nicht zum Konsens. Das heißt noch lange nicht, daß Soziologie unwissenschaftlich sein muß. Allerdings ist sie eine viel „problematischere" Wissenschaft, als die „harte" Physik.

Wissenschaftspolitik und „Konsens-Wissenschaft"

Im Konsensstreben manifestiert sich die Wechselwirkung zwischen wissenschaftlicher Gemeinde und Gesellschaft/Politik besonders klar. In späteren Kapiteln werden wir die Rolle der wissenschaftlichen Berater untersuchen, etwa bei der Konstruktion der Atombombe während des zweiten Weltkrieges. Wir werden dann auch verstehen, warum regierungsnahe Institutionen geschaffen wurden, um die Wissenschaft möglichst in Richtung des Konsenses voranzutreiben. Diese Aspekte der Konsensdefinition sollen am Beispiel der „Lindemann-Tizard-Kontroverse" beleuchtet werden: Es handelt sich dabei um ein plastisches Beispiel für wissenschaftliche Beratungstätigkeit, wobei die Atomenergiekommission und die „National Science Foundation" als Träger der Konsensbemühungen auftraten.

Die Lindemann-Tizard-Kontroverse

Diese Kontroverse ist ein besonders plastisches Beispiel für den Unterschied zwischen Konsens und Nicht-Konsens. [4.10] Es geht dabei um die beiden extremen Verfahren zur Erlangung einer wissenschaftspolitischen Entscheidung: Sir Tizard war um einen Konsens über die Entwicklung des Radars bemüht, während Lindemann seine Entscheidung für das strategische Bomberprogramm im Alleingang traf.

Sir Henry Tizard war 1935 Obmann des Komitees für die wissenschaftliche Analyse der Luftverteidigung. Dieses Komitee hatte entschieden, Radarsysteme zur Luftraumverteidigung Großbritanniens einzusetzen. Das Streben nach einer Konsensbasis für diese Entscheidung wurde zunächst vom Wissenschaftler F. A. Lindemann (später Lord Cherwell) durchkreuzt, der seine individuellen Lieblingsprojekte verfolgte. Später, als Lindemann das Komitee verlassen hatte, wurde das Radar zu einem spektakulären militärischen Instrument. Radarstationen waren für die Schlacht um England auch deshalb einsatzbereit, weil nach der internen Einigung des Komitees reichliche Finanzmittel zu fließen begannen. Im übrigen gingen Tizard und sein Komitee mit ihren Vorschlägen auch zu den niedrigeren Entscheidungsträgern der britischen Luftwaffe und bemühten sich damit unter den künftigen Benützern um den Konsens über die Brauchbarkeit des Radars.

Nach der Invasion Frankreichs wurde Churchill Premierminister und mit ihm kam sein persönlicher Freund Lindemann als wissenschaftlicher Berater. Nun ging — in Anbetracht der seinerzeitigen Animositäten — Tizards Einfluß zurück: Er wurde aus der Kriegsvorbereitung ausgeschaltet, je mehr es um den Wert der strategischen Bomber ging. So wurde die Lösung dieses Streites letztlich ohne Herbeiführung einer Konsensbasis getroffen, obwohl wissenschaftliche Erkenntnisse zu einer Konsensentscheidung hätten führen müssen. Das britische Militär vertraute zu jener Zeit darauf, daß durch strategische Bomber die Zivilbevölkerung des Gegners zermürbt werden könnte. Diese Strategie wurde 1943 von Lindemann vorgeschlagen und mit quantitativen Schätzungen untermauert, um nachzuweisen, daß der Krieg mit dieser Methode am raschesten beendet wäre. Tizard hingegen meinte, die vorliegenden Schätzungen seien grob falsch, was sich letztlich auch bestätigte. Er forderte seinerseits zusätzliche Aufwendungen für den U-Boot-Krieg. Hätte man die Bemühungen um einen Konsens länger fortgesetzt, so wären Lindemanns Zahlen unter der Kritik wohl zusammengebrochen. Allerdings ging es nicht um einen Konsens, sondern um das Urteil des Premierministers, und dieser akzeptierte die Entscheidung Lindemanns, der die Zerstörungskraft der Bomber um einen Faktor zehn überschätzt hatte. Bei den Luftangriffen wurden 500 000 deutsche Zivilbürger, aber auch 160 000 amerikanische und britische Flieger getötet. Trotzdem kam es zu keinem signifikanten Einbruch in der feindlichen Produktion oder in der Kampfmoral der Deutschen. Lindemanns Fehlkalkulationen waren zumindest teilweise auf das mangelnde Konsensstreben der Beteiligten zurückzuführen.

Zusammenfassung

Unser vierter Ansatzpunkt für eine Analyse des Wesens der Wissenschaft und ihrer Wechselwirkung mit der Gesellschaft beschäftigte sich mit den inneren Strukturen der Wissenschaft. Wir haben skizziert, welchen Beitrag die Forschung für die Gesellschaft leisten kann und in welchen Aspekten sie sich von anderen Arbeitsbereichen unterscheidet. Auch in Zukunft werden wir uns immer wieder auf den Konsens-Aspekt der wissenschaftlichen Tätigkeit berufen. Die Konsensdefinition betont die „Eindeutigkeit" der Wissenschaft und grenzt sie deutlich von technischen Entwicklungen ab. In späteren Kapiteln werden wir anhand dieser Überlegungen zwischen jenen beiden Rollen zu unterscheiden haben, die dem Wissenschaftler einerseits als Regierungsexperten und andererseits als informiertem Bürger zukommen. Dann werden wir auch nachweisen, wie nutzlos das Konzept von der „gesellschaftlichen Verantwortung des Wissenschaftlers" tatsächlich ist.

Fragen

1. Wieso kann man überhaupt von einer wissenschaftlichen Gemeinde sprechen?
2. Warum ist es für die Wissenschaftler so schwierig, die Konsensdefinition der Wissenschaft zu akzeptieren?

3. Wenn Wissenschaft tatsächlich auf Konsens basiert, kann es dann überhaupt wissenschaftliche Revolutionen geben?
4. Bleibt ein Wissenschaftler auch dann „Wissenschaftler", wenn er in geheimen Forschungsbereichen tätig ist und seine Ergebnisse nicht publiziert?
5. Kann es jemals über politische Fragen einen Konsens geben?
6. Warum ist der technische Konsens zum Thema Abrüstung so schwer zu erzielen?
7. Darf der Wissenschaftler im Lichte der Konsensdefinition militärische Geheimforschung betreiben? Ist es in Ordnung, wenn das Verteidigungsministerium allgemein zugängliche Forschunsprojekte finanziert?

Literatur zu Kapitel 4

[4.1] *J. Ziman*, Public Knowledge, Cambridge University Press, Cambridge 1968.
[4.2] *T. S. Kuhn*, Die Struktur wissenschaftlicher Revolutionen, Suhrkamp, Frankfurt a. M. 1973.
[4.3] *I. Velikovsky*, Welten im Zusammenstoß, Umschau, Frankfurt a. M. 1978.
[4.4] *W. R. Nelson* (Hrsg.), Politics of Science, Oxford University Press, New York 1967.
[4.5] *J. B. Wiesner*, Where Science and Politics Meet, McGraw-Hill, New York 1965.
[4.6] *J. D. Watson*, Die Doppel-Helix, Rowohlt, Reinbek 1971.
[4.7] *J. Ziman*, Wie zuverlässig ist wissenschaftliche Erkenntnis?, Vieweg, Wiesbaden 1982.
[4.8] *K. Popper*, Logik der Forschung, Mohr, Tübingen 1971.
[4.9] *J. Haberer*, Politics and the Community of Science, Van Nostrand, New York 1969.
[4.10] *C. P. Snow*, Science and Government, Harvard University Press, Cambridge 1961.

5 Mythos, Kosmologie und Astrologie

In den Vereinigten Staaten gibt es schätzungsweise 10 000 berufsmäßige Astrologen, aber nur 2000 Astronomen. (Robert S. Morison)

Wir geben einen Überblick über die Entwicklung und Verwertung astronomischer Erkenntnisse bis zur griechischen Klassik. Wie Stonehenge und ähnliche Strukturen beweisen, steht das frühe astronomische Wissen im Zusammenhang mit der Religion. Wir werden diskutieren, ob Astrologie eine Wissenschaft ist.

Einleitung

Im folgenden Kapitel werden wir die Astronomie und Astrologie als früheste Beispiele für die Wechselwirkung zwischen Wissenschaft und Gesellschaft betrachten. Wir beginnen mit den ältesten Zeiten, über die wir einigermaßen zuverlässige Informationen haben, nämlich mit der Periode vor der altgriechischen Zivilisation (zwischen 4000 und 6000 v. Chr.). Diese Periode umfaßt die Blütezeit von Ägypten und Babylon; sie brachte die Entwicklung von Betrachtungsweisen, die an die astronomische Wissenschaft herankommen. Bemerkenswerterweise gab diese Art von Astronomie sowohl den Anstoß für die Entwicklung der physikalischen Wissenschaften, als auch der pseudowissenschaftlichen Astrologie.

An diesem Beispiel wollen wir die Ursprünge illustrieren, auf die unsere heutige Wissenschaft zurückgeht, aber auch das Konsensprinzip von neuem erläutern. Die Diskussion der Astrologie wird zeigen, warum bestimmte Ansätze schon von ihrer Natur her als unwissenschaftlich betrachtet werden müssen. Auch die Behinderung mancher meteorologischer und soziologischer Studien durch ihre Assoziation mit astrologischen Untersuchungen wird zu besprechen sein.

Die frühesten Mythen und Kosmologien

Der älteste Zugang zur Wissenschaft ergab sich aus dem Streben nach dem Verständnis der Natur. Alle frühen Schöpfungsgeschichten bemühten sich, den Ursprung des Universums zu erklären. Wir kennen viele derartige Erklärungen. Die alten Babylonier hatten ihre Enuma-Elish, die Griechen Hesiods Theogonie und wir kennen die nordische Edda mit ihrer Götterdämmerung. In der biblischen Genesis, um das bekannteste Beispiel zu zitieren, heißt es:
Am Anfang schuf Gott Himmel und Erde... Da sprach Gott: „Es werde Licht!" Und es ward Licht... So schuf Gott das Firmament und schied die Wasser unterhalb des Firmaments von denen oberhalb des Firmaments... Dann sprach Gott: „Das Wasser unter dem Himmel sammle sich an einem Ort, und das trockene Land werde sichtbar!"... Dann sprach Gott: „Himmelsleuchten sollen am Firmament entstehen, um den Tag von der Nacht zu scheiden; als Zeichen sollen sie dienen und Zeiten, Tage und Jahre anzeigen."...
Wie phantasievoll diese Mythen auch sein mögen, ihre Kosmologien haben nichts mit der heutigen Astronomie zu tun.

Astronomie und Zeitrechnung

Die Astronomie war deshalb die früheste der physikalischen Wissenschaften, da sie jenes Wissen zur Verfügung stellte, das für den Überlebenskampf der Menschen erforderlich war. Mit der Überwindung der Mythen wendete sich die Menschheit der Kontrolle der Natur zu. Durch die Schaffung des Zeitbegriffs konnte die Gesellschaft komplexer und stabiler werden. Die Kenntnis der Tageszeit aufgrund der Sonnenbeobachtung gestattete es, zu einem bestimmten Zeitpunkt an einem gegebenen Ort Aufgaben so zu organisieren, daß diese vor Einbruch der Dunkelheit beendet werden konnten. Parallel dazu verliefen längerfristige Formen der Organisation. Die Sonne ist natürlich der auffälligste „Zeitmesser", da mit ihrem Lauf die Jahreszeiten zusammenhängen. Andererseits sind die Mondphasen sehr auffällig und die Periode der Mondzeit ist kürzer. So bot sich z. B. für Nomaden, die von den Jahreszeiten nicht besonders abhängig waren, der Mond als günstigster Zeitmesser an. Der jüdische Midrasch z. B. sagt: „Der Mond wurde geschaffen, um die Tage zu zählen". Der Mondkult geht ganz generell davon aus, daß der Mond als Zeitmaßstab aufzufassen sei — man beachte die Werwolfgeschichte und den vermeintlichen Zusammenhang zwischen der Laune und der Mondphase. In den mondorientierten Kulturen beginnt die Tageszeit am Abend. Zum Unterschied von den Nomaden benötigten landwirtschaftlich orientierte Kulturen einen Sonnenkalender. Sie mußten sich nämlich auf Fluten, Monsune, Schneestürme vorbereiten und zur rechten Zeit pflanzen und ernten.

Die Nomaden und die landwirtschaftlichen Gesellschaften koppelten schließlich die Mondzeit (Monate) und die Sonnenzeit (Jahre). So entstand der jüdische Kalender, als die Juden durch die Wüste zogen. Er war daher auf den Mond abgestellt. Als die Juden nach Kanaan kamen und landwirtschaftlich tätig wurden, mußten sie ihren Kalender dem Sonnenjahr anpassen. Das Passahfest war zunächst ein nomadisches Fest, bei dem Jehova neugeborene Lämmer geopfert wurden. In Kanaan floß dieses Fest dann mit dem landwirtschaftlichen Massoth-Fest zusammen, bei dem die soeben geernteten Gerstengarben geopfert wurden und aus dem ersten Korn Brot gemacht wurde. Da eines dieser Feste mit dem Jahr zusammenhing und das andere mit dem Mond, gab es bei der Vereinigung gewisse Probleme. Zu deren Lösung wurde für den Tag des Festes die Mondphase und gemäß dem Sonnenjahr der geeignete Mondzyklus gewählt. Alle anderen Feste während des Jahres ergaben sich dann aus diesem Datum.

Dies war die allgemeine Lösung des Mond-Sonnenproblems: Es gibt eine bestimmte Anzahl von Monaten, deren Bezeichnung sie in Monate der Pflanzung und Monate der Ernte unterschied. Manche Monate waren daher nicht besonders bedeutsam und blieben unbenannt. So hatten die Römer ursprünglich nur zehn Monate bis Dezember, während Jänner und Februar unbenannt blieben, da zu diesem Zeitpunkt keine landwirtschaftlichen Aktivitäten stattfanden. Manchmal mußte ein zusätzlicher Monat eingeführt werden, um das Jahr wieder mit den Jahreszeiten in Einklang zu bringen. Die Araber haben als erste ein System eingeführt, bei dem alle paar Jahre ein Monat hinzugefügt wurde. Eine bestimmte Priesterkaste war dafür verantwortlich, wann dieser zusätzliche Monat zu wählen sei. Mohammed hat dieses System allerdings verboten, einerseits um die Macht der Kaste zu brechen und andererseits, um die islamische Religion gegenüber der jüdischen Religion stärker abzugrenzen. So hat der islamische Kalender nun zwölf Mondmonate (354 Tage) und durchläuft alle Jahreszeiten in 33 Jahren. Er ist Beispiel für eine beduinische (Nomaden-)Tradition.

Stonehenge

Sobald sich Priesterkasten entwickelten, begannen sie die Bewegung der Planeten und der Sterne detailliert zu beobachten, also Astronomie zu betreiben. Das Wissen wurde jedoch nicht zugänglich gemacht, sondern geheimgehalten, um der Priesterschaft entsprechende Macht zu sichern. Wir haben viele Hinweise auf astronomische Kenntnisse bestimmter Kulturen, von denen keine schriftliche Tradition vorliegt. Eine der zuletzt entdeckten astronomischen Kulturen steht im Zusammenhang mit den Megalithen, wie sie in Stonehenge gefunden wurden. Diese Anlage war eine Stätte der Religion, die sich erstaunlicherweise gleichzeitig als astronomisches Observatorium entpuppte [5.1, 5.11].

Bild 5-1 Blick auf die alten astronomischen Megalithen von Stonehenge, aufgenommen von Südwesten

Zwischen 1900 und 1600 v. Chr. errichteten die alten Briten 150 km südwestlich von London eine riesige Anlage, die auch in ihrem heutigen Zustand des Verfalls noch imposant wirkt. Sie enthält nicht nur einen äußeren Ring von 56 regelmäßig angeordneten Öffnungen, sondern auch einen inneren Ring von sehr schweren Felsen (mit einem Gewicht bis zu 50 Tonnen) und Kreuzteilen, verschiedenen anderen Öffnungen und großen Toren in der Umgebung des Zentrums. Lange Zeit wurde Stonehenge als religiöser Tempel betrachtet. Spätere Untersuchungen ergaben jedoch — wie bei vielen anderen derartigen Strukturen in England und in Europa —, daß diese Anlagen astronomische Ereignisse sehr präzise vorhersagen konnten, wie dies etwa bei Sonnenfinsternissen der Fall war. Blickt man nämlich durch verschiedene Folgen von Öffnungen der Anlage, so können der Sonnen- und der Mondaufgang zu Beginn der vier Jahreszeiten beobachtet werden. Die 56 Öffnungen des Umfanges scheinen mit dem 56-Jahres-Zyklus der Mondfinsternisse zusammenzuhängen.

So waren Stonehenge und ähnliche Anlagen wahrscheinlich der Sammelplatz für das Volk, wenn die Priesterschaft zur Feier von Festen wie Sommermitte oder Neujahr zusammengerufen hatte. Einige der europäischen Feste, wie die Dankfeste und Fastnacht, gehen auf diese jahreszeitlichen Ereignisse zurück. An einigen Stätten in Europa wurden bei derartigen Festen feurige Räder in die Luft geworfen, wahrscheinlich um die Länge des Tages zu beeinflussen. Man kann sich zweifellos die Macht vorstellen, die den Priestern durch ihr Wissen um das Auftreten von Finsternissen zukam. Stonehenge illustriert den damaligen Zusammenhang der Astronomie mit gesellschaftlichen Aufgaben. Die Astronomie war ja einerseits Anlaß für religiöse Aktivitäten und andererseits unerläßlich für die Landwirtschaft. Hier trug das Wissen dazu bei, die Natur und auch die Gesellschaft zu kontrollieren.

Ägyptische Astronomie

Sobald Macht und Astronomie miteinander verknüpft waren, entwickelten auch die Religionen astronomische Aspekte. Dies zeigt sich besonders deutlich am Beispiel des alten Ägypten. Für die Ägypter waren und sind die Jahreszeiten von besonderer Bedeutung. Durch die Nilfluten wurde das ganze Leben in Ägypten mit den jahreszeitlichen Sternkonfigurationen in Zusammenhang gebracht. Neujahr und Mittsommer mußten genau bekannt sein. Daher wurden die Sonne, der Mond und die Sterne gründlich beobachtet, es wurden ihnen individuelle Namen und Persönlichkeiten zugeordnet. Der Sonnenaufgang wurde Isis genannt, die Morgensonne Storus, die Nachmittagssonne Amen Rá, die Abendsonne Atumu und die Sonne nach ihrem Untergang Osiris. Sternbilder wie der Große Bär, der Orion, die Plejaden und Sirius waren bekannt und wurden benannt. Viele der astronomischen Ideen der Ägypter und ihrer Gottheiten haben erstaunlich weitreichende Auswirkungen auf unsere Kultur gehabt. Z. B. kommen in Mozarts „Zauberflöte" zahlreiche dieser Gottheiten, wie etwa Osiris, vor.

Die ägyptische Religion bezog sich häufig auf astronomische Daten. Die Tempel ihrer Gottheiten, ebenso wie die Pyramiden waren zumeist in Richtung Sonnenaufgang oder Sonnenuntergang zu Neujahr oder zu Mittsommer gerichtet [5.12]. Der Großteil Ägyptens hatte ein Sommerjahr, weil der Nil im Hochsommer zu steigen begann. Zum Unterschied davon gab es in Babylon ein Frühlingsjahr, da Tigris und Euphrat im Frühling über die Ufern traten; die Tempel waren nach diesen Ereignissen orientiert. Da der Stern Sirius zunächst jedes Jahr gleichzeitig mit den Nilfluten aufstieg, sind einige der Isistempel nach diesem Zeitpunkt ausgerichtet.

Da die Religion in der ägyptischen Gesellschaft mit der täglichen Arbeit so intensiv im Zusammenhang stand, ergaben sich häufig Machtkämpfe zwischen der Priesterschaft und den weltlichen Autoritäten. Zwei Beispiele sollen dies illustrieren. Die Priester hatten zunächst das Jahr mit 360 Tagen angesetzt und wollten keine Änderung dieser Tradition zulassen. Als schließlich der

365tägige Kalender verwendet wurde, mußte jeder ägyptische König in der Folge vor den Priestern ein Gelübde ablegen, daß er nicht noch weitere Tage oder Monate hinzufügen werde. Im 15. Jh. v. Chr. versuchten die Priester von Theben, die Herrschaft der Sonnenscheibe abzuschaffen. Sie überredeten Thutmosis III., einen Altar für den thebanischen Sonnengott Amon Ré so anzubringen, daß der Blick auf die kultischen Handlungen im Tempel der Sonnenscheibe von Karnak behindert wurde. 150 Jahre später versuchte Amenophis IV. (Echnaton) diese priesterliche Macht einzuschränken und unterstützte den Kult der Priester in den nördlichen Städten, indem er mit Asien und Babylon diplomatische Beziehungen aufnahm und die Verehrung von Amon befahl. Schließlich verließ er Theben und widmete sich der Sonnenscheibe Aton als seiner persönlichen Gottheit. Da die Astronomie in dieser landwirtschaftlichen Gesellschaft zu zahlreichen zutreffenden Voraussagen führte, wurde die Astronomie in zahlreiche politische Auseinandersetzungen hineingezogen.

Babylonische und assyrische Astrologie

In der mesopotamischen Ebene Persiens, zwischen den Flüssen Tigris und Euphrat, hatte sich eine Zivilisation parallel zu jener Ägyptens entwickelt. In der altbabylonischen Periode (ca. 1800 bis 1600 v. Chr.) verfügte die Priesterschaft ebenfalls über astronomisches Wissen, um die Jahreszeiten vorauszusagen. Sie hatte die Länge des Jahres zu bestimmen und zu entscheiden, wann ein zusätzlicher Monat einzufügen war. Ein Dokument bezüglich einer solchen Einschiebung aus dem 18. Jh. v. Chr. lautet:

„So spricht Hammurabi: Da das Jahr nicht gut ist, muß der nächste Monat als zweiter Ululu eingeschoben werden. (D. h. ein sechster Monat muß wiederholt werden). Anstatt den Zehent am 25. des Tishritu (des siebenten Monats) zu überbringen, muß er am 25. des II. Ululu abgeliefert werden." [5.13]

Der Hof konnte nicht hungrig bleiben. Ein Monat Verzögerung in der Lieferung der Nahrungsmittel mußte vermieden werden.

Gegen 800 v. Chr. eroberten die Assyrer aus dem nördlichen Teil des Tigris das Gebiet. Da sie Krieger und nicht Bauern waren, wurden die Sterne von da an nicht nur beobachtet, um den Kalender zu bestimmen. Astronomie wurde mit Astrologie verbunden. Man nahm an, daß die Sterne einen direkten Einfluß auf den Verlauf der irdischen Ereignisse nehmen, und noch heute finden wir weitreichende Einflüsse der Astrologie in unserer Gesellschaft. Noch in unseren Tagen gibt es einen Magier á la Mickey Mouse (Bild 5-2) in Walt Disneys ‚Phantasia' mit einem schwarzen Hut (dem Nachthimmel) und mit Sternen verziert (von dem unser Schicksal abgelesen werden kann). Wir haben unsere Horoskope und unsere Zeitungsastrologen. Dies ist das Zeitalter des Aquarius. Alles dank der Assyrer.

Bild 5-2
Micky Mouse als Zauberlehrling

Die assyrische Astrologie war sehr formalisiert und beschäftigte sich vor allem mit Voraussagen über das Schicksal der Nation. Erst während der hellenistischen Ära wurde die Astrologie zu Voraussagen über individuelle Schicksale herangezogen. In der assyrischen Astrologie wurden verschiedene Monate, Konstellationen und Himmelsgebiete mit den vier Regionen des Landes in Verbindung gebracht. Der Mond und die Planeten waren jene Zeiger, die das Schicksal dieser Regionen voraussagten; da der Mond so variabel schien, wurde ihm ein ungeheurer Einfluß zugemessen:

„Wenn Sonne und Mond am 16. Tag gemeinsam erscheinen, dann wird der König dem König Feindschaft senden. Der König wird einen Monat lang in seinem Palast belagert werden. Die Füße des Feindes werden das Land betreten. Der Feind wird triumphierend in sein Land einziehen. Wenn dies am 16. Tag gesehen wird (des vierten Monats), ist es gut für Subartu (den Norden), schlecht für Akkad (Babylon) und Amurru (die westliche Wüste, Syrien).

Wenn der Mond von einer Scheibe umgeben ist, in der Jupiter steht, wird der König belagert. Die Scheibe war unterbrochen, dies deutet nicht auf Übel hin." [5.13]

Finsternisse wurden natürlich ebenfalls als wichtige Vorzeichen aufgefaßt. Man konnte sie voraussagen und sie als Symbole für die Zukunft verwenden:

„Wenn eine Finsternis zustande kommt und auf die zweite Hälfte (der Nacht) fällt, dann werden die Götter mit dem Land Gnade haben. Wenn der Mond sich im Simannu (dritter Monat) verdunkelt, wird nach einem Jahr Ramannu (der Sturmgott) losbrechen. Wenn der Mond im Simannu verfinstert ist, wird es zu Fluten kommen und die Produkte des Landes werden dadurch im Überfluß vorhanden sein.

Am 14. findet eine Finsternis statt. Sie ist schlecht für Elam (die östlichen Berge) und Amurra (die westliche Wüste), gut ist sie für den König, meinen Herrn; der König, mein Herr, sei glücklich und ruhig... Die großen Götter, die in der Stadt des Königs wohnen, mein Herr, bewölken den Himmel, so daß die Finsternis nicht sichtbar wird. Auf diese Weise weiß der König, mein Herr, daß die Finsternis nicht gegen ihn gerichtet ist, noch gegen sein Land. Der König möge sich erfreuen." [5.13]

Bei diesen Voraussagen kommt den Planeten besondere Bedeutung zu, da sie unter den Fixsternen umherwandern. Tatsächlich gibt ihr Name oft ihren Charakter wieder. Jupiter war der Planet von Marduk (Gott von Babylon) und daher glücklich; der rote Mars war der Planet des Pestgottes und daher von Übel:

„Wenn der Stern des Marduk am Anfang des Jahres auftaucht, wird das Korn in diesem Jahr reichlich zur Verfügung stehen... Wenn ein Planet (Merkur) sich dem Stern Li (Aldebaran) annähert, dann wird der König von Elam (den östlichen Bergen) sterben...

Wenn sich die Venus verdunkelt und in Abu verschwindet, dann wird es in Elam zu einem Gemetzel kommen. Wenn Venus in Abu erscheint zwischen dem ersten und dem dreißigsten Tag, so wird es regnen und das Korn des Landes wird gedeihen." [5.13]

Ist Astrologie eine Wissenschaft?

Von einem rationalen Standpunkt sind astrologische Voraussagen nur schwer zu akzeptieren. Sie gehen von der Auffassung aus, daß die momentane Konfiguration der Himmelskörper zum Zeitpunkt der Geburt eines Menschen sein Schicksal für den Rest seines Lebens beeinflußt. Es gibt aber keine statistische Evidenz dafür, daß beispielsweise das Zeichen der Waage mit Kunstsinn oder dasjenige des Mars mit kriminellen Tendenzen zusammenhängt.

Nur wenige Wissenschaftler haben sich aber systematisch mit einer Untersuchung oder Widerlegung der Astrologie beschäftigt. Die Ablehnung dieser „Zwillingsschwester der Astronomie" beruht daher nicht so sehr auf wissenschaftlich fundierten Gegenargumenten. Der ausgeprägte Widerwille vieler Wissenschaftler gegen die Astrologie beruht — abgesehen von der Uneinsichtigkeit ihrer Grundlage — gerade auf dem Konkurrenzanspruch der Astrologie zur Wissenschaft: Denn auch sie beansprucht, Ereignisse vorherzusagen, genau wie dies ja auch die Astronomie und andere Wissenschaften mit ihren Methoden tun.

Versucht man rationale Argumente gegen die Astrologie zusammenzutragen, so fallen einige Widersprüche auf. Beispielsweise haben sich in den letzten zweitausend Jahren die Zeichen des Tierkreises um einen Monat verschoben, so daß heute die astrologischen Namen und Charakteristika auf andere Teile des Himmels fallen.

Darüber hinaus unterscheidet sich der indisch-chinesische Tierkreis vom assyrischen Tierkreis; und schließlich kann die Medizin das natürliche Geburtsdatum eines Menschen durch Einleitung der Geburt oder Kaiserschnitt verändern. So wird auch die strengste Form der astrologischen Voraussagen niemals einen Konsens hinsichtlich der Zeit, der Nationalität und der Medizin erreichen.

Aber in der Tat beeinflussen die Himmelskörper auf wissenschaftlich verifizierbare Weise die Vorgänge auf der Erde. So ist etwa Regen in der Zeit nach Vollmond und nach Neumond wahrscheinlicher als dazwischen. Es gibt entsprechend dem Zyklus der Sonnenflecken einen 11-Jahres-Zyklus des Nilwasserniveaus und der Erdbebenaktivität. Pflanzen und Tiere verspüren die Gezeiten auch dann, wenn sie weit weg vom Ozean leben. Das Blut des Menschen verändert sich bei Sonnenaufgang, unabhängig von seiner Tätigkeit. Polizeiprotokolle zeigen eine höhere Kriminalitätsrate bei Vollmond an. Die Gesundheit von Kleinkindern hängt von der Jahreszeit ihrer Geburt ab. Viele von diesen Daten mögen durch die Wechsel in der Intensität der kosmischen Strahlung, in der Empfindlichkeit des Organismus gegenüber Veränderungen des erdmagnetischen Feldes usw. begründet sein. In der Vergangenheit haben Wissenschaftler derartige Untersuchungen schon deshalb abgelehnt, weil sie so stark an die Astrologie erinnern. Dieses Gebiet ist nicht nur sehr attraktiv für Scharlatane, auch ein allgemeines Vorurteil der Wissenschaftler gegenüber derartigen Untersuchungen muß festgestellt werden. Dies deshalb, weil die Beschäftigung mit einer Pseudowissenschaft es erschweren kann, den Konsens in der Wissenschaft zu erzielen. Eine ähnliche Situation ergibt sich bei der wissenschaftlichen Untersuchung von übersinnlichen Phänomenen, wo sehr leicht repoduzierbare Daten erzielbar sind, obwohl sich die gleichen automatischen Vorurteile zeigen.

Zusammenfassung

Die frühesten Versuche einer physikalischen Wissenschaft ergaben sich, als sich die Astronomie über die reine Mythologie hinaus entwickelte und die Gesellschaft Informationen über den Beginn der Jahreszeiten benötigte. Dieses Wissen wurde von der Priesterschaft angesammelt, die dadurch noch stärkere Macht erhielt. Diese große Macht führte zu astronomieorientierten Religionen nicht nur in Ägypten und Babylon, sondern auch in England. Unvermeidbar waren dann aber auch Machtkämpfe zwischen der religiösen Astronomie und den weltlichen Autoritäten.

In welcher Hinsicht und wieweit ist die alte Astronomie eine Wissenschaft? Die Sterne ergeben durch die automatische Wiederholung ihrer Konfigurationen ein fertiges Laboratorium für Beobachtungen. Astronomie entwickelte sich insofern zu einer Wissenschaft, als sie verifizierbare Voraussagen machen konnte. Da aber die Priester-Wissenschaftler ihre Kenntnisse vor der Öffentlichkeit verbargen und sie ausschließlich als Mittel zur Mehrung ihrer religiösen Macht benützten, verletzte die Astronomie das Kriterium des öffentlichen Wissens. Nur allzu leicht konnte sie deshalb zur Astrologie umgedeutet werden, in der jedermann aus den gleichen Daten oft grundlegend verschiedene und in gleicher Weise unüberprüfbare Schlüsse zieht.

Fragen

1. Warum entwickelt der Mensch Mythen, wenn er irgend etwas nicht versteht?
2. Ist die Wissenschaft ein Ersatz für Mythen, ist Wissenschaft unsere Religion?
3. Ist es ein Zufall, daß die Schöpfungsgeschichte mit anderen antiken Mythen übereinstimmt?
4. Hätte jemand den alten ägyptischen Priestern ein modernes Lehrbuch der Astronomie gegeben, was wäre dann ihre Reaktion gewesen?
5. Die moderne Kosmologie behauptet, daß das Universum in einem Urknall entstanden ist. Ist diese Behauptung wissenschaftlich belegbar, bildet sie einen Beweis für die Schöpfungsgeschichte der Bibel?
6. Warum gab es in Babylon keine industrielle Revolution?
7. Könnte der „Zauberlehrling" in eine moderne Parabel umgestaltet werden – eine Parabel, in der die Gesellschaft die Rolle des Lehrlings spielt und die Technik als magischer Besenstiel auftritt?
8. Kann das Studium übersinnlicher Phänomene jemals zur Wissenschaft werden?

Literatur zu Kapitel 5

[5.1] *R. Müller*, Der Himmel über dem Menschen der Steinzeit, Springer, Berlin 1970.
[5.2] *M. Gauquelin* Die Uhren des Kosmos gehen anders, Ullstein, Berlin 1975.
[5.3] *B. Malinowsky*, Magie, Wissenschaft und Religion, Fischer, Frankfurt a. M. 1973.
[5.4] *G. Sarton*, Das Studium der Geschichte der Naturwissenschaften, Klostermann, Frankfurt a. M. 1965.
[5.5] *O. Neugebauer*, Vorlesungen über Geschichte der antiken mathematischen Wissenschaften, Springer, Berlin 1969.
[5.6] *F. Becker*, Geschichte der Astronomie, Bibliographisches Institut, Mannheim 1980^4.
[5.7] *E. Hoppe*, Mathematik und Astronomie im Klassischen Altertum, Carl Winter-Verlag, Heidelberg 1966.
[5.8] *T. Kuhn*, Die Kopernikanische Revolution, Vieweg, Wiesbaden 1981.
[5.9] *C. F. von Weizsäcker*, Die Tragweite der Wissenschaft, Hirzel, Stuttgart 1971.
[5.10] *A. Koyré*, Von der geschlossenen Welt zum unendlichen Universum, Suhrkamp, Frankfurt a. M. 1969.
[5.11] *G. S. Hawkings*, Stonehenge Decoded, Doubleday, New York 1965.
[5.12] *J. N. Lockyer*, The Dawn of Astronomy, Macmillan, New York 1897.
[5.13] *A. Pannekoek*, A History of Astronomy, George Allen and Unvin, London 1961.

6 Der Irrweg der griechischen Wissenschaft

Im 17. Jahrhundert galt den Begründern der mechanistischen Physik der göttliche Archimedes als höchstes Symbol, während die Verteidiger einer traditionellen „organistischen Physik" sich bei ihrem Kampf unter den Schutz der Autorität „des Philosophen", also Aristoteles, stellten.

Der Konflikt zwischen der Weltsicht des Aristoteles und jener des Archimedes ist Vorläufer aller folgenden Kämpfe zwischen den beiden Kulturen. Wir wollen nun untersuchen, warum die alten Griechen bei der Entwicklung einer wirklichen Wissenschaft nur begrenzten Erfolg hatten.

Einführung

Ein großer Teil des kulturellen Hintergrundes unserer westlichen Welt wurzelt im griechischen Zeitalter, und zwar vor allem in der Periode zwischen 600 v. Chr. und 150 n. Chr., die einen bereits legendären Ruf genießt. Unsere Literatur, Philosophie, Logik und Kunst sind so stark durch das goldene Zeitalter der Athener beeinflußt, daß eine objektive Analyse dieser Beiträge nur schwer möglich ist. Ebenso hat das griechische Wissenschaftsstreben beträchtlichen Einfluß auf die moderne Wissenschaft gehabt.

War die antike Wissenschaft aber wirklich auf dem richtigen Weg? Man könnte argumentieren, daß eine zunächst fruchtbare Entfaltung schließlich aus der Bahn gelenkt, zerstört und zu einer Handlangerin allgegenwärtiger philosophischer Betrachtungsweisen herabgewürdigt wurde.

Der Ausdruck „Irrweg" in der Überschrift dieses Kapitels muß in folgendem Zusammenhang gesehen werden. Wohl jedem Jugendlichen vermittelt die Lektüre der „Odyssee" den Eindruck eines heldenhaften griechischen Volkes. Die Bezeichnung „Irrweg der griechischen Wissenschaft" betont demgegenüber den persönlichen Eindruck, daß die Griechen in ihren wissenschaftlichen Bemühungen nicht an ihre heroischen Anstrengungen auf anderen Gebieten herankamen. Aber auch die Darstellung, in der die griechische Wissenschaft unserer Zeit überliefert wurde, ist irreführend. Als griechische Schriften im Mittelalter in die westliche Zivilisation wieder aufgenommen wurden, standen vor allem die aristotelischen Ansichten im Zentrum des Interesses, deren teleologische und philosophische Argumente durch die Vertreter der Scholastik weit verbreitet wurden. Die Verflechtung zwischen Philosophie und Wissenschaft behinderte aber schließlich in der Renaissance die weitere Entwicklung der Naturwissenschaften. Denn der aristotelische, organistische Weg der Naturbetrachtung erschien so überzeugend, daß er heute noch weitreichenden Einfluß hat und viele Grundlagen der „literarischen Kultur" lieferte.

Im folgenden Kapitel werden wir die Entwicklung der grichischen Wissenschaft skizzieren, wobei besonders die beiden alternativen Betrachtungsweisen betont werden sollen, die sich damals entwickelt haben. Wir werden dann einige mögliche Gründe für das teilweise Versagen der griechischen Wissenschaft analysieren. Dabei werden die vier früher beschriebenen Wechselwirkungen zwischen Wissenschaft und Gesellschaft die Grundlage unserer Überlegungen bilden.

Die Entstehung der griechischen Wissenschaft

Wir haben bereits gesehen, daß die Wissenschaft vor dem Einsetzen der Entwicklung in Griechenland mehr oder weniger eng mit dem Mythos verknüpft war. Zwar gab es die Astronomie, sie war aber aufs engste mit der Astrologie verbunden. Auch existierten Aufzeichnungen über Beobachtungen natürlicher Phänomene, und sogar manche technische Entwicklungen für landwirtschaftliche Zwecke und das Bauwesen gab es. Es fehlte aber an Rationalität. Es gab keine großen Hypothesen, keine durchgängigen Prinzipien, kein allgemeines Verfahren des wissenschaftlichen Denkens. Erst die Griechen entwickelten einen derartigen wissenschaftlichen Zugang zur Welt.

Auch Griechenland kannte seine Mythen. Hesiod erzählte uns von Kronos, der als erster der älteren Götter die Erde bevölkerte, und von der Geburt der jüngeren Götter aus einer geheimnisvollen Ehe von Himmel und Erde. Langsam jedoch entwickelten sich Versuche, die göttlichen Wesen mit allgemeineren Ideen zu verbinden: Eros wurde zum Gott der Liebe; Erebus und Tartarus symbolisierten das Chaos und die Nacht vor der Schöpfung der Erde, des Himmels und der Luft. Man versuchte allmählich, ein physikalisches Bild und einen Entwicklungsgang für den Ablauf der Schöpfung zu gewinnen. Dabei wurden die Götter von wenig glaubwürdigen Kreaturen zu Vertretern bestimmter Zustandsformen des Seins. Dies waren die ersten Schritte von der Mythologie zur Realität. Die weiteren Schritte machten die moderne Wissenschaft fast unvermeidbar, vielleicht gerade trotz des griechischen Wesens. Denn in der Folge kristallisierten sich zwei Denkweisen über die Wissenschaft heraus. Die eine entstand in der Tradition, die von Pythagoras zu Archimedes führte, und war vielversprechend, jedoch unglücklicherweise zu geheimnisumworben und zu mechanistisch. Die andere Denkweise führte zu Aristoteles, der durch seinen organistischen Gesichtspunkt philosophische Argumente allzusehr hervorhob.

Der pythagoräische Zugang zur Wissenschaft

Dem Geometer Pythagoras gelang der Durchbruch zu ersten Ansätzen griechischer Wissenschaft, indem er Zahlen mit Sinnesempfindungen verknüpfte. Er lebte im 6. Jahrhundert v. Chr. und soll weite Reisen durch Ägypten und Persien unternommen haben. Was er dabei an Mathematik in sich aufnahm, beeinflußte ihn und seine süditalienischen Schüler für die nächsten 200 Jahre außerordentlich. Pythagoras dachte und erlebte die Zahlen, wie Jahrhunderte später Aristoteles berichtete:

„Offensichtlich betrachteten die Wissenschaftler die Zahl als ein Prinzip für den Urgrund der Dinge, als gestaltendes Element für deren Veränderungen und deren gleichbleibende Zustände. Sie dachten, daß das Wesen der Zahl gerade oder ungerade sei, wobei das letztere begrenzt und das erstere unbegrenzt war. Und die Eins ging diesen beiden voran (da sie gerade und ungerade ist) und sie zählten ausgehend von der Eins; der ganze Himmel, wurde gesagt, besteht aus Zahlen" (Aristoteles, Metaphysik) [6.1].

Dieser Zusammenhang machte den Mathematikern ungeheuren Eindruck. Nun versuchte man auch, Zahlenverhältnisse bei anderen Phänomenen zu entdecken, wobei sich die Sterne als geeignetste Kandidaten für derartige numerische Studien erwiesen. „Man stellte auch für die Planeten arithmetische Proportionen auf und hielt die Himmelsbewegungen für harmonisch", berichtete Aristoteles. „Die Harmonie der Sphären" bringt zum Ausdruck, daß die Planetenbahnen, ebenso wie die Saiten eines musikalischen Instruments in ihren Ausdehnungen einfache Verhältnisse aufweisen. Hier entstand die Vorstellung, daß die Himmelssphären kontinuierlich Musik ausstrahlen, die Sterne auf ihrem Weg Töne abgeben und daß wir all diese Töne nur deshalb nicht mehr registrieren, weil wir sie unser ganzes Leben hindurch schon gehört haben. Leibniz sagte einst: „Musik ist die Arithmetik der Seele, die zählt, ohne daß dies bewußt ist."

Die Kosmologie, die sich schließlich aus dieser Betrachtungsweise der Zahlen ergab, war sicher nicht vollkommen. Für die späteren Pythagoräer bestand die Welt aus vier Elementen: Erde, Wasser, Luft und Feuer. Die kugelförmige Erde sollte sich innerhalb von 24 Stunden auf einem Kreis um ein unsichtbares Zentralfeuer herum bewegen (aber nicht rotieren). Das Licht dieses Zentralfeuers war es, das die Sonne reflektierte. Um einen Aufbau des Universums aus genau zehn Körpern zu erreichen, postulierte man eine Anti-Erde, die nur von der Rückseite der Erde aus sichtbar sein sollte. Obschon diese

Ideen heute vielleicht ziemlich sonderbar erscheinen, so ermöglichten sie doch weitere Entwicklungen und waren Beweisen und Widerlegungen zugänglich. Da die Analyse von Zahlenverhältnissen im Vordergrund stand, und nicht andere philosophische Ideen, konnte sich auch eine heliozentrische Theorie entwickeln, in der sich die Erde um die Sonne bewegte. Dadurch wurde der weitere wissenschaftliche Fortgang der Astronomie beschleunigt und nicht behindert.

Warum schlug dieser vielversprechende Beginn der Wissenschaft schließlich fehl? Zum Teil wohl deshalb, weil die pythagoräische Schule eine Geheimorganisation war. Ihre Mitglieder wurden darauf eingeschworen, nichts von dem erlangten Wissen weiterzugeben. Tatsächlich verdanken wir unsere Kenntnisse über die Ideen der Pythagoräer vor allem anderen Kommentatoren, wie beispielsweise Aristoteles. Vielleicht war es gerade dieser Aspekt der Geheimhaltung, der im Laufe der Zeit mystische Elemente in den Vordergrund treten ließ. Ein Beispiel dafür ist die Einteilung der Zahlen in reine und unreine Zahlen durch Platon und Sokrates. Unreine Zahlen sollten vorzugsweise die Realität beschreiben, während die reinen Zahlen diesen vorzuziehen waren. Ein Beispiel für diese Zahlentheorie findet sich bei Platon:

„Was ist schon die Wissenschaft von der Berechnung oder der Messung, wie wir sie im Bauwesen oder im Handel verwenden, im Vergleich mit der Philosophie, der Geometrie oder den exakten Berechnungen? Die Künste und Wissenschaften, die auf wahrer Philosophie beruhen, sind bezüglich ihrer Genauigkeit und Wahrheit unendlich höher zu bewerten als Messungen und Zahlen." (Platon, Der Staat) [6.1]

Am höchsten zu bewerten ist aber die reine Philosophie. Als Ergebnis dieser Überlegungen wurde das gesamte pythagoräische Konzept auf den Kopf gestellt und quantitative Experimente gerieten in Mißkredit. Die Astronomie war nur deshalb erträglich und zulässig, weil sie keine Experimente voraussetzte. Ganz allgemein waren Überlegungen über Zahlen nicht akzeptabel, wie Platon den Sokrates im 7. Buch seines berühmten Dialoges „Der Staat" ausführen läßt:

„Ich kann keine andere Wissenschaft als ein Mittel ansehen, die Seele aufwärts zu wenden, als die, welche das Wirkliche und das Unsichtbare zum Gegenstand hat. ... Wir sollen jene Bilder am Himmel der sichtbaren Welt zwar für die schönsten und klarsten Bilder dieser Art halten, sollen aber annehmen, daß sie hinter den wahrhaften Bildern noch weit zurückbleiben, hinter jenen Bewegungen nämlich, die wirkliche Schnelligkeit und wirkliche Langsamkeit in der Welt der wahren Zahlen und aller wahren Gestalten ausführt und so auch jene Welt bewegt. Diese Bewegungen sind durch Begriffe und Gedanken faßbar, aber nicht durch das Auge... Du sprichst von den guten Leuten, die den Saiten zu schaffen machen, sie an den Wirbeln foltern und peinlich verhören! ... Ich meine nicht sie, sondern jene Pythagoräer, die wegen der musikalischen Harmonie im allgemeinen befragen wollen. Sie machen es ebenso wie die Astronomen. Sie suchen die Verhältnisse der hörbaren Akkorde auf, steigen aber nicht zur Prüfung höherer Fragen empor, fragen also nicht, welche Zahlen symphonisch sind und welche nicht, auch nicht warum beides der Fall ist." (Platon, Der Staat) [6.1]

Die pythagoräische Schule ging nicht widerstandlos unter. Aristarch von Samos (310–230 v. Chr.) hatte entdeckt, daß sich die Erde um die Sonne dreht, und auch den relativen Abstand zu Sonne und Mond bestimmt. Eratosthenes (275 bis 195 v. Chr.) errechnete den Durchmesser der Erde. Und dann gab es noch den praktizierenden Physiker Archimedes, der zugleich griechischer Konsumentenschützer und militärischer Berater war. Im Jahre 265 v. Chr. untersuchte er für den König Hiero von Syrakus eine gefälschte Goldkrone:

„Zur angegebenen Zeit lieferte er (der Hersteller der Goldkrone) zur Zufriedenheit des Königs ein außerordentlich feines Produkt der Handarbeit und das Gewicht der Krone schien mit jenem des Goldes übereinzustimmen, das ihm ausgeliefert worden war. Später jedoch wurde eine Probe gemacht und es stellte sich heraus, daß das Gold entfernt und durch ein gleiches Gewicht von Silber ersetzt worden war. Hiero war außer sich über diese Täuschung, wußte aber nicht, wie er den Dieb überführen konnte und zog Archimedes zur Lösung dieses Problemes heran. Dieser begab sich gerade ins Bad, als er über die Sache nachdachte. Je tiefer sein Körper in das Bad einsank, desto mehr Wasser rann aus dem Bottich über. Und gerade das zeigte einen Weg, um den konkreten Fall zu untersuchen. Ohne zu zögern und erfüllt von Freude, sprang Archimedes aus dem Bottich und lief nackt nach Hause, wobei er mit lauter Stimme verkündete, daß er sein Problem gelöst hatte. Während er lief, schrie er immer wieder „heureka, heureka!" (Vitruv, Die zehn Bücher über die Architektur) [6.7]

Archimedes verglich das Gewicht der Goldkrone, die er ins Wasser eintauchen ließ, mit der gleichen Masse von Gold und von Silber; so konnte er tatsächlich den Betrug am „Konsumenten" nachweisen.

Später war Archimedes militärischer Berater und verteidigte fast eigenhändig Syrakus zwischen 214 und 212 v. Chr. gegen die Römer:

„Als dann die Römer die Syrakusaner zur See und am Land angriffen, verfielen diese in stumme Angst. Sie konnten nicht glauben, daß irgendetwas diesen Mächten standhalten könnte. Doch Archimedes begann seine Maschinen zu konstruieren, schoß gegen die Landkräfte der Angreifer alle Arten von Geschossen und ungeheuren Steine, die mit unglaublichem Lärm und unglaublicher Geschwindigkeit einschlugen. Nichts konnte ihrem Gewicht widerstehen und sie warfen alles über den Haufen, was ihnen im Weg stand. So brachten sie die Reihen der Angreifer durcheinander. Zur gleichen Zeit wurden schwere Balken von den Mauern auf die Schiffe geschleudert. Viele von ihnen sanken, als das schwere Gewicht von oben auf sie fiel. Andere wurden am Bug von eisernen Klauen umfaßt, wie von den Backen eines Kranes, dann in die Luft erhoben und mit dem Heck voraus in die Tiefe geschleudert. Oder sie wurden umgedreht mit Hilfe von Maschinen, die in der Stadt standen. Andere wurden auf steile Felsen geschleudert, die sich unter der Stadtmauer befanden, wobei die Besatzungen in den Wracks ums Leben kamen. Häufig wurden Schiffe in die Luft gehoben, dann hin und her geworfen, ein schauerlicher Anblick, bis die Besatzung in alle Richtungen davon geschleudert wurde, ehe das Schiff leer auf die Mauern fiel oder den Zangen entglitt.

Später beschloß der Kriegsrat, daß die Angreifer sich den Mauern in der Nacht nähern sollten. Da nämlich die Seile in den Maschinen des Archimedes den Geschossen große Geschwindigkeit verliehen, würden sie — so meinte man — über ihre Köpfe hinwegfliegen und in der Nähe ohne Einfluß sein, weil da kein Platz für ein Geschoß war. Archimedes hatte sich offensichtlich schon lange darauf vorbereitet und für den Notfall Maschinen konstruiert, deren Reichweite für jedes beliebige Intervall adaptiert werden konnte. So konnten sie die Geschosse auch auf kurze Reichweiten abschießen. Durch viele kleine benachbarte Öffnungen in der Mauer wurden Maschinen mit kurzer Reichweite — „Skorpione" — dazu verwendet, naheliegende Objekte zu beschießen, ohne vom Feind gesehen zu werden. Als dann die Römer unter die Mauer kamen und sich für unentdeckt hielten, waren sie plötzlich einem großen Ansturm von Geschossen ausgesetzt. Schwere Steine kamen fast senkrecht auf sie herunter und von jedem Punkt der Mauer wurden Pfeile auf sie geschossen. Sie zogen sich zurück. Sobald sie in einiger Distanz waren, kamen Geschosse und fielen auf sie. Viele von ihren Schiffen wurden zerschmettert und sie konnten ihren Feinden nichts entgegensetzen. Da Archimedes alle Maschinen knapp hinter der Mauer aufstellen ließ und die Römer sich offensichtlich im Kampf mit Göttern wähnten, wurde über sie von einer unsichtbaren Quelle ungezähltes Unheil ausgeschüttet. Marcellus allerdings konnte entkommen und scherzend sagte er: „Hören wir auf, gegen diesen geometrischen Briareus zu kämpfen." (Plutarch, Das Leben des Marcellus) [6.7]

Als Syrakus schließlich durch Verrat fiel, wurde Archimedes von einem der Eroberer getötet. Zu dieser Zeit wurden Wissenschaftler noch nicht als Teil der Beute betrachtet.

Dieser Zugang zur Natur, die Verbindung physikalischer Phänomene mit Zahlen, schlug trotz seiner offensichtlichen Vorteile schließlich fehl; wahrscheinlich, weil es keine organisierten Schulen gab, die den Philosophien und Akademien von Platon und Aristoteles Widerstand hätten leisten können. Es ist aber auch nicht überraschend, daß ein Gedankengebäude, in dem Erkenntnisse geheimgehalten werden sollen, erfolglos war. Akzeptiert man nämlich die Konsensdefinition der Wissenschaft, so sieht man sofort, daß eine derartige Vorgangsweise nicht von Bestand sein kann und im Grunde auch keine Wissenschaft darstellt.

Aristoteles und die Natur

Der pythagoräischen Methode des quantitativen Denkens stand die organistische Methode von Aristoteles gegenüber. Aristoteles (384 bis 322 v. Chr.) war berühmt als der Erzieher von Alexander dem Großen und ist als intellektueller Erbe von Platon bedeutsam. Sokrates und Platon hatten die pythagoräische Philosphie der Zahlen in eine Lehre von Ideen umgewandelt, die der Realität zugrunde liegen. Die Sonne ist real, der Kreis jedoch, den sie darstellt, ist ideal und vollkommen. Bald wurde die Realität den Ideen unterworfen.

Konsequenterweise betonte Aristoteles bei seinen wissenschaftlichen Studien (er war ein hervorragender Beobachter der Natur) das „Warum" an Stelle des „Wie". Für ihn war jedes Ding letztlich teleologisch; alles im Kosmos war das Resultat einer vorhergehenden Planung. Dieser Auffassung nach sollten Wissenschaftler sich ihren Problemen nähern wie Studenten der Architektur, die aus den Details eines Hauses lernten, welche Funktionen der Architekt den verschiedenen Teilen zugemessen hatte. Dieser organistische Zugang zur Wissenschaft kann auf Gebieten wie der Botanik und der Biologie von Nutzen sein, wo es um Lebewesen geht. Es ist aber kaum befriedigend, daß ganze Universum als Organismus zu betrachten.

Aristoteles dachte in natürlichen Bewegungen und meinte, daß die Dinge ihre eigenen Wege suchten und ihrem Gegenteil widerstrebten. Für Aristoteles waren die Sterne und ihre Kreisbahnen vollkommen. Darüber hinaus würde die geradlinige Bewegung ins Unendliche reichen. Da das Universum endlich ist, können nur Kreisbewegungen kontinuierlich, unvergänglich und daher vollkommen sein. Dementsprechend sind die Sterne göttlich und die Erde ist gewöhnlich. Durch die Göttlichkeit der Sterne werden letztlich alle Versuche verhindert, die Erde aus dem Mittelpunkt des Universums zu entfernen. Diese Betrachtungsweise dominierte in der Wissenschaft bis in die Renaissance. Auch heute noch denken wir teleologisch (aristotelisch), wenn wir der Natur ein bestimmtes Streben zuschreiben, etwa wenn wir sagen, „das Wasser sucht sein geeignetes Niveau" oder „der Organismus paßt sich seiner Umgebung an". Ein weiteres aristotelisches Konzept war jenes der extremen Gegenteile, wie oben–unten, leicht–schwer, trocken–naß, warm–kalt. Alles, was dazwischen liegt, besteht aus Kombinationen dieser Extreme. Im frühen 19. Jh. versuchte Goethe, aus dem Gegensatz hell–dunkel die ganze Vielfalt der Farben zu erklären. Doch diese Gegensätze führten nicht zu quantitativen Überlegungen. Tatsächlich versuchte Aristoteles über fallende Körper quantitative Aussagen zu machen. Aus der Erfahrung mit Bewegungen eines zähen Mediums abstrahierte er ein allgemeines Gesetz der Bewegung:

„Bewegt sich ein bestimmtes Gewicht in einer bestimmten Zeit um eine gewisse Distanz, so wird ein größeres Gewicht die gleiche Distanz in einer kürzeren Zeit überwinden, und jenes Verhältnis, in dem die Gewichte der beiden Körper stehen, werden auch die Zeiten aufweisen, wenn z. B. das halbe Gewicht eine Distanz in der Zeit x durchläuft, so wird das ganze Gewicht x/2 brauchen." (Aristoteles, De Caelo) [6.1]

Aristoteles hätte nur einen 10 kg schweren Ziegel und einen 1 kg schweren Ziegel vom Dach des nächsten Gebäudes fallenlassen müssen, um zu sehen, daß sich die Fallzeiten nicht um einen Faktor 10 voneinander unterschieden. Er war aber derart von der Unvollkommenheit der Erde überzeugt, daß er von der Reibung weder abstrahieren konnte, noch wollte. Deshalb benötigte in seinem System jede Bewegung einen Beweger, der die Dinge vorantreibt. Ausgenommen von dieser Regel waren lediglich die himmlischen kreisförmigen Bewegungen, die natürlich und nicht weiter erklärungsbedürftig sind.

Aristoteles hinterließ eine Philosophie, die das griechische Denken durch ihre Vollständigkeit und Systematik beherrschte. Diese Philosophie wurde dann im Mittelalter auch von der christlichen Wissenschaft übernommen und hat die Entstehung der modernen Naturwissenschaft einerseits gefördert, andererseits behindert.

Der Irrweg der griechischen Wissenschaft: Eine Zusammenfassung

Positiv am Einfluß des griechischen Denkens auf die Entwicklung der Wissenschaft war vor allem ihre Befreiung vom Mythos. Allmählich stagnierte die Wissenschaft aber und wurde mit der Philosopie verquickt und ihr untergeordnet. Warum hat sich dabei die organistische Ansicht des Aristoteles und nicht der quantitaive Zugang des Archimedes durchgesetzt? Mögliche Antworten folgen aus der Untersuchung der vier Wechselwirkungen zwischen Wissenschaft und Gesellschaft:
a) Es gab ein Schicksalsgefühl, ein Gefühl der Teleologie.
b) Es gab keine unabhängigen Hochschulen und daher war die Wissenschaft stets Teil der philosophischen Schulen.
c) Es gab Widerwillen gegen Experimente und Abneigung gegen Kunstgriffe.
d) Wegen des ausgeprägten Sklavenwesens entwickelten die Griechen keine Technik.

In gewisser Hinsicht ist das teleologische Konzept eine sehr frühe Version der Teilung in die zwei Kulturen. Die moderne literarische Kultur versteht das Universum als einen großen Organismus, in dem jedes Ding seinen Zweck hat. Dies erfordert ein „großes Bild", und stellt die Frage des „Warum" und nicht des „Wie". Das griechische Pendant zur wissenschaftlichen Kultur wird von Archimedes repräsentiert, der die Frage nach dem „Wie" stellte, der bereit war, Details zu untersuchen, die Natur zu unterteilen und in quantitativen Größen zu sprechen.

In engem Zusammenhang mit diesem Problem stand das Fehlen der Universitäten (als Stätten der freien Forschung) im goldenen Zeitalter Griechenlands. Wissenschaft war immer an Schulen gebunden, wie beispielsweise die pythagoräische oder aristotelische Schule. Das Ende einer dieser Schulen bedeutete auch das Ende einer bestimmten Untersuchungsrichtung und isolierte die betreffenden Wissenschaftler voneinander. Von noch größerem Nachteil war aber, daß die Wissenschaft sich der Schulphilosophie unterwerfen mußte, da sie als weniger bedeutend angesehen wurde als die Philosophie selbst. Der Konsens über ein philosophisches System erzwang dann einen scheinbaren Konsens über die Wissenschaft. Verstärkt wurden diese Tendenzen noch durch die Geheimhaltungsvorschriften der Pythagoräer, die eine Verbreitung der Wissenschaft als „öffentliches Wissen" verhinderten und auf diese Weise ihr Versagen unvermeidlich machten.

Die philosophische Grundhaltung der Wissenschaftler bewirkte auch, daß keinerlei systematische Experimente angestellt wurden. Zwar waren die Griechen bereit, Daten zu sammeln und die Natur zu beobachten, künstliche Experimente und vereinfachende Idealisierungen wurden aber gänzlich abgelehnt. Daher widmete man sich vor allem dem Studium der Astronomie, das sich mit idealen punktförmigen Lichtquellen beschäftigte, keine Reibung kannte und wo sich die Ereignisse von selbst wiederholten. So machte sie den Aristotelikern von selbst alles zugänglich, was man über die Natur wissen wollte. Pflicht des Wissenschaftlers war es lediglich, die Daten zu interpretieren, die für jedermann gleichermaßen zugänglich waren. Man bemühte sich deshalb nicht, den dritten Schritt der wissenschaftlichen Methode zu machen, und verzichtete auf exakte Vorhersagen.

Schließlich waren die Griechen auch Aristokraten, die dem Ideal der Mäßigung huldigten. Sie hatten ihre sozialen Entscheidungen getroffen und ihre Prioritäten zielten nicht auf weitreichende Besitzungen ab:

„Man sollte wissen, daß das menschliche Leben schwach und kurz ist und mit vielen Sorgen und Schwierigkeiten durchsetzt. Daher sollte man sich auch nur für gemäßigte Besitztümer interessieren." (Demokrit, Fragmente) [6.1]

Offensichtlich erachteten die Griechen die Rolle der Technik für den Menschen gering. Vielleicht war dies darauf zurückzuführen, daß sie über eine ausreichende Anzahl von Sklaven verfügten, vielleicht auch auf ihre gemäßigten Bedürfnisse. Deshalb entstand keine richtungsweisende Technik, und die griechischen Tempel waren beispielsweise ägyptischen Bauten technisch weit unterlegen, wenngleich ihre Ästhetik unübertroffen war. Offensichtlich sahen die Griechen keinen Grund, ihre technischen Errungenschaften zu verbessern. Die einzigen Menschen, die ihr Leben verbessern wollten, waren die Sklaven und diesen wurde das Wissen über wissenschaftliche und technische Möglichkeiten vorenthalten. Einige Bemerkungen aus der „Metaphysik" des Aristoteles illustrieren die Verachtung der Griechen für die Technik:

„Daher denken wir also, daß die Meister in jedem Handwerk höhere Ehren verdienen und daß sie in einem echteren Sinne Wissen besitzen und weiser sind als die manuellen Arbeiter, da sie um die Gründe jener Dinge wissen, was sie tun (Eben wie das Feuer brennt — aber während die leblosen Dinge ihre Funktionen einer natürlichen Tendenz folgend erfüllen, erfüllen die Arbeiter sie nur aus Gewohnheit) ... Und je mehr Künste erfunden wurden und einige von ihnen auf die Notwendigkeiten des Lebens, andere zur Erholung abgestellt waren, wurden die Erfinder der letzteren immer für weiser gehalten als die Erfinder der ersteren, da sich ihr Wissenszweig nicht nach dem Grundsatz der Nützlichkeit orientierte... Nachdem sich alle diese Erfindungen ergeben hatten, wurden jene Wissenschaften entwickelt, die nicht nach einer Erhöhung der Lebensfreude oder nach einer Notwendigkeit des Lebens trachteten und dies geschah an jenen Orten, wo die Menschen zuerst Muße hatten. Gerade deshalb wurden die mathematischen Künste in Ägypten entwickelt: Denn die Priesterkaste hatte Muße... Da sie Philosophie betrieben, um ihre Unwissenheiten zu überwinden, verfolgten sie Wissenschaft offensichtlich um des Wissens willen und nicht aus irgendeinem Nützlichkeitsgrund. Und dies wird durch die Fakten bestätigt. Denn diese Art von Wissen wurde erst gesucht, nachdem fast alle Notwendigkeiten des Lebens und alle Dinge gesichert waren, die für Komfort und Erholung benötigt werden." (Aristoteles, Metaphysik) [6.1]

Aufgrund ihrer Erfahrung glaubten die Griechen, daß reine Wissenschaft nicht aus sich selbst entsteht. Zwar können gesellschaftliche Prioritäten so gesetzt werden, daß technische Entwicklungen ausgeschlossen sind, doch ist dann auch die Wissenschaft nicht lebensfähig. Fast scheint es, als ob ein befriedigendes Verständnis der Wissenschaft nur dann zustande kommt, wenn das erworbene Wissen durch technische Anwendungen auch öffentlich bekannt wird.

Fragen

1. Inwiefern könnte die Sklavenhaltung die Entwicklung der Wissenschaft in Griechenland behindert haben?
2. Wie hängt das organistische Konzept der Natur mit der humanistischen Kultur zusammen? Besteht ein ähnlicher Zusammenhang zwischen der pythagoräischen Zahlenmystik und der wissenschaftlichen Kultur?
3. Können wir das alte Griechenland als einen Modellfall einer erfolgreichen Gesellschaft betrachten, die freiwillig auf die Entwicklung der Technik verzichtete?

Literatur zu Kapitel 6

[6.1] S. *Sambursky*, Das physikalische Weltbild der Antike, Artemis, Zürich 1960.
[6.2] W. *Büchel*, Gesellschaftliche Bedingungen der Naturwissenschaft, C. H. Beck, München 1975.
[6.3] B. L. *van der Waerden*, Die Pythagoräer, Artemis, Zürich 1979.
[6.4] S. *Sambursky*, Der Weg der Physik, Artemis, Zürich 1975.
[6.5] A. *Stückelberger* (Hrsg.), Antike Atomphysik, Heimeran, München 1979.
[6.6] E. *Schrödinger* (Hrsg.), Die Natur und die Griechen, Rowohlt, Reinbek 1956.
[6.7] G. *Gamov*, Biography of Physics, Harper Torchbook, New York 1961.

7 Galilei und die wissenschaftliche Revolution

> *Fast möchte ich glauben, daß die Autorität der Heiligen Schrift die Menschen von jenen Wahrheiten überzeugen soll, die für die Rettung ihrer Seele vonnöten sind. Da diese Wahrheiten die menschliche Vorstellungskraft überschreiten, können sie durch keine Wissenschaft außer durch die Offenbarung des Heiligen Geistes bewiesen werden.*
>
> (Galileo Galilei)

Welchen Einfluß hatte das Christentum auf die Wissenschaft zu Beginn der Neuzeit? Galilei dient uns hier als Modell für einen „neuen" Wissenschaftler. Sein Konflikt mit der Kirche zeigt die Veränderungen auf, die während der Renaissance stattfanden. Die Entwicklung der Ansichten von Bertold Brecht über Galileo Galilei können wir über einen Zeitraum von mehr als 15 Jahren verfolgen. Dabei wird auch die Entwicklung der heutigen Vorstellungen über die soziale Verantwortlichkeit der Wissenschaft deutlich.

Einleitung

Im Jahre 1928 fand in Berlin die Uraufführung der „Dreigroschenoper" statt, deren Textbuch von Bertold Brecht stammt und deren Musik von Kurt Weil komponiert wurde. Diese Oper ist eine erbitterte Anklage gegen die sozialen Probleme der Armut in dieser Zeit. Zehn Jahre später begann Brecht mit den Arbeiten über das Leben des Galilei, ein Thema, mit dem er sich im Laufe seines weiteren Lebens immer wieder beschäftigte. Die verschiedenen Versionen seiner Darstellung verlaufen parallel zu seiner eigenen sozialen Erfahrung. Brechts soziale Überzeugungen werden dabei auf einen Physiker der späten Renaissance, auf Galileo Galilei, projiziert, der hier als Symbol des modernen Wissenschaftlers steht.

Galilei dient nicht nur für Brecht als Symbol der Verbindung moderner Wissenschaft mit den sozialen und politischen Verhältnissen der Zeit. Galileis

Leben illustriert verschiedene Aspekte der Wechselwirkung zwischen Wissenschaft und Gesellschaft, die sich in der Renaissance ergaben. Galilei war aber vor allem auch eines der letzten Opfer des Konfliktes zwischen Wissenschaft und Religion, als er im Jahre 1633 von der Inquisition der Heiligen Katholischen Kirche gezwungen wurde, seine Überzeugung zu widerrufen, daß sich die Erde um die Sonne bewegt. Ferner steht Galileis wissenschaftliche Methode und die Publikation seiner Ergebnisse in engem Zusammenhang mit der Konsensdefinition der Wissenschaft und zeigt, wie der „neue Wissenschaftler" arbeitet.

In diesem Kapitel wird am Beispiel Galileis der Ursprung der modernen Wissenschaft in und aus dem Christentum illustriert. In der Folge sollen die Konflikte zwischen Wissenschaft und Religion untersucht werden, die der endgültigen Unabhängigkeit der Wissenschaft vorangingen. Die Grundfrage bleibt, ob das Christentum die Entwicklung der Wissenschaft letztlich gefördert oder behindert hat.

Abgesehen davon ist die Konfrontation zwischen Galilei und der Kirche offensichtlich ein Stoff, der sich für die Dramatisierung besonders eignet. Galilei kämpfte zum Unterschied von Hamlet nicht gegen grundlegende und emotionell belastete Ungerechtigkeiten. Er war vielmehr als Begründer der modernen Wissenschaft, wie wir ihn heute sehen, in einen strukturellen Konflikt verwickelt. Daher werden wir anhand von Brechts Spiel anschließend untersuchen, in welcher Relation der Konflikt des Galilei zu den heutigen Problemen der Wissenschaft steht.

Die Entwicklung der Wissenschaft von den alten Griechen bis zur Renaissance

Zunächst wollen wir hier die Entwicklung der Wissenschaft zwischen dem Höhepunkt der griechischen Kultur und ihrer Wiederbelebung durch die Renaissance kurz skizzieren. Global gesprochen ging der Versuch einer Begründung der Wissenschaft durch die Griechen nach Aristoteles in die Irre und endete etwa 150 Jahre n. Chr. mit Ptolemäus. Zwar beeinflußte das griechische Denken weite Gebiete der Welt, doch schwand ihre Bedeutung mit dem Untergang des römischen Reiches. Im Jahre 389 n. Chr. wurde die große Bibliothek von Alexandria (ein letztes Mal) durch den wütenden christlichen Mob in Brand gesteckt. Dies war ein symbolischer Todesstoß.

In der Folge bestanden die geistigen Führer des Christentums auf einer wörtlichen Interpretation der biblischen Kosmogonie. Damit wurde die Astronomie jene Wissenschaft, die am weitesten zurückfiel, da sie am stärksten mit der Schöpfungsgeschichte verbunden war. War doch das von den Griechen ererbte Weltbild beispielsweise nicht mit den himmlischen Wassern vereinbar, die in der Genesis erwähnt werden und von denen manche Christen erwarteten, daß sie am jüngsten Tag das Feuer der Sonne, des Mondes und der Sterne löschen würden. Am Beginn des 4. nachchristlichen Jahrhunderts beschreibt Lactautius die Absurdität einer runden Erde, wo an manchen Stellen die Menschen ihre Füße oberhalb des Kopfes hätten und wo Regen, Hagel und Schnee nach oben fallen würden. Kosmas staunte darüber, wie eine kugelförmige Erde, im Raume schwebend, aus den Wassern des dritten Schöpfungstages auftauchen konnte, oder wie sie in den Tagen Noahs überflutet wurde. Er sah die Welt als Tabernakel und die Erde als Fußschemel des Herrn.

In den Wirren der Völkerwanderung gingen die Schriften der griechischen Wissenschaftler nur zum Teil verloren, wurden aber doch weit verstreut, teilweise sogar bis nach Indien.

Zu Beginn des 7. Jahrhunderts sammelten sich die arabischen Nationen, von Mohammed geleitet, unter dem Banner des Islam und übernahmen die intellektuelle Führung der westlichen Welt. Auch heute noch verwenden wir arabische Zahlen, da die Mathematiker (und Astronomen) der Araber damals außerordentlich einflußreich waren. Das Rubaiyat von Omar Khayyam zeigt den Hintergrund seines astronomischen Wissens:

Quatrain LXVIII
Wir sind nichts anderes als eine bewegte Reihe
von Schattenfiguren, die kommen und gehen,
rund um die sonnenerleuchtete Laterne,
die um Mitternacht vom Herrn der Erscheinung gehalten wird. [7.10]

Die Probleme der arabischen Wissenschaft ergaben sich daraus, daß Menschen in dieser Kultur nicht nach ihrer Kreativität, sondern nach ihrem Wissen beurteilt wurden. Vor allem aber spielte das Konzept des Schicksals und des göttlichen Willens eine große Rolle. So bestand der größte Beitrag der Araber zur Wissenschaft in der Sammlung, Erhaltung und dem Ausbau des griechischen Wissens. Nur langsam breitete sich dieses Kulturgut von den arabischen Nationen ausgehend wieder in Europa aus. Dies gilt vor allem für die Schriften des Aristoteles, die zunächst das Denken und das Verständnis außerordentlich bereicherten. Albertus Magnus (1193 bis 1280) und sein Schüler Thomas von Aquin (1225 bis 1274) stellten den Einklang zwischen dem Weltbild des Aristoteles und dem christlichen Glauben her. Schließlich wurde Aristoteles als „Vorläufer Christi im weltlichen Bereich" betrachtet, seine Lehre als offizielle Lehre der Kirche propagiert. Am Ende erstarrte sie zu einer quasi religiösen Doktrin, die noch für Galilei im 17. Jahrhundert zum Problem wurde.

Kopernikus und Kepler

Im 13. und 14. Jahrhundert breitete sich die aristotelische Betrachtungsweise langsam in Europa aus, wozu Gelehrte wie Buridan, Oresme, Bradwardine und Grosseteste entscheidend beitrugen. Zu einer neuen Synthese kam es aber erst mit Nikolaus Kopernikus (1497 bis 1529), der die Lehre von der Bewegung und der Drehung der Erde eingehend erforschte und ausarbeitete. Seine Untersuchungen wurden — wie viele andere — durch eine Wiederentdeckung verschiedener wissenschaftlicher Theorien der Griechen inspiriert. Auch Kopernikus bezieht sich zur Untermauerung seiner Argumente auf alte Autoritäten, wie beispielsweise auf Plutarch, und meint in der Vorrede zu seinem Hauptwerk:

„Da fand ich zuerst bei Cicero, daß Hiket das geglaubt habe, die Erde bewege sich. Hernach fand ich auch bei Plutarch, daß einige andere ebenfalls dieser Meinung gewesen seien; seine Worte setze ich, um sie jedem vorzulegen, hierher: „Andere aber glauben, die Erde bewege sich: so sagt Philolaus, der Pythagoräer, sie bewege sich um das Feuer im schiefen Kreise, ähnlich wie die Sonne und der Mond; Heraklides von Pontus und Ecphantus, der Pythagoräer, lassen die Erde zwar nicht fortschreiten, aber doch nach Art eines Rades, eingegrenzt zwischen Niedergang und Aufgang um ihren eigenen Mittelpunkt bewegen." (Kopernikus, De revolutionibus) [7.11, S. 240]

Wenngleich sich Kopernikus in vielem von der antiken Tradition loslösen konnte, nahm auch er noch an, daß die Bahnen der Planeten Kreise seien, da nur der Kreisbewegung die Vollkommenheit zukäme, die den Himmelskörpern angemessen war.

In den Jahren 1600 bis 1619 entwickelte dann Johannes Kepler seine drei Gesetze der Planetenbewegung. Die Astrologie war für ihn die Lehre von der Einheit der Welt; nicht eine Methode, um das menschliche Schicksal zu erforschen, sondern ein Weg, um in die Geheimnisse dieser Einheit einzudringen. Ein mühsamer Weg führte ihn von den aristotelischen Kreisen zu den Ellipsenbahnen der Planeten, die er erst fand, nachdem er etwa 70 andere Möglichkeiten erprobt hatte. Er entdeckte auch quantitative Beziehungen zwischen verschiedenen Aspekten der Planetenbewegung, vor allem durch die Anwendung eines Konzepts der Sphärenharmonie. In gewissem Sinne war Kepler eine Mischung aus einem Mystiker und einem modernen Wissenschaftler. Allerdings zeigte sich jenseits dieses religiösen Mystizismus etwas Neues — etwas, das vielleicht klarer macht, inwieweit die Menschheit sich seit damals weiterentwickelt hat.

Christentum und Wissenschaft

Früher oder später müssen wir nun die entscheidende Frage stellen, warum die westliche Welt im Gefolge der Renaissance zur dominierenden Kraft auf Erden wurde. Warum fanden die wissenschaftliche und die industrielle Revolution gerade in den letzten 400 Jahren, warum zunächst in Europa und Nordamerika statt? Alfred North Whitehead gab in seinem Buch „Science and the Modern World" eine interessante Antwort auf diese Frage. Seiner Meinung nach resultierte der Durchbruch zur modernen Naturwissenschaft aus dem christlichen Glauben an einen rationalen Schöpfer. Was seit der Renaissance geschah, war nicht so sehr die Entdeckung wissenschaftlicher Tatsachen, als die Entstehung eines neuen intellektuellen Klimas. Das Wachstum der Wissenschaft hat auf unser gesamtes Denken abgefärbt: Wir arbeiten nunmehr mit realistischen Tatsachen genauso wie mit allgemeinen Prinzipien und glauben an die Vereinbarkeit beider Punkte. Diese Mentalität beruht aber auf einem Glauben an eine geordnete Natur. Diese Überzeugung selbst ist nicht rational, sondern ein blinder, hartnäckiger Glaube, ein Glaube daran, daß wir die Natur studieren und ihr einen Sinn zuschreiben können. In diesem Sinn können wir das Mittelalter als Zeitalter eines Glaubens charakterisieren, der sich auf die Vernunft berief (die aristotelisch-scholastische Vernunft), während das „wissenschaftliche" 18. Jahrhundert als Zeitalter der Vernunft erscheint, die sich auf den Glauben beruft.

Nicht immer war das Christentum von der Rationalität Gottes und der Natur überzeugt. Thomas von Aquin stützte sich auf die aristotelische Lehre, wonach es in der Welt nur ein Zentrum des Universums gäbe, und daß jede geradlinige Bewegung unmöglich sei. Einige Gelehrte sehen den Ursprung der modernen Wissenschaft deshalb im Jahre 1277, als der Bischof von Paris diese Behauptungen des Aristoteles – über mögliche Bewegungen – als Einschränkung der Allmacht Gottes verdammte. Der monotheistische Glaube an einen rationalen Schöpfer führte schließlich zur Erwartung, daß jedes Ereignis in Zusammenhang mit früheren Ereignissen stehe und zwar auf sehr bestimmte Weise, gemäß ganz allgemeiner Prinzipien: Als hätte Gott nach der Sintflut den Regenbogen an den Himmel gesetzt, damit in Zukunft nicht eine Unzahl von Wundern das Wesentliche der Natur ausmache. Seit dieser Zeit trennten sich Gott und das Universum der Physik weitgehend voneinander.

Gerade diesen Glauben an die Rationalität hatte es früher nicht gegeben. Die Griechen glaubten nämlich an ein dramatisches Schicksal, in dem jedes individuelle Ereignis seine Bedeutung erhält. Für sie war die Welt ein Organismus, es gab Liebe und Haß, und eine Ursache für jede Bewegung. Auch in China entstand trotz ausreichender Zeit keine wissenschaftliche Lehre in unserem heutigen Sinn. Denn für die Chinesen gab es keinen Anlaß zu glauben, daß sterbliche Geschöpfe jemals den geheimnisvollen göttlichen Kodex der Gesetze verstehen könnten, von welchen die Natur regiert wird. Ägypter und Perser wiederum glaubten an die Astrologie und den immerwährenden Einfluß der Sterngötter auf die irdischen Ereignisse. Da die Astrologie in sich Erklärungen bietet, führt sie nicht zur Entstehung eines Glaubens an die Rationalität. Auch für den Islam schien das unvermeidliche Schicksal zu eng mit dem Willen Gottes verknüpft, um vom schlichten Menschenverstande erfaßt werden zu können.

Die Welt als Werk eines rationalen, unendlich überlegenen Schöpfers konnte dem Geiste des Menschen nicht einfach zugänglich sein. Immer wieder wurde betont, daß die Subtilitäten der Natur unser Verständnis bei weitem übersteigen, und keiner der Physiker des 17. Jahrhunderts verabsäumte es, sich auf den unendlichen Reichtum an Möglichkeiten zu berufen, die dem Schöpfer zur Verfügung standen. Aber irgendeinen Sinn sollte doch alles haben. In gewisser Hinsicht zeigten sich in der Renaissance die ersten wirklichen Überlegungen bezüglich der Möglichkeit einer Konsenswissenschaft. Die Rationalität des Universums ließ es sinnvoll erscheinen, unter allen Interessierten Übereinstimmung über seine Bedeutung zu erreichen – denn schließlich hatte Gott der Welt sicher einen eindeutigen Sinn verliehen. Nichts war total verborgen, nur einiges verschleiert. Damit konnte sich die Wissenschaft als Konsensdisziplin entwickeln und ihren meteorhaften Aufstieg antreten.

Galileo Galilei: Leben und Werk

Galileo Galilei erntete die Früchte dieser Atmosphäre der Rationalität in der Naturphilosophie und wurde damit der erste moderne Naturwissenschaftler. Geboren wurde Galilei in Pisa im Jahre 1564 also 47 Jahre nach dem Beginn der Reformation und drei Tage vor dem Tod des Michelangelo. Sein Vater war ein wohlhabender florentinischer Aristokrat, dessen Glaube an gelehrte Untersuchungen Galilei beträchtlich beeinflußt hat:

„Meiner Meinung nach sind jene unvernünftig, die danach streben, die Richtigkeit einer Behauptung ausschließlich durch Hinweis auf das Gewicht von Autoritäten und ohne Rücksicht auf irgendwelche andere Argumente zu beweisen. Ich meinerseits wünsche mir, daß kontroversielle Fragen freimütig gestellt und ebenso frei diskutiert werden, wie es eben für einen Menschen geziemt, der nach der Wahrheit sucht." [7.1]

Gerade dies ist aber die Konsensdefinition der Wissenschaft, der Galilei auch sein Leben widmete, dessen wichtigste Stationen folgendermaßen verliefen: Im Jahre 1592 wurde Galilei zum Professor für Mathematik an der Universität von Padua ernannt, wo er bis 1610 lehrte und den größen Teil seiner Entdeckungen machte. Im Jahre 1597 schrieb er an Kepler, daß man der kopernikanischen Theorie vertrauen müsse, wonach sich die Erde bewege. Dies geschah drei Jahre, ehe Giordano Bruno auf dem Scheiterhaufen verbrannt wurde, weil er andere bewohnte Planeten für möglich hielt. Im Jahre 1610 übersiedelte Galilei nach Florenz, um dort zu lehren. Aber bereits sechs Jahre später wurde er von der Kirche verpflichtet, weder in Wort noch Schrift für die kopernikanische Theorie einzutreten. Im Jahre 1633 – inmitten des 30jährigen blutigen Religionskrieges, der Europa beherrschte – wurde er von der Inquisition gezwungen, seinen Glauben an die neue Theorie zu widerrufen. Bis zu seinem Tode im Alter von 79 Jahren (1642) stand er auf seinem Landgut unter Hausarrest.

Unter dem Schutz der Republik von Venedig in Padua arbeitend, widmete sich Galilei verschiedenen Studien, deren Resultate der aristotelischen Physik widersprachen. In der Mechanik kam er der Entdeckung des Trägheitsprinzipes nahe, wonach jeder Körper im Zustand gleichförmiger Bewegung verharrt, wenn keine äußeren Kräfte auf ihn wirken. Aristoteles hatte dagegen gelehrt, daß nur vollkommene Körper, wie die Planeten, eine unaufhörliche Bewegung aufweisen, und zwar auf Kreisbahnen. In seinen Studien über die Schwerkraft schloß Galilei, daß, bei vernachlässigter Reibung, alle Objekte mit der gleichen Beschleunigung fallen. Wie die wissenschaftliche Legende berichtet, ließ er zwei Objekte mit sehr unterschiedlichem Gewicht vom schiefen Turm von Pisa herunterfallen und stellte fest, daß beide ungefähr zur gleichen Zeit den Erdboden erreichten (Bild 7-1). Damit war Aristoteles' Behauptung widerlegt, wonach die Fallzeit eines Objekts umgekehrt proportional zu dessen Gewicht sei.

Durch seine astronomischen Studien wurde Galilei schließlich zum kopernikanischen Weltbild hingeführt. Im Jahre 1609 hörte er aus Holland von der Entwicklung des Fernrohrs und konnte durch umfangreiche Studien ein

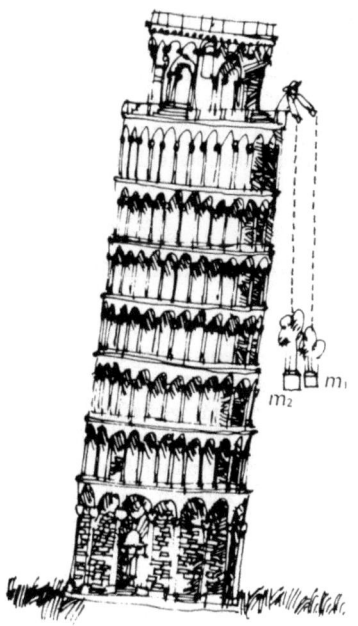

Bild 7-1
Der schiefe Turm von Pisa

überlegenes Teleskop konstruieren, das eine fast neunfache Vergrößerung ermöglichte. Derartige Teleskope bot er der venezianischen Republik für militärische Zwecke an:

„Die Vorteile, die dieses Instrument bei allen Unternehmungen zu Lande und zur See bietet, sind unschätzbar, da es die Objekte näher zu sehen erlaubt. Auf See werden wir in der Lage sein, Schiffe und Segel des Feindes zwei Stunden eher zu erkennen, als wir selbst in der Sicht des Feindes sind. Auf diese Weise können wir die Zahl und Art der Schiffe des Feindes unterscheiden und seine Stärke abschätzen. So kann entschieden werden, ob man die Jagd aufnehmen soll, die Schlacht anstreben oder ob ein Rückzug vorzuziehen ist. In der gleichen Weise können wir auf dem Lande das Lager des Feindes oder seine Befestigungen von höhergelegenen Orten aus beobachten; wir können auch auf dem offenen Felde zu unserem eigenen Vorteil seine Bewegungen und Vorbereitungen beobachten und sie mit großer Genauigkeit einschätzen." [7.1]

Der dankbare Senat Venedigs verdoppelte prompt Galileis Gehalt und verlieh ihm seine Professur in Padua (das damals zu Venedig gehörte) auf Lebenszeit. Galilei setzte sein Teleskop für astronomische Beobachtungen ein und entdeckte damit zunächst die vier Monde des Jupiter, die wie ein kleines, kopernikanisches Planetensystem aussahen. Diese Entdeckung machte die Hypothese von der Erdbewegung wesentlich plausibler. Das Teleskop zeigte auch, daß weder die Sonne noch der Mond vollkommene Kugeln sind. Vielmehr weist der Mond Berge auf und die Sonne zeigt Flecken, die andeuten, daß sie innerhalb von 15 Tagen einmal um ihre Achse rotiert. Auch dies widersprach der aristotelischen Idee von der Vollkommenheit der Himmelskörper. Alle diese anti-aristotelischen Beobachtungen wurden zu wesentlichen Ingredienzien von Galileis „Dialog über die beiden hauptsächlichen Weltsysteme", der 1632 erschien.

Die Konfrontation zwischen Galilei und der katholischen Kirche

Die Konfrontation zwischen Galilei und der Kirche stand in engem Zusammenhang mit seinen anti-aristotelischen Behauptungen. Angesichts der Bedrohung durch die protestantische Reformation konnte die Kirche nicht beliebig weitreichende Zweifel an ihrer Autorität gestatten. Die Situation wurde dadurch kompliziert, daß Galilei zum Teil in diese Konfrontation geradezu hineingetrieben wurde. Anfangs zögerte er nämlich noch, sich in eine öffentliche Debatte über die Weltsysteme einzulassen und schrieb 1597 in einem Brief an Kepler, in dem er ihm für die Übersendung des „Mysterium Cosmographicum" dankte:

„Ich ... verspreche, Euer Buch in Ruhe zu lesen, in der Gewißheit, die bewundernswertesten Dinge darin zu finden, und es um so freudiger zu tun, als ich mir die Lehre des Kopernikus vor vielen Jahren zu eigen machte, und sein Standpunkt es mir ermöglichte, viele Naturerscheinungen zu erklären, die nach den landläufigen Hypothesen gewiß unerklärlich blieben. Ich trug viele Beweisgründe zusammen, um ihm beizustehen und den gegenteiligen Standpunkt zu verwerfen — die ich in indessen bis jetzt noch nicht an das Licht der Öffentlichkeit zu bringen wagte, da mich das Schicksal des Kopernikus, unseres Lehrers, schreckte, der, obgleich er bei einigen unsterblichen Ruhm erlangte, den unendlich vielen (denn so groß ist die Zahl der Toren) ein Gegenstand des Spotts und Hohns ist. Ich würde meine Betrachtungen gewiß sofort zu veröffentlichen wagen, wenn es mehr Euresgleichen gäbe; da es die nicht gibt, werde ich davon Abstand nehmen". [7.4, S. 362]

Abgesehen von der Furcht vor dem Spott, war es auch die Angst, auf dem Scheiterhaufen zu enden, wie Giordano Bruno im Jahre 1600. Es gibt allerdings einen wesentlichen Unterschied zwischen Galilei und Bruno. Brunos Schlußfolgerungen aus dem kopernikanischen Weltsystem widersprachen dem Weltbild der Bibel. Dagegen war Galilei nie bereit, die Lehre des Kopernikus in einer anti-christlichen Weise zu interpretieren. Sein ganzes Leben hindurch war er überzeugt, daß das Konzept der ruhenden Sonne und der bewegten Erde in völliger Übereinstimmung mit der Bibel sei, wenn man sie nur richtig lesen würde. Es gibt keine Hinweise, daß Galilei in Schwierigkeiten mit seinem religiösen Gewissen kam; er eröffnete nicht nur das Zeitalter der modernen Wissenschaft, er war auch der erste Repräsentant jener Gruppe von Gelehrten, die die Wissenschaft ohne Schwierigkeiten mit der Existenz übernatürlicher Kräfte vereinbaren können. Auch die Kirche hatte anfangs keine wesentlichen Einwände gegen die kopernikanische Lehre. Kopernikus widmete sein Werk „De Revolutionibus Orbium Caelestium" sogar Papst Paul III., überzeugt davon, daß sein Werk wohlwollend aufgenommen werden würde. Auch als Galilei sein Teleskop im Jahre 1611 in Rom vorführte und die Jupitermonde zeigte, wurde er von den Jesuiten öffentlich unterstützt, und Papst Paul V. empfing ihn und versprach ihm seine Hilfe. Die Kirche war sich jedoch nicht einig.

Die Schwierigkeiten entstanden teilweise dadurch, daß sich Gelilei bemüßigt sah, die katholische Kirche zur Unterstützung der kopernikanischen Lehre zu gewinnen. Die Kirche sollte zugeben, daß das kopernikanische Bild mehr als eine mögliche und diskussionswürdige Alternative darstellte. Dagegen gab es allerdings viele Widerstände, vor allem seitens der akademischen Anhänger des Aristoteles, die sich eindeutig festgelegt hatten und eine Widerlegung ihrer Ansichten nicht zulassen wollten. Ein Beispiel dafür bilden Galileis Experimente mit den Sonnenflecken, die einen Konflikt mit dem Jesuiten Josef Schreiner hervorriefen, der nicht nur die kopernikanische Interpretation der Sonnenflecken zurückwies, sondern darüber hinaus auch seine Priorität hinsichtlich der Entdeckung der Fleckbewegung reklamierte. Wie weit sich Galilei in seinem Konflikt mit der Kirche schließlich vorwagte, zeigt ein Brief aus dem Jahre 1630:

„Wie mir scheint, gibt es keine mit den Augen wahrnehmbare oder auf andere Weise demonstrierbare Naturerscheinung, die wegen irgendwelcher Stellen aus der Heiligen Schrift in Zweifel gezogen werden sollte ... denn keine Behauptung der Heiligen Schrift ist so strengen Gesetzen unterworfen, wie die Vorgänge in der Natur. Da zwei Wahrheiten offensichtlich nicht miteinander in Widerspruch stehen können, ist es Aufgabe weiser Interpreten, die wahre Bedeutung der Aussagen der Bibel zu finden und in Übereinstimmung mit jenen zwingenden Schlüssen zu bringen, die evident sind oder durch sichere Beweise belegt wurden." [7.1]

Galilei meinte, daß die Heilige Schrift die Menschen von jenen Wahrheiten überzeugen müsse, die sich einer wissenschaftlichen Überprüfung entziehen. Da Gott uns unsere Sinne verlieh, muß es auch gestattet sein, sie nach unserem Vermögen zu beliebigen Untersuchungen zu verwenden.

Mit Galileis Zustimmung zirkulierte sein Brief in vielen Abschriften und fiel auch in die Hände seiner Feinde. Schließlich wurde der berühmte „Brief an Castelli" auch an das Heilige Offizium weitergeleitet, das bald reagierte:

„Die [Galileiisten] legen die Heilige Schrift nach ihrem eigenen Gutdünken aus, im Gegensatz zur gewohnten Auslegung der Kirchenväter; sie sind bestrebt, eine Meinung zu verteidigen, die ganz im Widerspruch zu dem geheiligten Text zu stehen scheint; sie sprechen in geringschätzigen Ausdrücken von den ehrwürdigen Vätern und St. Thomas von Aquin; sie treten die gesamte aristotelische Philosophie, die der scholastischen Theologie von so großem Nutzen war, mit Füßen; schließlich verbreiten sie, um ihre Klugheit zu erweisen, in unserer treuen katholischen Stadt tausend freche und unehrerbietige Ideen..." [7.4, S. 447]

Galilei wurde aber sogar noch deutlicher. In einem vielzirkulierten „Brief an die Großherzogin Christina" schrieb er:

„Vor einigen Jahren, wie Eure Hoheit wohl wissen, entdeckte ich am Himmel viele Dinge, die bis auf unser Jahrhundert nicht gesehen worden waren. Die Neuheit dieser Dinge ebenso wie die Folgerungen, die sich daraus ergaben, im Widerspruch zu den physikalischen Vorstellungen, die im allgemeinen unter akademischen Philosophen herrschen, brachte eine nicht geringe Zahl Professoren gegen mich auf – als hätte ich derlei Dinge mit eigenen Händen an den Himmel gesetzt, um die Natur aus dem Gleichgewicht zu bringen und die Wissenschaften über den Haufen zu werfen... Wer aber könnte mit aller Sicherheit behaupten, daß sich die Heilige Schrift auf die ganz strenge und wörtliche Bedeutung der Worte beschränkt, wenn sie zu Beginn von der Erde, dem Wasser, der Sonne und anderen Geschöpfen spricht?

Deshalb sollten Naturerscheinungen, sowohl jene welche die sinnliche Erfahrung uns vor Augen führt, als auch diejenigen, die durch logische Überlegungen bewiesen werden, auch keinesfalls aus irgendeinem Grunde in Frage gestellt werden. Noch viel weniger sollten sie auf der Basis von Zitaten aus der Heiligen Schrift verurteilt werden, selbst wenn deren Worte als Zeugnis für gegensätzliche Meinungen herangezogen werden könnten. Denn nicht jede Aussage der Heiligen Schrift ist unter derart strengen Bedingungen zu sehen wie die Naturerscheinungen. Auch offenbart sich Gott in den Naturerscheinungen nicht weniger hervorragend, als in den geheiligten Aussagen der Bibel. Es ist deshalb offensichtlich, daß die Bibel notwendigerweise der Sonne eine Bewegung und der Erde Stabilität zuschreiben mußte. Dies war notwendig, um das beschränkte Verständnis der Öffentlichkeit nicht zu stören, und sie dadurch widerspenstig und antagonistisch zu stimmen. Denn nur dann konnten die Menschen Vertrauen in die Hauptdoktrinen haben, die sich mit dem Glauben beschäftigen." [7.4, S. 440 f.]

Galilei war so sehr bemüht, die Kirche zur Annahme seiner Überlegungen zu bewegen, daß er sich 1615 ein halbes Jahr in Rom aufhielt und an öffentlichen Diskussionen teilnahm. Schließlich konnte sich die Inquisition nicht länger auf die kopernikanische Lehre beschränken, sondern mußte sich auch mit Galilei beschäftigen. Im Frühjahr 1616 forderte der Papst die Theologen des Heiligen Offiziums auf zu entscheiden, ob a) die Sonne der Mittelpunkt der Welt und daher unbewegt sei, b) ob die Erde außerhalb des Mittelpunktes der Welt stehe und daher nicht unbeweglich, sondern bewegt als Ganzes und mit einer täglichen Bewegung (Rotation) ausgestattet sei. Das Heilige Offizium verneinte beide Fragen und meinte, daß besonders die erste der obigen Meinungen der Heiligen Schrift deutlich widerspreche. Zwei Tage später wurde Galilei von der Inquisition aufgefordert, seine irrigen kopernikanischen Ansichten nicht weiter zu vertreten. Auch wurde das Buch des Kopernikus bis zu einer angemessenen Überarbeitung auf den Index gesetzt.

Nun zeigte sich, daß Galileis Entscheidung, Padua im Jahre 1610 zu verlassen und nach Florenz zu übersiedeln, ein bedauerlicher Fehler war. Er hatte die antijesuitische venezianische Republik gegen die Jesuitenhochburg vertauscht. Sieben Jahre lang publizierte Galilei nichts, bis im Jahre 1623 sein Freund und Förderer Kardinal Barberini als Papst Urban VIII. gewählt wurde. Zwar konnte Urban die anti-kopernikanische Entscheidung nicht zurücknehmen, er verbot aber nicht explizit eine Diskussion der Theorie als einer spekulativen Hypothese. Dies ermöglichte es Galilei im Jahre 1632 seinen berühmten „Dialog über die beiden hauptsächlichsten Weltsysteme" zu veröffentlichen, der sich zwar scheinbar an diese Beschränkung hielt, aber tatsächlich die kopernikanische Theorie kräftig stützte. In diesem Dialog überzeugt Salviati, der Vertreter der kopernikanischen Lehre, den Laien Sagredo schließlich, während der Aristoteliker Simplicio (ihm legte Galilei Ansichten Urban VIII. in den Mund) relativ schlecht wegkommt, wenn er meint:

„Sogar wenn das kopernikanische System korrekter erscheinen mag als dasjenige des Aristoteles, so muß die Schlußfolgerung, daß das kopernikanische System wahr ist, doch verworfen werden, da damit Gott selbst unter Zwang gesetzt würde." [7.1]

Nach anfänglicher Zustimmung der Zensoren wurde das Buch wieder aus dem Verkehr gezogen. Gerade zu dieser Zeit konnte die Kirche eine derartige Herausforderung nicht akzeptieren. Schließlich hatte 1630 König Gustav Adolf von Schweden die Geschicke gegen die katholischen Kräfte im Norden gewendet, so daß die katholische Religion in Schwierigkeiten kam. Ferner waren auch die Aristoteliker am römischen Hof in der Überzahl und warteten nur auf eine Gelegenheit, Galilei eines Besseren zu belehren. Schließlich war auch die Unterstützung des Papstes für Galilei mehr von dem Bestreben getragen, als Förderer der Künste und Wissenschaften aufzutreten, als von einem echten Interesse an den Ergebnissen dieser Wissenschaft.

Ende 1632 wurde Galilei durch das Heilige Offizium vor die Inquisition nach Rom gerufen. Die Anschuldigungen stützten sich bei den Verhören auf Informationen, wonach bereits 1616 ein päpstliches Edikt jede weitere Diskussion über die kopernikanische Lehre verboten hatte. Galilei leugnete aber, jemals einen derartigen Befehl erhalten zu haben, und führte aus, daß er seit 1616 die Theorie nur als Hypothese diskutiert hatte: „Ich nehme nicht an, daß die Meinung des Kopernikus richtig ist; ich habe nicht an sie geglaubt, nachdem mir befohlen wurde, sie aufzugeben." Am 22. Juni 1633 wurde der „Dialog" auf den Index gesetzt. Galilei wurde mit Hausarrest belegt und mußte der kopernikanischen Ansicht abschwören.

Doch bereits vier Wochen nach dem Prozeß sandte er den verbotenen „Dialog" nach Straßburg und bat, eine lateinische Übersetzung vorzubereiten und zu veröffentlichen. Während sich also Galilei dem äußeren Scheine nach an die ihm auferlegten Beschränkungen hielt, befolgte er zweifellos nicht deren Geist. Naheliegenderweise war die Kirche jedoch nur an dem äußeren Schein interessiert und bereit, Galileis Kontakte mit der Außenwelt zu übersehen. So konnte Galilei kurz vor seinem Tod sagen: „Ich habe zu allen Zeiten Stärke und Unterstützung aus zwei Quellen bezogen. Die eine ist das Wissen, daß eine Prüfung meiner Arbeit es niemandem ermöglichen würde, auch nur einen Schatten einer Spur nachzuweisen, die vom Geiste der Liebe und der Verehrung für die Heilige Kirche abweicht. Die andere Quelle liegt in meiner eigenen Überzeugung, die hier auf Erden nur mir und dem Himmel, nur Gott bekannt ist. Er weiß, daß niemand mit größerer Verehrung von der heiligen Kirche und mit größerer Reinheit der Absicht sprechen könnte, als ich dies getan habe." [7.1]

Das Leben des Galilei nach Bertold Brecht

Im gewissen Sinn war Galilei der erste Held der modernen Wissenschaft. Er rebellierte gegen religiöse Beschränkungen der Wissenschaft und wollte eine öffentliche Diskussion über diese Fragen herbeiführen. Dennoch wurde Galilei vorgeworfen, er habe seine Dienste an Vendig verkauft und sich der

Inquisition unterworfen. Eine interessante Darstellung dieser Kritik gibt Berthold Brecht in seinem Schauspiel „Das Leben des Galilei".

Die erste Version dieses Stückes entstand 1938/39 während Brechts Emigration in Dänemark. Bereits seit langem war Brecht politisch links angesiedelt, doch die russischen Säuberungen der Jahre 1937/38 und der Nichtangriffspakt zwischen Stalin und Hitler im Jahre 1939 hatten alle antifaschistischen Freunde des Kommunismus und der UdSSR verwirrt. Entsprechend apolitisch und antireligiös ist auch die erste Version des Stückes und sie entspricht weitgehend dem tatsächlichen Leben des Galilei. Nach seiner weiteren Emigration in die Vereinigten Staaten (1941) schrieb Brecht eine neue Version seines Spiels für und mit Charles Laughton. Unter dem Einfluß Laughtons machte er auch Galilei zu einem Epikuräer, einem hohlen und opportunistischen Feigling. So gibt es z. B. eine sehr zynische Szene, in der Galilei mit den politischen Kräften zusammenspielt und einen Brief diktiert, in dem er den Nutzen der Bibel bei der Unterdrückung von Landarbeitern diskutiert. Während der Arbeit an dieser Version fiel die erste Atombombe über Hiroshima. Brechts Galilei repräsentierte nun all die Wissenschaftler, die das möglich gemacht hatten:

„Das Atomzeitalter beginnt in der Mitte unseres Werkes. Über Nacht liest sich die Biographie des Begründers der neuen Physik ganz anders." In der dritten Version wurde schließlich Galileis Verwandlung vom Fortschrittskämpfer zum Schurken vollendet. Diese Version verfaßte Brecht zur Aufführung an seinem eigenen Theater in Ost-Berlin, wohin er 1948 zurückgekehrt war. In dieser endgültigen Fassung steht Galilei für den modernen Kernphysiker, der zwar kompetent ist, aber kein Märtyrer sein will, und es vorzieht, sein Leben und seine Arbeit zu retten, indem er sich anpaßt und unterwirft. Dieser dritte Galilei ist kein Held, er ist tatsächlich ein Verbrecher an der Gesellschaft. Brecht betrachtet diese Kapitulation vor der katholischen Kirche als die Erbsünde der Wissenschaft.

Schlußfolgerungen

Wer hat recht? War Galilei ein Held oder ein krimmineller Feigling? Tatsächlich war Galilei vor allem ein Kind seiner Zeit, mit allen ihren Vor- und Nachteilen. Sicherlich verkaufte er die Anwendungen seiner Wissenschaft damals an den Höchstbieter, aber dies war die einzige Möglichkeit in einer Zeit zu überleben, in der es eine unabhängige Wissenschaft nicht gab. Kapitulierte er tatsächlich vor der Inquisition, oder gab es eine andere Möglichkeit? Die Streitfrage war klar, der Konflikt offensichtlich. Um den Fortschritt der Wissenschaft zu ermöglichen, mußten die alten Autoritäten herausgefordert werden, und dies war auch der Geist der Zeit. Die Kirche konnte sich aber gerade damals einer derartigen Herausforderung nicht stellen. So wurde Galilei scheinbar zermalmt — und doch geschah die Verfolgung nur pro forma, und die Wahrheit konnte sich verbreiten. Galilei wurde zum ersten modernen Wissenschaftler und die Inquisition der Lächerlichkeit preisgegeben. Die Religion hielt den Lauf der Wissenschaft auf, aber nur für einen Augenblick. Die Wissenschaft wiederum konnte einen kleinen Beitrag zur Refom der Amtskirche liefern.

Ebenso interessant ist es zu untersuchen, in welcher Weise Galilei selbst das Wesen der Wissenschaft sah. Er war sehr um eine öffentliche Diskussion wissenschaftlicher Fragen bemüht und versuchte, die Konsenswissenschaft von der Religion zu trennen. In diesem Sinne war er tatsächlich der erste Wissenschaftler, obgleich er vielleicht auch manchmal übertrieben hat. Er vertrat seine Überzeugungen mit mehr Einsatz, als die Fakten dies zu rechtfertigen vermochten. Viele seiner Belege waren entweder falsch oder nicht zwingend. Er ging beispielsweise nie auf Keplers Theorie der Ellipsenbahnen der Planeten ein, und seine Deutungen der Beobachtungen waren deshalb nicht überzeugend genug, um alle Vorurteile der Aristoteliker zu überwinden. Vielleicht hätte eine korrektere Beurteilung der vorliegenden Fakten durch Galilei die katholische Kirche nicht zu einer so starken Reaktion gezwungen, und der öffentliche Konsens wäre damit leichter herbeizuführen gewesen.

Fragen

1. Glaubt die literarische Kultur an einen rationalen Schöpfer? Ist ein organisches Universum mit einem solchen Schöpfer vereinbar?
2. Warum war dieser rationale Schöpfer nicht von Anfang an im Christentum verankert?
3. Können wir unsere heutige Wissenschaft, die einen instiktiven Glauben an einen rationalen Schöpfer erfordert, in das heutige Indien der heiligen Kühe exportieren?
4. Was geschieht mit der Wissenschaft, wenn wir unseren Glauben an Gott aufgeben?
5. Was geben wir auf, wenn wir uns einem blinden Glauben an einen rationalen Gott hingeben? Einige Venezianer wollten nicht durch Galileis Teleskop hindurchblicken. Ihnen erschien dies überflüssig. Da es keine Jupitermonde geben konnte, mußte es sich dabei um optische Illusionen handeln. Ist dies so unvernünftig?
6. War es richtig, daß Galilei die Kirche zu einer Änderung ihres Standpunktes bewegen wollte?
7. Gibt es eine Grenze für jenen öffentlichen Konsens, der zu einem bestimmten Zeitpunkt erreicht werden kann?
8. Ist es falsch, wenn wir die Vergangenheit um unserer Ziele willen derart deformieren, wie Brecht dies mit dem Leben des Galilei tat?

Literatur zu Kapitel 7

[7.1] G. *Szczesny*, Das Leben des Galilei und der Fall Bertold Brecht, Ullstein, Berlin 1975.
[7.2] E. J. *Dijksterhuis*, Die Mechanisierung des Weltbildes, Springer, Berlin 1956.
[7.3] E. *Wohlwill*, Galilei und sein Kampf für die Kopernikanische Lehre, Sandig Reprint, Lichtenstein 1981.
[7.4] A. *Koestler*, Die Nachtwandler, Vollmer, Wiesbaden 1959.
[7.5] G. *Galilei*, Unterredungen und mathematische Demonstrationen über zwei neue Wissenszweige, herausgegeben von A. Oettingen, Wissenschaftliche Buchgesellschaft, Darmstadt 1973.
[7.6] G. *Galilei*, Dialog über die beiden Weltsysteme, hrsg. von R. Sexl und K. v. Meyenn, Teubner, Stuttgart 1982.
[7.7] G. *Galilei*, Sidereus Nuncius, hrsg. von H. Blumenberg, Suhrkamp, Frankfurt a. M. 1965.
[7.8] B. *Brecht*, Leben des Galilei, Suhrkamp, Frankfurt a. M. 1977.
[7.9] B. *Brecht*, Materialien zu „Leben des Galilei", Suhrkamp, Frankfurt a. M. 1976.
[7.10] E. *Fitzgerald*, The Rubaiyat of Omar Khayyam, Doubleday, New York.
[7.11] S. *Sambursky*, Das Physikalische Weltbild der Antike, Artemis, Zürich 1960.

8 Die Welt als Uhrwerk

Ich will beweisen, daß die Himmelsmaschine wenig mit einem göttlichen Organismus gemein hat, sondern wie ein Uhrwerk abläuft.

(Johannes Kepler)

Betrachte das gesamte Weltsystem, das ganze und jeden seiner Teile: Du wirst sehen, daß es nichts anderes ist als eine große Maschine, unterteilt in eine unzählbare Vielfalt kleinerer Maschinen.

(David Hume)

Wir werden hier darstellen, wie die Newtonsche Physik zur Interpretation der Welt als Uhrwerk beigetragen hat. Der Einfluß dieses Weltbildes auf Philosopie, Theologie und Politik wird untersucht.

Einleitung

„Alle Menschen sind von der Schöpfung her gleich." Diese Aussage in der Unabhängigkeitserklärung ist für die politische Entwicklung der Vereinigten Staaten so bedeutend, daß man ihre historischen Voraussetzungen kennen muß. Der zitierte Grundsatz hat seine Wurzeln in der Aufklärung des 18. Jahrhunderts, als dem gesamten Universum der Charakter einer ungeheuren Maschine zugeschrieben wurde. Dieser mechanistische Ansatz steht in deutlichem Gegensatz zu dem organischen Weltbild des Aristoteles; er entspricht der wissenschaftlichen Kultur in gleicher Weise, wie dem „geistigen" Weltmodell die literarische Kultur zugeordnet werden kann. Die mechanistischen Kulturgesetze legitimierten die amerikanische Revolution; sie führen zu dem Postulat, daß alle Menschen mit undeterminierten geistigen Voraussetzungen zur Welt kommen. Die amerikanische Verfassung selbst ist ein mechanistisches Gebilde, dessen kompliziertes System von „checks and balances" eine Funktion hat, analog zur Steuerung eines Uhrwerkes, das im exakten Gleichgang gehalten werden soll. [8.2]

In diesem Kapitel werden wir die Ursprünge der „Uhrwerk-Theorien" und ihre weitere Entwicklung untersuchen. Den Grundstein zur Entwicklung der nicht-aristotelischen Mechanik legte Newton mit seinen drei Bewegungsgesetzen und dem Gravitationsgesetz. Das Zeitalter der Aufklärung brachte dann in der Folge revolutionäre Entwicklungen auf den Gebieten der Philosophie, der Theologie und der Politik.

Das Uhrwerk-Modell

Die Entwicklung des Uhrwerk-Modells ist auch im Detail außerordentlich interessant. Die Menschen der Renaissance waren nicht nur vom Uhrwerk, sondern von allen mechanischen Anordnungen in hohem Maße fasziniert. Maschinen mußten damals nicht nur nützlich, sondern auch schön sein, um zum Ruhm ihres Besitzers beizutragen. Typisch für dieses Interesse an mechanischen Spielereien ist Leonardo da Vinci (Bild 8-1). Sein Bewerbungsschreiben an den Herzog von Mailand ist nichts anderes als ein Katalog von Anordnungen und Mechanismen, wie sie in der Renaissance überall stark gefragt waren:

„1. Ich bin in der Lage, sehr leichte Brücken zu konstruieren, die bequem transportiert werden können, so daß der Feind damit verfolgt und in die Flucht geschlagen werden kann.

2. Soll ein bestimmter Platz befestigt werden, so weiß ich, wie Gräben zu ziehen, Leitern zu konstruieren und andere derartige Einrichtungen zu bauen sind...

Bild 8-1 Prophetische Vision einer Flugmaschine nach Leonardo da Vinci, 1490

5. Mit Hilfe enger und gewundener unterirdischer Tunnelsysteme, die ohne Geräuschentfaltung gegraben werden können, kann ich es möglich machen, unzugängliche Plätze zu erreichen, auch durch Untertunnelung von Flüssen...

7. Ich kann Kanonen und Mörser konstruieren, nützlich und schön in der Form, die sich von allen bisherigen Konstruktionen unterscheiden...

10. In Friedenszeiten glaube ich mit jedermann in der Architektur, im Bau von öffentlichen und privaten Denkmälern oder beim Bau von Kanälen konkurrieren zu können. Ich kann Statuen aus Marmor, Bronze und Ton anfertigen. Auch beim Malen gibt es niemanden, der mich übertrifft..." (Codex Atlantico) [8.3]

Schmuckgegenstände, Spielzeuge und Anordnungen entwickelten sich in der Renaissance zu technologischen Meisterleistungen, deren Präzision auch für die wissenschaftliche Forschung von Nutzen war. Es kann durchaus sein, daß vor allem die Verfügbarkeit feinsinniger experimenteller Anordnungen — zumindest indirekt — zur Blüte der Konsenswissenschaft in der Renaissance beigetragen hat.

Etwa 100 Jahre vor Leonardo glaubte schon Oresme zu erahnen, daß Konfiguration und Bewegung des Firmaments in Analogie zu einem „Mann stehe, der eine Uhr konstruiert, die sich von selbst in Bewegung erhält". Alle Teile der Uhr tragen zum Lauf bei; kein Teil ist bedeutender als der andere. Folgt man Aristoteles, so war der Himmel vornehm und die Erde niedrig; das Uhrwerk-Modell veränderte diese alten Ansichten. Das neue Weltmodell wurde von Rheticus zur Unterstützung des kopernikanischen Systems herangezogen. Seiner Meinung nach konnte die Schöpfung Gottes nicht weniger vollkommen sein als die Konstruktionen der Uhrmacher, deren Produkte keine überflüssigen Räder enthalten. Und was denn ist das kopernikanische System anderes als die ökonomischeste Betrachtungsweise des himmlischen Uhrwerks? Das Uhrwerk-Modell brachte nicht nur beträchtliche Impulse für die Konstruktion komplizierter Maschinen mit sich, auch die Analogie zwischen dem Weltsystem und mechanischen Anordnungen war ebenso neu wie revolutionär.

Die Entwicklung technischer Konstruktionen war aber nicht nur ein Ausfluß der Renaissance, sondern wurde auch vom plötzlich einsetzenden Import sehr komplizierter astronomischer Geräte aus China beeinflußt, die sich dort bereits seit geraumer Zeit bewährt hatten. (Es gibt Hinweise, daß diese Entwicklung in China weit vor Archimedes einsetzte.)

Ohne erkennbare Vorentwicklungen finden sich im Europa des 14. Jahrhunderts plötzlich große Uhren; auch Chaucer schrieb im Jahre 1391 eine Abhandlung über das Astrolabium. Tatsächlich entwickelten sich die Uhren im Laufe der Zeit zu sehr einfachen Zeit-Maschinen. In der Renaissance waren Uhren aufregend neu und schön.

Newtons Physik

Isaac Newton krönte die Entwicklung dieses mechanistischen Bildes durch seine einheitlichen Naturgesetze, mit deren Hilfe die Konfiguration des Universums zu jedem Zeitpunkt aus den vorangehenden Konfigurationen errechnet werden konnte. Im Jahre 1642, dem Todesjahrs Galileis, geboren, verließ er im Alter von 23 die Universität Cambridge und kehrte nach Hause zurück, um der Pest zu entrinnen. Hier formulierte er die Grundlagen für seine drei Bewegungsgesetze und das Gravitationsgesetz. Die drei Bewegungsgesetze behandeln die Wechselwirkung von Massen miteinander und mit äußeren Kräften. Mindestens ebenso wichtig wie die Gesetze selbst ist die Betrachtungsweise, in der quantifizierbare Größen wie Abstand, Geschwindigkeit, Beschleunigung, Masse und Kraft miteinander verknüpft werden. Mit Hilfe dieser Gesetze läßt sich die zukünftige Bewegung eines Objektes vollständig errechnen, wenn seine Anfangsgeschwindigkeit, sein Ausgangspunkt und die einwirkenden Kräfte präzise bekannt sind.

Ein wichtiger Schritt bei der Auswertung dieser Gesetze ist die Bestimmung der wirkenden Kräfte. Und gerade hier gelang es Newton, ein ganzes Zeitalter zu revolutionieren, indem er jene Kräfte, die das Himmelssystem in Bewegung halten, mit der Wirkung der Erde auf einen fallenden Apfel in Relation setzte. Sein universelles Gravitationsgesetz ermöglichte es, die 28tägige Periode des Mondumlaufes zu berechnen. (Eigentlich berechnete er die Umlaufperiode eines künstlichen Erdsatelliten.) Er konnte die elliptischen Umlaufbahnen der Planeten ebenso wie die Kometenbahnen erklären. Newtons Gesetze erlaubten es anscheinend, die gesamte Astronomie zu deuten. Mit einem Schlag waren die geheimnisvollen „organischen" Konzepte aus der Theorie des Universums verschwunden. Wie es schien, war der Lauf des Universums vorbestimmt, wenn nur die Anfangsbewegung und die Grundgesetze fixiert werden konnten; ebenso wie bei einer Uhr, die einmal aufgezogen, von selbst abläuft. Oder wie Alexander Pope es sagte:

„Natur und Naturgesetze lagen verborgen in Nacht; es werde Newton, sprach Gott, und alles wurde ans Licht gebracht."

Im Jahre 1687 wurden Newtons „Mathematical Principles of Natural Philosophy" (die „Principia") publiziert und von den führenden Mitgliedern der Royal Society sofort enthusiastisch aufgenommen. Der Einfluß seines mechanistischen Ansatzes auf die weitere Entwicklung der Physik war überwältigend. Die Entwicklung mechanischer Modelle für Naturvorgänge hatte bis ins 20. Jahrhundert bestimmenden Einfluß. Noch im 19. Jahrhundert formulierte der große Physiker Lord Kelvin:

„Ich bin niemals zufrieden, ehe ich nicht ein mechanisches Modell für eine Sache entwickelt habe. Dann erst habe ich ein Phänomen wirklich verstanden. Solange ich kein mechanisches Modell habe, mangelt es mir auch am Verständnis." (Baltimore Lectures) [8.10]

Der Gegensatz zu den nicht-mechanistischen Systemen der Relativitätstheorie und der Quantenmechanik wird in späteren Kapiteln offensichtlich werden.

Das mechanistische Denksystem wurde bald zum Glaubensgegenstand der physikalischen Wissenschaft. Leibniz war z. B. der Meinung, daß man ohne mechanische Modelle wieder zu ewigen Mirakeln Zuflucht nehmen müßte oder daß andernfalls Gott selbst dem Vorwurf der Widersprüchlichkeit und damit der Unerkennbarkeit ausgesetzt sei. Über die Chemie sagte James C. Maxwell:

„Von der Beobachtung äußerer Wirkungen eines unsichtbaren Maschinenteiles soll seine innere Zusammensetzung abgeleitet werden."

Der französische Physiker E. V. Jamin meinte sogar:

„Eines Tages wird sich die Physik als Unterkapitel der allgemeinen Mechanik darstellen." [8.10]

Der Einfluß der Newtonschen Mechanik

Die Auswirkungen der Newtonschen Mechanik gingen weit über eine Änderung der wissenschaftlichen Gewohnheiten hinaus. Fünf Jahre nach seinem Erscheinen wurde Newtons Werk von einer englischen Kanzel aus als „unbestreitbar vernünftig" bezeichnet. Das Werk stand an der Wiege des Zeitalters der Aufklärung, deren neues Denken sich auch in einem Wechsel des Vokabulars zeigte. Im 13. Jahrhundert galten Gott, Sünde, Gnade, Erlösung und Himmel als Grundprinzipien. Im 18. Jahrhundert wurden sie durch die Worte Natur, Naturgesetz, Vernunft, Humanität und Perfektion ersetzt. Dieses neue Vokabular ermöglichte den Übergang von der pessimistischen christlichen Doktrin einer verdorbenen menschlichen Natur, die von Geburt an mit der Erbsünde belastet war, zu einer optimistischen Sicht, die jedem Menschen die gleiche geistige Grundausstattung zubilligte und deren weitere Ausformung in Richtung auf Gut oder Böse der Gesellschaft zuschrieb.

Mit dem Wort „Natur" breitete sich auch die mechanistische Doktrin des „Naturgesetzes" aus. Newtons Wissenschaft inspirierte Thomas Jefferson zur Aussage, daß im Hinblick auf die Naturgesetze ein Vertragsbruch die Amerikaner legitimiere, gegen König Georg III. zu rebellieren. Jean Jacques Rousseau meinte, daß der „Naturzustand" einer „vornehmen Barberei" eben ein Zustand der Tugend sei. Jeremy Bentham erhob das Prinzip des Nutzens oder des „größten Glücks" zum sozialen Gravitationsgesetz. Adam Smith sprach mit den Worten Newtons über Wirtschaftsfragen: In einem von Angebot und Nachfrage bestimmten Markt haben die Preise das Bestreben, auf den natürlichen Preis abzusinken („Gravität"). In den politischen Wissenschaften waren die Rationalisten bestrebt, mit Hilfe des „Gegen-die-Natur"-Arguments die alten Institutionen Europas durch einen aufgeklärten „natürlichen" Humanismus zu ersetzen; und die Autorität Newtons verlieh ihren Versuchen

Kraft. Über allem regierte der Rationalismus; Hume etwa war nur dann bereit, an Wunder zu glauben, wenn die Erklärung eines Phänomens ohne Bezug auf das Wunder noch schwerer zu glauben war, als das Wunder selbst.

Newtonsche Philosophie und Theologie

Zwei Resultate dieser Newtonschen Philosophie sind besonders interessant, nämlich ihr Einfluß auf die Theologie und auf die Ethik. Was die Theologie betrifft, so ging es zunächst darum, Gott von der Sorge für den Lauf des Universums zu befreien und ihm stattdessen nur den reinen Schöpfungsakt vorzubehalten. Auch dem Begriff des Wunders wurden Grenzen gezogen. Um mit Newton zu sprechen:

„Von Wundern sprechen wir nicht deshalb, weil es sich dabei um Werke Gottes handelt, sondern weil sie seltsam erscheinen und aus diesem Grund Verwunderung hervorrufen." [8.11]

Solche Gedanken stehen allerdings in diametralem Gegensatz zum Glauben an göttliche Eingriffe in die Natur. Jene Theologie, die ihren Ausgang von Newtons Mechanik nahm, war durch einen sehr starken Glauben an den Schöpfer-Gott gekennzeichnet. Für uns ist Newton wegen seiner wissenschaftlichen Erkenntnisse von Bedeutung, er selbst allerdings sah das wesentlichste an seiner Wissenschaft im Nachweis, daß es der Allmacht Gottes gelungen sei, eine vollkommene Schöpfung hervorzurufen. Der Glaube an Gott konnte nun nicht nur aus der Bibel, sondern auch aus der Natur hergeleitet werden. Wie Voltaire behauptet,

„... führt Newtons Philosphie notwendigerweise zum Wissen um ein höheres Wesen, das alles geschaffen und nach freiem Willen gestaltet hat... Es gibt keinen Newtonschen Philosophen, der nicht gleichzeitig Theist im strengsten Sinne war." (Elemente der Newtonschen Philosophie) [8.11]

Immer wieder wurde die Newtonsche Physik aufgerufen, Zeugnis für die Existenz Gottes abzulegen. Im Jahre 1697 beschäftigte sich Kaplan Richard Bentley in einer Folge von Vorlesungen mit jenen Gottesbeweisen, die auf Newtons Aussagen über das Sonnensystem zurückgeführt wurden. Newton selbst unterstützte diese Darstellung mit folgenden Argumenten [8.12]:

1. Die Sonne gibt den Menschen Wärme und Licht um zu überleben. Mit Newtons Worten: „Ich weiß keinen anderen Grund, als daß der Schöpfer dieses System für nützlich hielt."

2. Im Gegensatz zu den Kometen bewegen sich die Planeten alle in derselben Ebene rund um die Sonne.

3. Um das Überleben des Menschen sicherzustellen, muß Gott die Massen, Geschwindigkeiten und Abstände der Planeten vorgegeben haben.

4. Gott muß die Erde im Bezug auf ihre Umlaufbahn geneigt haben, um die Jahreszeiten hervorzurufen. Er muß die Erde in Rotation versetzt haben, um Tag von Nacht zu trennen.

5. Nur eine übernatürliche Kraft kann aus einem Haufen von Materie das Sonnensystem errichtet haben.

Derartige Gottesbeweise, die auf Lücken in der wissenschaftlichen Erkenntnis basieren, gibt es in großer Anzahl. Im Jahre 1665 entdeckte Huygens den Satelliten Titan. Damit stieg die Zahl der bekannten Planeten und Satelliten auf zwölf, eine Zahl, die „durch den allerhöchsten Schöpfer als vorgegeben betrachtet werden kann". W. Derham publizierte 1713 ein Buch mit dem Titel Physico-Theology, in dem Gottes Existenz aus den verschiedensten Aspekten der Natur hergeleitet wurde, wie etwa der Atmosphäre, dem Wind, den Wolken und dem Regen. Es erschienen Bücher mit Titeln wie „Die Theologie der Steine" und „Die Theologie der Insekten". Der Skeptiker Voltaire veranschaulichte in seinem Candide das Lächerliche dieser Methode. Er läßt seinen Dr. Pangloss (einen Professor der Metaphysico-Theologico-Cosmolonigologie) dem schlichten Candide folgendes beweisen:

„Wie wir damit bewiesen haben, können die Dinge gar nicht anders sein; da alles einem Zweck dient, ist auch alles letztendlich notwendig. Nasen haben wir nämlich, um Brillen zu tragen; und daher haben wir Brillen. Beine sind offensichtlich dazu geschaffen, um in Hosen zu stecken, und wir haben daher Hosen." [8.2]

Newtonsche Philosophie und der freie Wille

Auch auf die Diskussion über Ethik und insbesondere den freien Willen hatte das Newtonsche System seinen Einfluß. Ist nämlich das Universum einmal in Bewegung gesetzt, dann nimmt es seinen Lauf. Und alle Handlungen einer Person sind vom „Uhrmacher" von Anfang an vorgegeben. Dann aber kann es keinen echten freien Willen geben und niemand ist für seine Taten verantwortlich. Vom heutigen Zustand des Universums können wir mit Hilfe von Newtons Gesetzen die Zukunft vollständig vorhersagen. Gott selbst ist sicher zu solchen Vorhersagen in der Lage. Obwohl wir diese Prophezeihungen nicht nachvollziehen können, ist uns die Hoffnung auf eine Veränderung der Zukunft dennoch verwehrt. Daher gibt es kein Gutes, kein Böses und der Mensch hat keine Seele. (Gegenargumente finden sich in Bischof Berkeleys Schriften.)

In konsequenter Weiterführung der Mechanistik verneinten die Philosophen Hobbes und Spinoza die Existenz des freien Willens. Gefühle, wie Appetit oder Wille, müssen im Rahmen der Newtonschen Philosophie erklärbar und vorhersehbar sein. Für Voltaire schien das Konzept des freien Willens eher seltsam:

„... daß alle Natur, alle Planeten ewigen Gesetzen gehorchen und daß es da ein kleines Wesen geben soll, einige Fuß hoch, das angesichts dieser Gesetze handeln kann, wie es will, nur nach seinem Gutdünken. Es könnte sich zufällig verhalten, aber das bedeutet dann wieder nichts. Denn damit haben wir nur ein Wort eingesetzt, um die bekannte Auswirkung aller unbekannten Gründe zu beschreiben." [8.10]

Der nächste Schritt in der Entwicklung der Newtonschen Philosophie führte zum reinen Materialismus, der weder für Gott noch für eine Seele Raum läßt. Folgt man De la Mettrie, so besteht der einzige Unterschied zwischen einem Menschen und einem Hund im Grad der Komplexität:

„Vielleicht einige Räder oder Federn mehr als im vollkommensten Tier, oder das Hirn näher beim Herzen und daher besser durchblutet — jede Menge von unbekannten Gründen kann dieses so leicht verletzbare Wissen hervorrufen, diese Gewissensbisse, die der Materie nun nicht ferner liegen als dem Denken, und dies gilt für alle anderen Unterschiede, die es hier scheinbar gibt." (Der Mensch, eine Maschine) [8.10]

So reduziert sich die Ethik auf reine Mechanistik und der Mensch auf eine Maschine. d'Holbach meint dazu:

„... der körperliche Mensch ist eine Maschine, die auf jene Impulse reagiert, die uns von den Sinnen übermittelt werden, (während das moralische Individuum) ein Mensch ist, der unter dem Einfluß von Gründen agiert, die unsere Vorurteile uns nicht erkennen lassen." (System der Natur) [8.10]

Zusammenfassung

Newton hat viele der Rätsel in der Natur so vollkommen gelöst, daß die Welt nach ihm eine andere war. Seine Mechanik führte zum Uhrwerk-Modell des Universums und zu allen Schlußfolgerungen daraus: eine natürliche Religion, eine natürliche Regierung und eine natürliche Ökonomie. Auch die amerikanische Revolution kann auf diese natürlichen Prinzipien zurückgeführt werden, auf die unverletzbaren Menschenrechte; die Vereinigten Staaten sind ein Resultat der Newtonschen Philosophie und ihres Rationalismus. Für ein ganzes Jahrhundert war die intellektuelle Gemeinschaft von jenen Ideen beherrscht, die aus der Newtonschen Mechanik hergeleitet werden können. Ein ganzes Jahrhundert stand unter der Herrschaft der wissenschaftlichen Kultur.

Es gab zahlreiche Versuche, andere Disziplinen wie Philosophie oder Politik auf eine ähnlich quantitative Basis wie die Mechanik zu stellen und sie durch wissenschaftliche Darstellungen unbestreitbar zu machen. Solche Bemühungen um einen wissenschaftlichen Konsens in Bereichen außerhalb der Naturwissenschaft sind eindrucksvoll, mußten aber fehlschlagen. Und letztlich mußten sie den revolutionären Gegenschlag der literarischen Kultur und der Romantik provozieren.

Fragen

1. Was müßte die Aufklärung über die göttliche Gnade sagen?
2. Wie konnte die Aufklärung den Widerspruch zwischen der Sklaverei und der grundsätzlich freien Geburt jedes Menschen auflösen? Ist Sklaverei etwas Natürliches?
3. Viele Wissenschaftler erkennen Gott in den natürlichen Phänomenen. Meine Frau findet ihn in einem Baby. Ist das ein wesentlicher Unterschied?
4. Pflanzen wachsen zur Sonne hin. Ist dies Gottes Wille?
5. Unser Blinddarm ist offensichtlich völlig überflüssig. Ist dies ein Beweis für die Unvollkommenheit des Schöpfer-Gottes?
6. Gott hat die Welt offensichtlich so geschaffen, daß die Konstruktion von Atombomben möglich ist. Entsprechen wir aber damit dem Willen Gottes, wenn wir Atombomben bauen und sie einsetzen?

Literatur zu Kapitel 8

[8.1] *A. Hermann*, Weltreich der Physik, Bechtle, Eßlingen 1980.
[8.2] *E. W. Hall*, Modern Science and Human Values, Van Nostrand, New York 1956.
[8.3] *J. D. Bernal*, Sozialgeschichte der Wissenschaft, Rowohlt, Reinbek 1977.
[8.4] *I. Newton*, Das Studium der Geschichte der Naturwissenschaften, Klostermann, Frankfurt a. M. 1965.
[8.5] *I. Newton*, Die mathematischen Prinzipien der Naturlehre, hrsg. von J. P. Wolferz, Wissenschaftliche Buchgesellschaft, Darmstadt 1963.
[8.6] *F. Rosenberger*, I. Newton und seine physikalischen Prinzipien, Reprint Sandig, Wiesbaden 1978.
[8.7] *U. Pothast*, Freies Handeln und Determinismus, Suhrkamp, Frankfurt a. M. 1978.
[8.8] *F. A. Lange*, Geschichte des Materialismus, Suhrkamp, Frankfurt a. M. 1974.
[8.9] *G. Böhme* et al., Experimentelle Philosophie, Suhrkamp, Frankfurt a. M. 1977.
[8.10] *S. L. Jaki*, The Relevance of Physics University of Chicago Press, Chicago 1966.
[8.11] *L. T. More*, Isaac Newton, Dover, New York 1962.
[8.12] *M. K. Munitz*, Hrsg., Theories of the Universe, Free Press, Clencoe, Ill. 1957.

9 Romantik, Physik und Goethe

Allen Zauber jäh verliert,
Was Wissenschaft mit kalter Hand berührt.
Das Regenbogenwunder früherer Zeit:
man kennt nun des Gewebs Beschaffenheit;
ein sehr gewöhnlich Ding — mehr ist es nicht.
Die Wissenschaft selbst Engelsflügel bricht.
(John Keats)

Die romantische Revolte gegen das mechanistische Weltbild stützt sich auf das organische Naturverständnis des Aristoteles; sie liefert daher ein Exempel für den Unterschied zwischen den beiden Kulturen. Das Beispiel Goethes soll den Prototyp eines mißglückten Versuchs zur Vereinigung der beiden Kulturen darstellen.

Einleitung

Seit im Jahre 1687 die Principia publiziert worden waren, ergriff der Newtonsche Rationalismus von der gesamten westlichen Kultur Besitz. Dies gilt für den literarischen Bereich ebenso wie für die Wissenschaft. Die Kluft zwischen den beiden Kulturen zeigte sich damals nicht so stark, da die wissenschaftliche Welt alles andere dominant überlagerte. So kam es zu Exzessen, wie etwa in den folgenden Zeilen von d'Holbach aus dem Jahre 1770:

„O Du", ruft die Natur dem Menschen zu, „der Du meinen Impulsen während Deiner ganzen Existenz unaufhörlich folgst, versuche nicht, Dich meinem souveränen Gesetz entgegenzustellen. Wage es doch, und löse Dich doch von den Fesseln meines Rivalen, des Aberglaubens. Er mißbraucht meine Rechte; verdamme seine leeren Theorien und kehre zurück unter die Herrschaft meiner Gesetze. Sie sind zwar streng, aber doch viel leichter zu ertragen als die Fesseln der Blindgläubigkeit. In meinem Reich herrscht die wahre Freiheit. Genieße Dein Leben und bring' andere Menschen dazu, meine Gaben zu nutzen, die ich mit freigiebiger Hand an alle Kinder der Erde verteilt habe. O Natur, Herrscherin über alle Dinge, und Ihr Töchter der Natur, Tugend, Vernunft und Wahrheit, bleibt für immer unsere verehrungswürdigen Beschützer! An Dir liegt es, daß das Lob der menschlichen Rasse sich unter der leuchtenden Herrschaft des Wissens entfalten kann; diese Gottheit unseren Seelen; und Heiterkeit bemächtige sich unserer Herzen." (Systeme de la Nature) [9.5]

Angesichts derartiger Auswüchse wird die Reaktion verständlich, die sich gegen die mechanistische Philosophie und gegen das objektive Reich der Fakten erhob.

Dieser Aufstand vollzog sich am unmittelbarsten in der Poesie und der Musik. Er äußerte sich aber auch in den Ludditenaufständen gegen die industrielle Revolution und in der Rückkehr zu einem imperialistischen Nationalismus. Ihren wissenschaftlichen Niederschlag fand diese Revolte im Rahmen der Naturphilosophie: Die Natur wurde wieder als lebende Ganzheit betrachtet. In diesem Kapitel wollen wir uns mit der romantischen Revolte gegen die Newtonsche Weltsicht beschäftigen. Diese Revolte bediente sich des aristotelischen Bildes einer organischen Natur. Das Auseinanderstreben der beiden Kulturen sollen uns Goethes Versuche zur Überwindung dieser Kluft illustrieren. Wir wollen die Ursachen für das Fehlschlagen seiner Versuche analysieren.

Romantik und englische Dichtkunst

Spricht man von Romantik, so ist damit zumeist das Ende des 18. und der Anfang des 19. Jahrhunderts gemeint. Damals kam es zu einem allgemeinen Aufruhr gegen die Vorherrschaft der mechanistischen Weltsicht und zu einer Revolte gegen die Naturgesetze. Anstelle der Gesetze von Physik, Musik und Literatur wurde die Rückkehr zum organischen Naturbild, zum beseelten Wesen, zum heroischen Klassizismus der Griechen und zum Nationalismus propagiert. Weltherrschaft und Weltbürgertum fanden keine Anerkennung mehr. Die Grausamkeit und die Verirrungen des anhebenden Maschinenzeitalters stießen auf zunehmende Ablehnung. So waren für William Blake die neuen Maschinen nichts anderes als „die finsteren Mühlen des Satans".

Ihren politischen Impuls bezog die Romantik aus dem Fieber der Französischen Revolution des Jahres 1789 und aus dem rationalen Liberalismus. Die französische Revolution zog ihre Wurzeln aus dem Konzept der natürlichen Freiheit und der Gleichheit aller Menschen. Die Aufklärung glaubte an die vollkommene Natur und deren Perversion durch unvollkommene menschliche Gesetze, die man während der Französischen Revolution harter Kritik unterzog und zu ändern versuchte. Auch unter Napoleon kam es nicht wirklich zu einer Abkehr vom Rationalismus. Die romantische Revolte erhielt ihren politischen Hintergrund erst durch die Entscheidung des Wiener Kongresses im Jahre 1815, zu den alten nationalen Strukturen – mit Zensur und strenger

Kontrolle — zurückzukehren. Dies war eine Umkehr zu der alten nicht-rationalen Ordnung. Auch die ökonomische Situation entwickelte sich zu dieser Zeit analog; die landwirtschaftlichen Umwälzungen hatten die Bauern vom Lande vertrieben und die Industrielle Revolution hatte eingesetzt. Zwischen 1811 und 1816 kam es in England zu den Ludditenaufständen, als die Weber alle Maschinen zerstören wollten, um ihre Arbeitsplätze zu erhalten. Anstatt die ökonomischen Probleme zu lösen, hatte der mechanistische Weg nur neue geschaffen.

Besonders deutlich offenbart sich die kulturelle Revolte in der Dichtkunst dieser Zeit. Um mit William Blake zu sprechen: „Kunst ist der Baum des Lebens, Wissenschaft ist der Baum des Todes"; für Blake war die Vernunft eine Schöpfung des Teufels. Er wurde im Jahre 1757 in London als Kind wohlhabender Eltern geboren und erhielt eine solide Ausbildung als Maler und Kupferstecher. Seiner Frau, die aus einfachen Verhältnissen stammte, brachte er Lesen und Schreiben bei. Blake war ein christlicher Non-Konformist und protestierte radikal gegen eine Gesellschaft, die aus seiner Sicht den Menschen die Erfüllung verwehrte.

Für Blake war die Natur ein unteilbares Ganzes, wie das in seinem bekannten Vierzeiler zum Ausdruck kommt:
„Um die Welt zu sehen in einem Körnchen Sand
und den Himmel in einem Blütenrund,
birg Unendlichkeit in deiner Hand
und Ewigkeit in einer Stund'"[9.4]

Seine Abneigung gegen naturwissenschaftliche Klärungen der Welt kommt in folgenden Zeilen zum Ausdruck:
„Ob die Atome Demokrits,
ob Newtons Lichtkorpuskelheer,
im Glanze Israels gesehen,
ist's Ufersand vom Roten Meer" [9.4]

Der Bezug auf Israel gibt einen Hinweis auf die Bibelgläubigkeit des Christen Blake. Ähnlich skeptisch steht William Wordsworth den Fortschritten der Wissenschaften gegenüber:
„Oh! Dort im Himmel wird ihr Tun belacht!
Spricht mit der alten Weisheit, geh und frag
die mächtige Natur, ob es in ihrem Sinn ...
daß wir die Dinge grüblerisch betrachten,
aus dem Zusammenhang gelöst entwerten,
nicht ruhen, bis alles tot ist, unbeseelt" [9.4]

Die Gefühle der Entfremdung, die den Menschen in einer industrialisierten und auf das Materielle ausgerichteten Gesellschaft befallen, analysiert Wordsworth mit fast seherischen Worten:
„Aus einer Vielzahl von bisher unbekannten Gründen stumpfen die scharfen Kräfte des Geistes ab, werden unbrauchbar für bewußte Gedanken

und fallen zurück in einen Zustand urwüchsiger Erstarrung. Die Ursache dafür liegt in den großen nationalen Ereignissen unserer Tage, in der Konzentration der Menschen auf die Städte, wo die Uniformität ihrer Lebensumstände immer neue Begierde nach außerordentlichen Ereignissen weckt und durch die Kommunikation der Nachrichten stündlich neu befriedigt. Dieser Entwicklung des Lebens und der Sitten haben sich auch die Literatur und das Theater in unserem Land angepaßt." [9.6]

Und auch Lord Byron, Sprecher und Mitstreiter der arbeitenden Bevölkerung gegen die industrielle Revolution, formuliert seine Ablehnung der exakten Wissenschaften und ihrer Auswirkungen:

„Die Wissenschaft ist nichts,
als des Nichtwissens Umtausch gegen das,
was eine neue Art Nichtwissen ist."

Und an einer anderen Stelle:

„Der Baum des Wissens ist nicht der des Lebens."

In all diesen Aussagen stellen die Romantiker das Individuum in den Mittelpunkt. So ist es auch kein Zufall, daß man damals den ländlichen Raum mehr zu schätzen begann als die schmutzigen Fabrikstädte. Um mit Cowper zu sprechen: „Städte haben die Natur verfärbt; mit einer Farbe, die als Fleck auf dem festlichen Gewand erscheint" und „Gott schuf das Land und der Mensch die Stadt". Ganz offensichtlich fühlten sich damals das Individuum und seine Seele durch Masse und Massenproduktion bedroht.

Deutsche Romantik

Deutschland war von der romantischen Bewegung vielleicht noch stärker ergriffen als England. Diese Entwicklung wurde durch Johann Gottfried Herder eingeleitet. Er war zuerst Theologe, dann Historiker. In seinen „Ideen zu einer Philosophie der Menschheitsgeschichte" (1774 bis 1775) stellt Herder die Geschichte als Realisierung des göttlichen Geistes dar. Seiner Meinung nach dominiert die Analogie zum Organischen in allen Ereignissen des iridischen Lebens. Für Herder ist die Geschichte eine Art Lebewesen. Erst in der Folge Herders entwickelten sich die historischen Wissenschaften zu einer eigenen Disziplin.

Auch die Werke der deutschen Komponisten spiegeln in dieser Zeit zahlreiche Aspekte der romantischen Bewegung wieder.

Es kam zu einer Revolte gegen die Gesetze der Musik, das Kunstlied entfernte sich von der Strophenform, Schubert schrieb seine zwei-sätzige Unvollendete. Die nationalistischen Ideen manifestierten sich in Mendelsohns Italienischer und Schottischer Symphonie ebenso wie in Beethovens Oper Fidelio und seiner Egmont-Ouverture. Schuberts Lied über den „Erlkönig" und Mendelsohns Ouverture zum Sommernachtstraum sind Produkte einer phantasiebetonten Weltsicht. Das Individuum steht im Mittelpunkt, wie sich dies auch im Auftreten von Solisten mit fast dämonischer Fertigkeit zeigt, etwa Paganini oder Liszt.

Spätere Abkömmlinge dieser Periode sind die Märchen der Brüder Grimm oder das romantische Interesse am Mittelalter. Die Musik Richard Wagners sollte zu einer Vertiefung dieses Umbruches führen.

Wir können diese romantischen Einflüsse bis in das heutige Jahrhundert verfolgen, wo sie in der Kluft zwischen den beiden Kulturen weiterleben. Auch die Zeitgeschichte konnte sich diesen Einflüssen nicht entziehen. Es ist kein Zufall, daß die nationale faschistische Bewegung der Zwanziger- und Dreißigerjahre von den Obertönen der Wagnerschen Musik und von mystischen Heldengestalten wie etwa Siegfried und Brunhilde begleitet war.

Goethe und die Romantik

Goethe liefert ein hervorragendes Beispiel für die Denkweise der Romantik und ihre Revolte gegen die Wissenschaft. Johann Wolfgang von Goethes Gedanken sind auch deshalb von besonderer Bedeutung für uns, weil sie nicht nur in der Literatur, sondern auch in vielen anderen Bereichen der deutschen Geisteswelt ihren Niederschlag gefunden haben. Darüber hinaus ist Goethe nicht nur als ein Vertreter der Romantik von Interesse, sondern auch wegen seines Versuches, beide Kulturen in einer Person zu vereinigen. Daß dieses Experiment fehlgeschlagen ist, hat wahrscheinlich die Kluft zwischen den beiden Kulturen noch vertieft.

Goethe wurde im Jahr 1749 in Frankfurt am Main geboren und hatte mit achtzehn Jahren bereits eine Anzahl von Werken verfaßt, die der „Rokoko"- oder „Aufklärungs"-Dichtung zugeschrieben werden müssen. In diesem Alter kam er dann mit der mittelalterlichen Literatur des Paracelsus und anderer magisch-mystischer Animisten in Berührung. Er machte die Bekanntschaft einiger Pietisten und trifft schließlich mit Herder zusammen. Im Jahr 1774 wird Goethe durch „Die Leiden des jungen Werther" schlagartig weltberühmt. Dieses stark autobiographische Werk erzählt die Geschichte eines jungen Mannes, der sehnsüchtig nach der Vereinigung mit der Natur strebt. Das Buch besteht aus Briefen in der Ich-Form und zeichnet eine extrem subjektive, irrationale Weltsicht. Dem Leser wird das Universum im Spiegel von Werthers Seele dargestellt. Es geht um eine fast erotische Beziehung zur organischen Natur und um den Protest einer jungen Seele gegen das Establishment. Der Kampf gegen jede Form der Einengung führt schließlich zum Tod des Helden, der an der nichtaufhebbaren Grenze von Subjekt und Objekt scheitert.

Der romantische Inhalt dieses Buches sprach eine sehr sensible Seite der europäischen Jugend an. Die Leiden des jungen Werther wurden zum meist gelesenen Werk des 18. Jahrhunderts. Innerhalb von zwanzig Jahren er-

Bild 9-1 Unterhaltung zwischen Faust und Mephisto. Nach einer Litographie von Eugen Delacroix

schienen zwanzig englische und zwanzig französische Übersetzungen. Der „Werther" war das erste europäische Buch, das ins Chinesische übertragen wurde. Die Folgen von Goethes romantischem Credo waren zum Teil verheerend. Über ganz Europa breitete sich die tödliche Krankheit des sogenannten „Werther-Fiebers" aus: Junge Menschen gingen mit blauer Hose und gelbem Hemd in die Wälder, um sich dort — gleich Werther — zu erschießen. Dies veranlaßte Goethe, seine Leser im Vorwort einer späteren Ausgabe aufzufordern, Werthers Vorbild nicht zu ernst zu nehmen: „Sei ein Mann und folge mir nicht".

In Goethes Denken und Werken finden wir einen sehr klaren Kontrast zwischen der aristotelisch-humanistischen Weltsicht und der Newtonschen Idee einer Weltmaschine. Die Sehnsucht des Werther nach der Vereinigung mit der Natur entspricht seinem Glauben an eine Macht, die über das Individuelle hinausgeht und im Widerspruch zu trockenen wissenschaftlichen Erkenntnissen steht. Dieses antimechanistische Gefühl durchflutet auch Goethes Faust. Wir finden im Faust subtile und manchmal sogar recht deutliche Aussagen über die seelentötende Wirkung der Wissenschaft:
„Grau, teurer Freund, ist alle Theorie,
Und grün des Lebens goldner Baum." [9.1]
Für Goethe sind die Wissenschaften eine kulturelle Wüste. Die Newtonschen Ansätze erscheinen ihm als mit dem menschlichen Naturbezug unvereinbar. Der ganze „Faust" läßt sich in gewisser Hinsicht als kulturelle Anti-These zur „modrigen" Wissenschaft interpretieren.

Goethe als Wissenschaftler

Immerhin hielt Goethe sich selbst für einen großen Universalisten. Und deshalb wollte er auch einen Beitrag zum Fortschritt der Wissenschaften leisten. Natürlich ging es ihm dabei vor allem um eine Verifizierung seiner organischen und ganzheitlichen Weltsicht. Und tatsächlich gelangen ihm — vor allem in seinen biologischen Studien — einige Erfolge. Er stieß intuitiv auf die Ähnlichkeit zwischen bestimmten menschlichen und tierischen Knochen und konnte die Existenz eines bis dahin unbekannten Knochens voraussagen (Os Intermaximare).

Als Goethe 1786 nach Italien reiste, war er — wie so viele vor ihm — von der Farbenpracht der zahlreichen Gemälde und der italienischen Landschaft beeindruckt: Diese Erlebnisse führten ihn zu seiner Theorie der Farben. Newton selbst hatte bereits eine Theorie der Farbe vorgeschlagen, von der Goethe selbstverständlich nicht befriedigt war. Newton hatte seine Theorie aus komplizierten Experimenten hergeleitet, um auf diese Weise die menschliche Subjektivität aus den Daten herauszufiltern. Folgt man Newtons Schlußfolgerungen, so enthält das weiße Licht alle anderen Farben in sich und kann durch ein Prisma in die einzelnen Farbkomponenten zerlegt werden. Diese Ansichten störten Goethe sehr. Er fühlte sich dem aristotelischen Denken in These und Anti-These verpflichtet. In diesem Fall also von Licht und Dunkel. Mit einer ganzen Palette von Farben konnte Goethe wenig anfangen. Außerdem sollte das Ich des Beobachters wieder ins Experiment Eingang finden. Beim Betrachten eines weißen Gegenstandes durch ein Prisma sah Goethe farbige Konturen nur an den Kanten: „Ich rief sofort aus, daß Newtons Theorie falsch ist" schrieb er. Nach Goethes Interpretation erzeugt das Auge aus den verschiedenen Mischungen des Gegensatzes von Licht und Dunkel die Vielfalt der Farben. Damit wird der Mensch wieder in den Mittelpunkt des Beobachtungsvorganges gerückt. Für Goethe gibt der Mensch selbst, wenn er nur seinen Verstand verwendet, „den besten und exaktesten physikalischen Apparat" ab. Das Problem der Newtonschen Physik bestehe darin, daß sie die Natur nur „durch einen künstlichen Apparat eingeschränkt" beobachtet.

Goethe verwendete viel Zeit auf seine optischen Studien. Als Ergebnis erschien sein Buch „Die Theorie der Farben", über das er — reich an literarischen Erfolgen — am Ende seines Lebens stolz sagte:

„Auf alles, was ich als Poet geleistet habe, bilde ich mir gar nichts ein. Es haben treffliche Dichter mit mir gelebt, es lebten noch trefflichere vor mir, und es werden ihrer nach mir sein. Daß ich aber in meinem Jahrhundert in der schwierigen Wissenschaft der Farbenlehre der einzige bin, der das Rechte weiß, darauf tue ich mir etwas zugute, und ich habe daher ein Bewußtsein der Superiorität über viele." (Johann Peter Eckermann, Gespräche mit Goethe, 19. Februar 1829) [9.7]

Das erinnert an Newtons Selbsteinschätzung: „Meine Bewegungsgesetze sind nichts; aber meine Chronologie der Bibel wird mich unsterblich machen."

Goethes Theorie der Farben wurde natürlich in ihrem wissenschaftlichen Gehalt von den Physikern verworfen. Goethes Angst, daß durch die Mathematik der menschlichen Beobachtung ihre Unmittelbarkeit und Schönheit verloren gehen könnte, ist eine Neuauflage der aristotelischen Angriffe gegen die Pythagoräer. Er sagt: „Zahl und Maß in ihrer Nacktheit heben die Form auf und verbannen den Geist der lebendigen Beschauung".

Und an anderer Stelle: „Es wäre doch töricht, wenn jemand nicht an die Liebe seines Mädchens glauben wollte, weil sie ihm solche nicht mathematisch beweisen kann! Ihre Mitgift kann sie ihm mathematisch beweisen, aber nicht ihre Liebe".

Goethes Attacken gegen das wissenschaftliche System Newtons erwiesen sich als wenig erfolgreich und konnten den Fluß der Wissenschaften nicht entscheidend behindern. Spätere Generationen von Physikern mühten sich um Toleranz und suchten in Goethes Kampf gegen die Kälte der fühllosen Mechanik nach positiven Aspekten. So fordert uns der Physik-Nobelpreisträger Max Born auf, „von ihnen (Goethe und seinen Nachfolgern) zu lernen, und nicht hinter der Faszination des Details das Ganze aus dem Auge zu verlieren. Goethe ist selbst dort, wo er völlig irrt, zu bedeutend, um vergessen zu werden."

Zusammenfassung

Goethe scheitert an seinem Versuch, beide Kulturen zu vereinigen. Zu deutlich stellt er sich auf die Seite der romantischen Revolte gegen mechanistische Philosophie, Wissenschaft und Maschinen. Sein Versuch, die organische Weltsicht des Aristoteles wieder in die exakte Naturwissenschaft einzuführen, würde von den meisten Physikern als unsinniges Geschwätz abgetan — wären es nicht Aussagen, die wesentliche Teile eines großen Dichtererlebens erfüllt haben.

Am Beispiel der Romantiker im allgemeinen und an Goethe im besonderen erkennen wir die große Kluft, die sich durch unsere Gesellschaft zieht. C. P. Snow hat nur den heute sichtbaren Teil dieser Kluft beschrieben. Hinter dem modernen Konflikt zwischen Humanbereich und Technologie verbirgt sich der alte Kampf, in dem einander organische und mechanistische Weltsicht gegenüberstehen. Diese Kluft läßt sich wahrscheinlich viel schwerer überbrücken, als der relativ simple Gegensatz zwischen den Humanisten und den Technikern.

Fragen

1. Die Romantik hat zweifellos bedeutende Werke der Musik und der Literatur hervorgebracht. Brauchen wir den Konflikt zwischen den Kulturen zur Anregung unserer Kreativität?
2. Ist die Magie, wie sie etwa im Faust dargestellt wird, antiwissenschaftlich oder nur unwissenschaftlich?
3. Die organische Auffassung von der Natur hat immer wieder zu neuen Entdeckungen geführt. Stellt diese Auffassung dann nicht einen sehr vernünftigen Zugang zur Wirklichkeit dar?
4. In welchem Sinne ist Mary Shelleys Frankenstein eine literarische Ausgeburt der Romantik?

Literatur zu Kapitel 9

[9.1] *J. W. Goethe*, Faust, Reclam, Stuttgart.
[9.2] *C. Marlowe*, Die tragische Geschichte von Doktor Faust, Reclam, Stuttgart.
[9.3] *J. W. Goethe*, Die Leiden des jungen Werther, Reclam, Stuttgart.
[9.4] *V. Cronin*, Säulen des Himmels, Claassen, Düsseldorf 1981.
[9.5] *J. H. Randall*, The Making of the Modern Mind, Houghton Mifflin, Boston 1940.
[9.6] *D. Bush*, Science and English Poetry, Oxford Univ. Press, New York 1950.
[9.7] *J. P. Eckermann*, Gespräche mit Goethe in den letzten Jahren seines Lebens, Artemis, Zürich 1976.

10 Wissenschaft und Industrielle Revolution

Wenn man sagt, das wirtschaftliche Leben der Gesellschaft im allgemeinen und die Entwicklung der Fabriken im besonderen seien bis zum Anfang des vorigen Jahrhunderts von der Wissenschaft unbeeinflußt geblieben, so wäre dies kaum eine Übertreibung. (A. R. Hall)

Vor einem Jahrhundert kam auf 500 Personen nur eine Person mit Strümpfen; heute kommt auf 100 Personen nur eine ohne Strümpfe.
(C. Knight, The Results of Machinery, 1831)

Auf die Frage des Premierministers Gladstone nach dem Nutzen der Elektrizität antwortet der Physiker Faraday: Eines Tages wird man dafür Steuern einheben können.

Wir werden den Zusammenhang zwischen Wissenschaft und industrieller Revolution untersuchen. Die Dampfmaschine wird uns ein Beispiel dafür liefern, wie die industrielle Entwicklung dem wissenschaftlichen Verständnis voraneilen kann. Die elektrische Industrie zeigt, daß häufig aber auch die wissenschaftliche Erkenntnis den industriellen Anwendungen voranging.

Einleitung

Wie wir gesehen haben, hat der Newtonsche Ansatz ein ganzes Zeitalter zu einer mechanistischen Weltsicht angeregt und zu einer romantischen Gegenbewegung Anlaß gegeben. Allerdings waren nur die gebildeten Menschen an dieser Kontroverse beteiligt, denn die Ergebnisse der Wissenschaft waren nur für den hochkultivierten Bereich der Gesellschaft erkennbar. Erst die industrielle Revolution brachte den „Mann von der Straße" mit Wissenschaft und Technik in Berührung. Die kommunistische Ideologie von Marx und Engels war zum Teil eine Reaktion auf die negativen Auswirkungen, die dieser Umbruch für die einfachen Menschen mit sich brachte. In den Entwicklungsländern wiederholt sich heute diese industrielle Revolution täglich. So gesehen ist der „Industrialismus" einer der wichtigsten Aspekte in der Wechselwirkung zwischen Wissenschaft und Gesellschaft.

Daher werden wir in diesem Kapitel Ursprung und Natur des technischen Fortschrittes im Rückblick untersuchen, besonders was Großbritannien betrifft. Am Beispiel der Dampfmaschine und der elektrischen Industrie wollen wir nachweisen, daß der Zusammenhang zwischen Wissenschaft und Technik auch im 19. Jahrhundert lange Zeit hindurch nicht sehr eng war.

Die industrielle Revolution

Ehe wir das Zusammenspiel von Wissenschaft und industrieller Revolution analysieren, müssen wir ein Bild dieser sogenannten Revolution entwerfen. Das Wort „sogenannt" soll darauf hinweisen, daß keine uneingeschränkte Übereinstimmung darüber besteht, ob hier überhaupt von einer „Revolution" gesprochen werden kann, oder ob es sich dabei nicht um eine langsame und stetige Entwicklung der englischen Wirtschaft gehandelt hat. Es gibt auch kein Einvernehmen darüber, ob die Auswirkungen dieser Revolution auf die englische Gesellschaft gut oder verheerend waren. So ist es auch nicht einfach, die wissenschaftlichen Vorläufer dieser Revolution exakt zu benennen.

Folgt man der Mehrzahl der Historiker, so vollzog sich die industrielle Revolution in Großbritannien zwischen 1750 und 1850. Damals reduzierte sich die Verdopplungsperiode der Bevölkerung von 234 Jahren auf 50 Jahre, also von einer sehr geringen Reproduktionsrate auf den heutigen Wert. Während dieses Zeitraumes entwickelte sich die Landwirtschaft von sehr vielen kleinen Betrieben zu einer geringeren Anzahl von größeren Betrieben hin. Als Ergebnis dieser Entwicklung und auch in der Folge der Bevölkerungsexplosion verloren viele Menschen ihre naturnahen Lebensräume und wurden zur billigen Quelle, aus der die in der Industrie benötigten Arbeitskräfte geschöpft wurden. Gleichzeitig machten sich die Auswirkungen der napoleonischen Kriege bemerkbar, die bis 1815 andauerten. Kinderarbeit, Ausbreitung der Städte, technische Massenproduktion und Maschinensturm bestimmten das Bild dieser Zeit.

Die Lunatiker

Zunächst sollte man fragen, wie weit die Wissenschaft überhaupt mit den Anfängen dieser revolutionären Entwicklung verknüpft ist. Das erste Zitat am Anfang dieses Kapitels soll ja unterstreichen, daß die Wissenschaft der Aufklärungszeit wenig mit anwendungsorientierter Technik zu tun hatte.

Es gab allerdings in den 70er Jahren des 18. Jahrhunderts englische Hobby-Wissenschaftler, die für die industrielle Revolution erste Anstöße gaben, unter ihnen eine sehr bemerkenswerte Gruppe mit dem Namen „Lunar Society of Birmingham" (und dem Spottnamen „Lunatiker"). Diese Gruppe traf sich einmal monatlich bei Vollmond zu weit ausholenden Diskussionen über fast alle Gebiete, wie Medizin, Poesie, Töpferkunst, Philosophie, Messerklingen, Natur und menschliche Erkenntnis. In dieser Gruppe versammelten sich so unterschiedliche Individualisten wie Josiah Wedgwood – der König der Töpfer, Joseph Priestley – der Entdecker des Sauerstoffs und Freund von Benjamin Franklin, Matthew Boulton – ein Ornamentenmacher, William Small – er brachte Thomas Jefferson die Newtonsche Philosophie nahe, James Watt – der Erfinder der Dampfmaschine, Erasmus Darwin – der Großvater von Charles Darwin (er beschäftigte sich mit der Evolution der Schöpfung), und Wilkinson – der Kanonenkonstrukteur.

Der Gedankenaustausch in dieser Gruppe trug wesentlich zur Entwicklung von Watts Dampfmaschine bei. Wilkinson zum Beispiel stellte die Gefäße für diese Maschine her. Ein anderes Mitglied der Gesellschaft, Witherin entdeckte die Heilkraft von Digitalis. Andere Lunatiker entwickelten Schwefelsäure und das Chlorbleichen. Die Zusammenarbeit dieser Männer führte zur Entwicklung des berühmten Wedgwood Porzellans, dessen Blau durch die Beifügung von Bariumkarbonat und Sulfat beim Überziehen des Materials zustande kommt. Als die Gesellschaft jedoch die französische Revolution unterstützte, kam es zu Verfolgungen, und gegen Endes des Jahrhunderts verschwanden die Lunatiker von der Bildfläche. Zu diesen Zeitpunkt hatte die wissenschaftliche Spezialisierung bereits weitgehend eingesetzt.

Dampfmaschine und Thermodynamik

Bei einer Untersuchung der Wechselwirkung zwischen Wissenschaft und industrieller Revolution kommt man zwangsläufig zu zwei besonders prominenten Beispielen. Hier wollen wir uns zunächst mit der Entwicklung der Dampfmaschine beschäftigen und sie mit den zugehörigen thermodynamischen Erkenntnissen in Verbindung bringen. Die industriellen Aspekte des Einsatzes der Dampfmaschine liegen klar. Sie wurde entwickelt, um Kraft für Wasserpumpen, Eisenbahnen und große Maschinen zur Verfügung zu stellen. Dabei ging es um die Umwandlung von Dampfhitze in Arbeit, also mehr um eine technologische als um eine wissenschaftliche Frage. Die Prototypen wurden von Hobby-Technikern wie Watt konstruiert, der ein leidenschaftlicher Bastler war. Zunächst aber stellten sich die Probleme der technischen Brauchbarkeit und des wirtschaftlichen Nutzens. Man beschäftigte sich mehr mit der Arbeitsersparnis als mit dem exakten Energiegehalt des Dampfes und dem theoretisch möglichen Wirkungsgrad (also den wissenschaftlichen Aspekten). So definierte Watt die Pferdestärke, um die Lizenzzahlungen festzulegen. Die Fragestellung war, wieviel Pferde seine Maschinen ersetzen konnte, wenn es darum ging, aus den Bergwerken von Cornwall Wasser abzupumpen. So gesehen ist die Pferdestärke im Grunde genommen eine „ökonomische" Leistungseinheit.

Nach der dampfgetriebenen Pumpanlage kam als nächste Entwicklung die dampfgetriebene Eisenbahn, mit deren Hilfe Kohle von den Bergwerken zu den Schiffen gebracht werden konnte. Zwischen 1780 und 1880 stieg die englische Kohlenproduktion um einen Faktor 15. (Im gleichen Zeitraum entwickelte sich die Nachfrage nach Eisen auf das 115fache.) Damit gab es einen riesigen Markt für Kraftmaschinen. Der Personentransport mit Eisenbahnen entwickelte sich beträchtlich später. Auch hier wurde der Fortschritt von „Autodidakten" vorangetrieben, deren Interesse weniger dem theoretisch möglichen Wirkungsgrad, als der Konstruktion von Großmaschinen gewidmet war.

Vom wissenschaftlichen Standpunkt aus stellte sich vor allem die Frage der Energieerhaltung. Um die Theorie der Dampfmaschinen und des Wärmeflusses zu verstehen, mußte zunächst das Verhältnis von Wärme und Arbeit besser verstanden werden. Das Bindeglied wurde durch eine Umrechnungszahl gegeben: Mit Hilfe einer Kalorie kann zumindest theoretisch ein Kilogramm um 40 Zentimeter angehoben werden. Diese Idee war bis 1841 noch umstritten. Sie wurde von einer Gruppe sehr verschiedener Personen entwickelt. Darunter war z. B. J. R. Mayer, ein deutscher Arzt, der sich mit der Energieumwandlung in Tieren beschäftigte, ferner Hermann von Helmholtz, ein deutscher Physiker, der über die Physiologie des Hörens und Sehens arbeitete, und James P. Joule, der reiche Sohn eines englischen Brauers, dem es vor allem um den Einsatz von Maschinen in der Fabrikation ging. (Der Prioritätsstreit um diese Entdeckung ist ebenso faszinierend wie amüsant und wurde mit einer Publikation eröffnet, die einer der Physiker in einem wissenschaftlichen Journal veröffentlichte.)

Die thermodynamische Theorie blieb aus verschiedenen Gründen weit hinter der technischen Entwicklung zurück. Zunächst wurden die Wissenschaftler von der vorwiegend wirtschaftlichen Fragestellung abgeschreckt. Dieser Widerwille gegen alle Nützlichkeitsüberlegungen hielt sich durch das ganze 19. Jahrhundert. Um mit Prof. Rowland von der Johns Hopkins University zu sprechen (1879):

„Wer es zustande bringt, daß dort zwei Grashalme wachsen, wo früher einer wuchs, ist ein Wohltäter der Menschheit; wer aber im stillen Kämmerlein die Gesetze solchen Wachstums untersucht, der ist zweifellos intellektuell überlegen und der größere Wohltäter von den beiden." [10.6, S. 8]

Der Physiker James C. Maxwell macht eine ähnliche Bemerkung über den Erfinder des Telefons, Alexander G. Bell:

„Ein Redner, der aus privatem Interesse Elektriker wurde." [10.6, S. 8]

Eine zweite Schwierigkeit mit dem Energiekonzept ergab sich aus der Ungenauigkeit, mit der die Messung der meisten Energieumwandlungsprozesse verbunden war. Die damals noch weitgehend unausgereifte Wärmetechnologie ließ keine präzisen Messungen und daher auch keine theoretischen Vorhersagen zu. Und auch das Konzept der Energieerhaltung war in seiner Anwendung nicht so einfach. Die Energie als alles durchdringende Flüssigkeit hat etwas organisch-aristotelisches an sich. Das erste Gesetz der Thermodynamik, demzufolge Energie weder erzeugt noch zerstört werden kann, läßt sich in der Formulierung „Man kann nichts gewinnen" zusammenfassen. Dieses Gesetz widerspricht allen Vorschlägen für ein Perpetuum Mobile, so daß Patentämter derartige Konstruktionen gar keiner Begutachtung mehr unterziehen. Das zweite Gesetz der Thermodynamik (siehe Kap. 11) geht noch weiter und sagt uns: „Die Wärme gewinnt immer." Tatsächlich treten nämlich bei allen Energieumwandlungsprozessen stets nicht wieder gewinnbare Verluste an Nutzenergie auf. Übersetzt man diese Konzepte in die Sprache von Gewinnen und Verlusten, so kommt man tatsächlich einem organischen Gefühl für eine kämpfende Natur nahe.

Elektromagnetische Theorie und elektrische Industrie

Die zweite große Phase der Wechselwirkung zwischen Physik und Industrie vollzog sich in einem späteren Stadium der industriellen Revolution, als die wissenschaftlichen Kenntnisse über Elektrizität und Magnetismus die industrielle Verwertung von elektrischer Nachrichtenübertragung und elektrischer Energie zu stimulieren begann. Hier war die Situation völlig diametral zu jener bei der Entwicklung der Dampfmaschine. Hier gab die Wissenschaft der industriellen Welt Impulse.

Für die technischen Entwicklungen benötigte man die Kenntnis folgender Phänomene:
1. Elektrische Ladungen und ihre Bewegung in der Materie. Dieses Gebiet war bald nach der Entdeckung der Batterien im Jahre 1800 aufgearbeitet.
2. Die Wechselwirkung zwischen bewegten Ladungen und magnetischen Feldern, die man etwa ab 1832 zu verstehen begann und
3. eine konsistente Theorie der Natur elektromagnetischer Strahlung und insbesondere des Lichtes, die durch die Maxwellschen Gleichungen im Jahre 1864 gegeben wurde.

Die Zeittafel für die Anwendungen dieses Wissens überdeckt einen Zeitraum von mehr als 30 Jahren. Morse entwickelte seinen batteriegetriebenen Telegraphen erst nach 1832, also 32 Jahre nachdem Batterien entwickelt wurden. Die stromerzeugende Industrie entstand nicht vor 1860, also 28 Jahre nach der vollständigen Darstellung jener Gesetze, denen Ströme in Motoren und Generatoren unterliegen. Die industriellen Anwendungen begannen mit dem Galvanisieren und der Erzeugung von Bogenlampen (1860) sowie Straßenlampen (nach 1870). Ehe sich aber die elektrische Industrie wirklich ausbreiten konnte, mußten vollständig neue Anwendungen für den Hausgebrauch entwickelt werden, wie die Glühlampe, deren Erzeugung allerdings entsprechend hochwertige Vakuumpumpen erforderte, die auch für viele wissenschaftliche Instrumente nötig waren. Man denke etwa an die Spektralröhren, die später zur Entdeckung der Röntgenstrahlen beitrugen. Immerhin bedurfte es eines Mannes mit der Überzeugungskraft von Thomas Edison, um die Investoren aufzutreiben, mit deren Geldern Kraftwerke gebaut, Drähte für eine New Yorker Quadratmeile ausgelegt und die Bürger von der Nützlichkeit der Elektrizität überzeugt werden konnten. Die Entwicklungsarbeit im Zusammenhang mit dieser Energieerzeugung und dem zugehörigen Energievertrieb war relativ klein. Von 1831 bis 1881 wurden nach Schätzungen nur rund 5000 Mann-Jahre investiert, jedes Jahr arbeiteten also weniger als 100 Leute an einschlägigen Projekten. Die wissenschaftliche Entwicklung war sozusagen abgeschlossen, und es ging vor allem um die Erschließung eines Marktes.

Den letzten Schritt lieferte die Anwendung der Maxwellschen Gleichungen. Heinrich Hertz entdeckte im Jahre 1887 die theoretisch postulierte elektromagnetische Strahlung, heute Radiowelle genannt. Diese Entdeckung führte unmittelbar zum Radio des Guglielmo Marconi und damit in Richtung unserer modernen Kommunikationsindustrie.

Schlußfolgerungen

Sicher hängt die industrielle Revolution sehr stark mit technischen Entwicklungen zusammen. Die Technik war aber zunächst von der zeitgenössischen Wissenschaft relativ unabhängig. Die Bedürfnisse der Industrie richteten sich vor allem auf eine Erweiterung der Produktion, auf den Einsatz von mehr Maschinen und höherer Automatisierung. Es ging eher um eine Verbesserung der Produkte als um ein tieferes Verständnis ihrer wissenschaftlichen Basis. Die wirtschaftlichen Aktivitäten entwickelten sich in dieser Zeit derart intensiv, daß neue Produkte eigentlich gar nicht gefragt war. Die Parole hieß: „Mehr vom Gleichen zu geringeren Kosten".

Dieser unterentwickelte Zusammenhang zwischen Wissenschaft und Technik läßt sich an den beiden zitierten zeitgenössischen Beispielen nachweisen. Die Dampfmaschine erreichte ein sehr hohes Entwicklungsniveau, ehe ihre wissenschaftliche Grundlegung seriös analysiert wurde. Was die elektrische Industrie betrifft, so geschah genau das Gegenteil. Die wissenschaftlichen Erkenntnisse über Elektrizität und Magnetismus waren rund 30 Jahre älter als die einschlägigen Anwendungen. Natürlich gab es Zusammenhänge; die Elektrotechnik stellte Arbeitsplätze zur Verfügung und half Präzisionsinstrumente für weitere wissenschaftliche Untersuchungen bereitzustellen. Trotz allem gab dies aber nur begrenzte Berührungsflächen zwischen Wissenschaft und Technik. In dieser Zeit entwickelte sich die Wissenschaft allerdings von einer eleganten Facette des Gesellschaftslebens, die Virtuosen wie den Lunatikern vorbehalten war, zu einem wesentlichen Faktor in der täglichen Produktion von Gütern und Dienstleistungen. Das Zeitalter der Erfinder ging über die Ära der Forscher von Edisons Menlo Park; auch die Universitäten orientierten sich sehr stark an der Forschung. Damals gelangten die Wissenschaften durch ihre technischen Auswirkungen erstmals in das allgemeine Bewußtsein. Die Frage des „Newton oder Aristoteles" wurde nun nicht mehr bloß von einer kleinen Elite der Bevölkerung diskutiert; die „kulturelle Lücke" beschäftigte bald jedermann, da einige der neuen technischen Phänomene das praktische Leben sehr stark beeinflußten. Auch im amerikanischen Bürgerkrieg schwang die Auseinandersetzung zwischen der landwirtschaftlichen Kultur (dem Süden) und der industriellen Gesellschaft (dem Norden) mit. Vor allem wurde der Verlust an Lebensstil in den gleichen ökonomischen Dimensionen gemessen, wie der industrielle Fortschritt. Erst in jüngster Zeit wurden die anderen Faktoren der Lebensqualität wirklich allgemein beachtet.

Fragen

1. Kann man die industrielle Revolution in unterentwickelte Länder exportieren?
2. Die erste Anwendung fanden Dampfmaschinen beim Betrieb von Springbrunnen in Gärten. Was ist dazu zu sagen?
3. Es wird gelegentlich die Auffassung vertreten, daß die Entdeckung der Baumwolle zur Baumwollproduktion und damit zur Sklaverei geführt habe. Sind Wissenschaft und Technik damit am amerikanischen Bürgerkrieg schuldig?
4. Die industrielle Revolution brachte auch Kinderarbeit mit sich. Bedeutet dies einen Verlust an Lebensqualität?

Literatur zu Kapitel 10

[10.1] *R. Braun*, Wirtschaftliche Aspekte der Industriellen Revolution, Kiepenhauer u. Witsch, Köln 1972.
[10.2] *A. E. Musson* (Hrsg.), Wissenschaft, Technik und Wirtschaftswachstum, Suhrkamp, Frankfurt a. M. 1977.
[10.3] *J. Gimpel*, Die industrielle Revolution des Mittelalters, Artemis, Zürich 1980.
[10.4] *O. Ullrich*, Technik und Herrschaft, Suhrkamp. Frankfurt a. M. 1977.
[10.5] *W. O. Henderson*, Die industrielle Revolution, Molden, Wien 1971.
[10.6] *J. B. Conant*, Modern Science and Modern Man, Columbia University Press, New York 1952.

11 Maxwellscher Dämon, Wärmetod und Evolution

Gelegentlich ließ ich mich herausfordern und habe in Gesellschaft gefragt, wer den zweiten Hauptsatz der Thermodynamik kennt. Die Reaktionen waren kühl und negativ. Dabei ist diese Frage doch sozusagen ein wissenschaftliches Äquivalent zu der Frage „Kennen Sie ein Werk von Shakespeare?"

(C. P. Snow in The Two Cultures)

Es gibt kein wissenschaftliches Äquivalent zu dieser Frage; ein Vergleich zwischen so verschiedenen Dingen ist sinnlos.

(R. R. Leavis in: Two Cultures? The Sigificance of C. P. Snow)

In diesem Kapitel werden wir jene Einflüsse untersuchen, die von den Konzepten der Thermodynamik auf die Geologie, die Theorie der Evolution, die Religion und die Philosophie ausgingen.

Einleitung

Im Jahr 1925 fand in Dayton, Tennessee, die wahrscheinlich seltsamste Gerichtsverhandlung in der amerikanischen Geschichte statt. Es ging dabei nicht nur um zwei der bemerkenswertesten Personen des damaligen öffentlichen Lebens, nämlich um William Jennings Bryan und Clarance Darrow, sondern auch um eine fast unglaubliche Fragestellung: Ob nämlich der Biologie-Unterricht in Einklang mit der Bibel gebracht werden muß. Bis zu diesem Prozeß gab es strenge Gesetze, die in einigen Staaten die Verbreitung evolutionärer Ideen untersagten; ja es gab sogar Vorschläge, eine anti-evolutionäre Bestimmung in die Verfassung aufzunehmen. Das Gerichtsverfahren endete damit, daß John T. Scopes, ein Biologie-Lehrer, veranlaßt wurde, in seinen Klassen die Theorie der Evolution zu unterrichten, während entgegen den Wünschen der Fundamentalisten die Bibel als „Richtlinie" für den Unterricht ausschied.

In gewissem Sinne war dieses Gerichtsverfahren der Höhepunkt einer Reaktion gegen die Theorie der Evolution, die zweifellos eine der wichtigsten Errungenschaften des 19. Jahrhunderts darstellt. Auch die Physik war in diese anti-evolutionäre Bewegung verwickelt; einige Zeit hindurch lieferte die Physik Indizien gegen die Theorie der Evolution. Im Kapitel 10 haben wir den Zusammenhang zwischen der Technik der Dampfmaschine und den wissenschaftlichen Grundlagen der Thermodynamik untersucht. Und es ist gerade der zweite Hauptsatz der Thermodynamik, der nicht nur eine bedeutende Rolle im Zusammenhang mit der Evolution spielt, sondern auch das gesamte intellektuelle Klima des 19. Jahrhunderts beeinflußte. In diesem Kapitel wollen wir nachweisen, mit welcher Berechtigung Snow eine Parallele zwischen der Bedeutung dieses Gesetzes und den Werken Shakespeares zieht.

Die Entwicklung des 19. Jahrhunderts auf dem Gebiet der Kunst und der Physik

Zunächst wollen wir die Wechselwirkung zwischen der Physik und dem allgemeinen intellektuellen Klima des 19. Jahrhunderts untersuchen. In Wellenbewegungen wechselten damals die beiden Kulturen einander hinsichtlich ihres vorherrschenden Einflusses ab. Obwohl direkte Kontakte zwischen den Kulturen nur schwer nachweisbar sind, zeigen sich doch gewisse Parallelen in ihren Entwicklungen. Im 19. Jahrhundert gab es in den Künsten und der Philosophie drei dominierende Bewegungen. Mit jeder verlief eine bestimmte wissenschaftliche Entwicklung parallel. Zunächst war es die romantische Periode bis 1835, dann der Realismus (oder die Aufklärung, die (von der Romantik gemäßigt wurde) bis 1870 und schließlich die Neoromantik bis zur Jahrhundertwende.

Wie bereits in Kapitel 9 ausgeführt, brachte die romantische Bewegung Dichter wie Goethe, Coleridge, Wordsworth, Blake, Shelley, Byron, Keats und Tennyson hervor, Maler wie die Prä-Raphaeliten und Delacroix, Komponisten wie Spohr, Weber, Mendelsohn-Bartholdy, Schumann und Berlioz, nicht zu reden vom Wiedererstehen der Gotik in der Baukunst. Die wissenschaftliche Parallele zur Romantik war die Naturphilosophie und ihr Glaube an einen natürlichen „Lebensgeist" (Vitalismus): Hinter jedem natürlichen Ding sollte ein einheitliches Konzept stehen, ein Grundprinzip, wie etwa jenes des Gegensatzes. In der Medizin führten damals manche Ärzte alle Krankheiten auf einen einzigen Grund zurück. Eine der Gegenreaktionen auf die französische Revolution war der Mangel an Interesse für soziale Planung, öffentliche Gesundheit und Wohlfahrt. Dieser Mangel bestimmte die romantische Periode und war sicher für das Ansteigen der Todesrate in England nach 1810 mitverantwortlich. Wie die Cholera-Epidemie des Jahres 1832 — ihr fiel Hegel, einer der Exponenten der Romanik zum Opfer — bewies, war die Medizin damals von einer gewissen Hilflosigkeit gekennzeichnet. Dies mag auch das Ende der Romantik beschleunigt haben. Interessanterweise findet die Theorie des Vitalismus im Prinzip der Energieerhaltung (erster Hauptsatz der Thermodynamik) eine gewisse Parallele. Dies ist schon deshalb erstaunlich, weil der erste Hauptsatz — abgesehen von seiner exakten mathematischen Formulierung — überwiegend mechanistisch interpretiert wurde. Natürlich waren alle „romantischen" Überlegungen über diese Dinge eher nebulos und qualitativ. Und wie wir im vorhergehenden Kapitel ausgeführt haben, könnte gerade diese „romantische" Interpretation manchen der zeitgenössischen Physiker so abgeschreckt haben, daß er zunächst nicht bereit war, den I. Hauptsatz zu akzeptieren.

Die intellektuelle Gegenbewegung des Realismus oder Naturalismus kann an jenen Dichtern beispielhaft dargestellt werden, die das Leben in allen seinen tristen Details beschrieben: Flaubert, Balzac, Zola, Dostojevsky, Tolstoi, Hardy, Dickens usw. Es gab „realistische" Maler wie Goya, Daumier und Courbet, es gab eine funktionale Architektur und es gab realistische Opern wie Mascagnis Cavalleria Rusticana und Leoncavallos Bajazzo. Unter den Philosophen des Realismus finden wir Comté, H. Spencer, J. S. Mill und Feuerbach. Auch religiöse Tendenzen wie jene der Unitarier und der Agnostiker fanden damals Raum zur Entwicklung. Während der Periode des Realismus kam es in den Bereichen der sozialen und biologischen Wissenschaften zu bedeutenden Entwicklungen, nachdem die animistischen Fesseln der Romantik fielen. Es entstand die Evolutionstheorie von Wallace und Darwin, die materialistische Geschichtstheorie von Marx und Engels, die Theorie der Bevölkerungsstatistik von Galton, die biologische Zelltheorie von Brown, Schwann und Schleiden und die medizinische Keimtheorie von Koch und Pasteur. Auch die Dampfmaschine war damals soweit entwickelt, daß theoretische Analysen möglich wurden und das gesamte Feld der Thermodynamik aufgearbeitet werden konnte. Der zweite Hauptsatz der Thermodynamik lieferte quantitative Aussagen über die Richtung des Energieflusses. Erstaunlicherweise führte dieses eher mechanistische Gesetz zu der scheinbar anti-mechanistischen Schlußfolgerung, das Universum sei kein regelmäßig und periodisch laufendes Uhrwerk, sondern auf ein ganz bestimmtes Ende hin geordnet.

Dieses „Auslaufen" des Universums integrierte sich gut in das eher pessimistische intellektuelle Klima der neu-romantischen Bewegung. Ein thermodynamischer Aspekt trug ganz wesentlich zur Entstehung dieser neuen Periode bei. In der kinetischen Gastheorie werden alle Wärmephänomene als mechanische Bewegung von Gas- oder Festkörperatomen interpretiert. Diese Mechanisierung des Weltbildes gab der neu-romantischen Reaktion einen ersten Impuls. T. H. Huxley formulierte dies in seinen Bemerkungen über den Materialismus so (1868):

„Das Wissen um diese große Wahrheit ist wie ein Alptraum für die größten Geister dieser Zeit. Sie beobachten den Fortschritt des Materialismus mit einer ähnlichen Furcht und machtlosen Wut, wie sie ein Wilder empfindet, wenn während einer Sonnenfinsternis der große Schatten sich über das Antlitz der Sonne legt. Die steigende Flut der Materie droht ihre Seelen zu überfluten. Der fesselnde Zugriff des Gesetzes behindert ihre Freiheit. Sie waren in Sorge, daß die moralische Natur des Menschen durch seinen Wissenszuwachs zerstört werden könnte." (Collected Essays) [11.7]

Eine der charakteristischen Ideen der Neoromantik war das Postulat einer vom Mechanismus der Physik unabhängigen Soziologie und Psychologie. Der Konservativismus entwickelte sich, der Nationalismus führte zum Imperialismus, dem „göttlichen Recht auf Ausbreitung" und einem „offenkundigen Schicksal". Mit der christlichen Wissenschaft, dem Yoga-Kult und der Theosophie entwickelten sich auch Mystizismus und Spiritualismus. Die musikalischen Facetten des Pessimismus finden wir in den Werken von Mahler und Bruckner.

Thermodynamik

Für unsere Überlegungen zur Thermodynamik werden die beiden Hauptsätze und die kinetische Gastheorie von besonderer Bedeutung sein. Der erste Hauptsatz betrifft die Energieerhaltung und wurde bereits im vorigen Kapitel besprochen. Der zweite Hauptsatz ergab sich bei Untersuchungen über den theoretischen Wirkungsgrad von Dampfmaschinen. Er wurde von Sadi Carnot und Rudolf Clausius entdeckt, und etwa um 1852 durch den späteren Lord Kelvin publiziert. In seiner endgültigen Form sagt dieser Satz, daß in einem abgeschlossenen System die Entropie stets zunimmt. Die Entropie ist ein quantitatives Maß für die „Unordnung" in einem System, bzw. ein Maß für jene Energie, die nicht mehr in Arbeit umgesetzt werden kann (wie etwa die Wärme in den Weltmeeren); in der Informationstheorie wiederum hängt die Entropie mit dem „Rauschen" oder Informationsdefizit zusammen. Nehmen wir etwa ein System aus zwei Körpern, einem sehr kalten und einem sehr warmen, dann ist dieses System relativ geordnet und seine Entropie sehr klein. Werden diese beiden Körper nun in Berührung gebracht, so nehmen sie die gleiche Endtemperatur an. Das System hat dann die maximal mögliche Unordnung (oder die geringste Ordnung) erreicht und befindet sich somit im Zustand der größtmöglichen Entropie. Der zweite Hauptsatz sagt, daß die Entropie eines abgeschlossenen Systems im Laufe der Zeit nur zunehmen kann.

Ein weiteres wichtiges Konzept in der Thermodynamik ist die kinetische Theorie der Wärme. Wärme in einem Gas oder in einem Festkörper wird als bestimmte Form der kinetischen Energie betrachtet; die Temperatur eines Materials ist ein Maß für die Geschwindigkeit, mit der sich seine Atome bewegen; je heißer der Stoff ist, desto rascher ist die Bewegung der Atome. Die quantitative Analyse eines spezifischen Systems, wie etwa eines Gases oder eines Kristalls, ist natürlich oft sehr kompliziert und erfordert umfangreiche statistische Berechnungen. Aber zumindest theoretisch kann ein derartiges System mit dem mechanistischen Instrumentarium untersucht werden.

Der Maxwellsche Dämon

Es gab im Laufe der Zeit zahlreiche Versuche, diese beiden Gesetze zu überwinden. Am ersten Hauptsatz entzündeten sich zahlreiche Ansätze zur Konstruktion eines Perpetuum Mobile, und zur Widerlegung des zweiten Hauptsatzes wurde ein sehr interessanter „Spieler", nämlich der „Maxwellsche Dämon" erfunden. Dieser Dämon ist ebenso klein wie schnell und steht an einer reibungslosen Tür, die zwei Teile eines mit Gas gefüllten Gefäßes trennt. Nähern sich die Gasmoleküle der Tür, öffnet er sie jeweils so, daß der Durchgang nur in eine Richtung erfolgen kann. Mit der Zeit werden sich alle Gasmoleküle auf einer Seite des Gefäßes ansammeln. Damit ist die Ordnung im Gas angestiegen und die Entropie hat abgenommen; der zweite Hauptsatz wäre verletzt. Auch eine Klimaanlage könnte dieser kleine Dämon ersetzen. Läßt er nämlich in einem Raum nur langsame Moleküle eintreten und nur rasche Moleküle entweichen, so sinkt die Temperatur im Inneren. Da Dämone wenig essen, handelt es sich dabei offensichtlich um eine sehr billige Form der Klimatisierung.

Natürlich gibt es gegen diese Überlegungen auch Einwände, abgesehen vom Problem, einen solchen Dämon einzufangen. Um wirksam arbeiten zu können, muß der Dämon sehr klein und rasch genug sein, um die sehr leichte Tür schnell öffnen zu können. Wenn aber nun Dämon und Tür so leicht sind, werden sie durch die Stöße der Atome so stark gestört, daß der zweite Hauptsatz letztlich doch gültig bleibt. Trotzdem ist die Idee des Dämons von grundsätzlichem Interesse, da in gewisser Hinsicht alle menschlichen Wesen Maxwellsche Dämonen sind. Die Entropie wird nämlich auch dann gesenkt, wenn Musik entsteht, wenn Musik erklingt, wenn ein Gemälde entsteht, wenn ein Buch geschrieben wird, da sich dabei die „Ordnung" der Welt erhöht. In jedem dieser Fälle verwandelt der menschliche Dämon die Energie aus der Nahrung mit einem sehr geringen Wirkungsgrad in Schallwellen, Muskelbewegung oder Gedanken, so daß die gesamte Entropie trotz der lokalen Abnahme doch zunimmt. Das Konzept der Entropie ist besonders in der Informationstheorie sehr nützlich. Information kann als Mangel an Entropie betrachtet werden, jede Kommunikationsstörung kann durch einen Zuwachs an Entropie quantifiziert werden.

Physik und Evolution

Die bedeutendsten Einflüsse der Thermodynamik auf die Kultur resultierten zweifellos aus dem zweiten Hauptsatz, dessen Auswirkungen auf die Theorie der geologischen und biologischen Evolution beachtlich waren. Immerhin entwickelte sich auf der Basis des zweiten Hauptsatzes jener Pessimismus, der in einer Philosophie der zunehmenden „Degradierung" des Menschen gipfelte. Die Einflüsse auf die intellektuellen Konzepte des 19. Jahrhunderts sind unbestreitbar, von Henry Adams über Friedrich Nietzsche bis zu John Dewey. Bedauerlicherweise waren diese Einflüsse zumeist sehr negativ, da die Thermodynamik vor allem in der Diskussion gegen die Evolutionstheorien eingesetzt wurde.

Als der Realismus die Romantik ablöste, wurde in der Geologie das Katastrophenmodell der Endentstehung durch eine evolutionäre Theorie abgelöst. Unter der Führung von Sir Charles Lyell wurde die heutige Konfiguration der Erdoberfläche auf physikalische Gründe wie Erosion zurückgeführt. Dieser Ansatz einer stetigen Entwicklung der Erdgeologie geht allerdings davon aus, daß lange Zeit hindurch an der Erdoberfläche die Temperatur und die anderen physikalischen Bedingungen relativ konstant waren, um dem langfristigen Erosionsprozeß Raum zu geben. Diesen langen Zeitraum wollte z. B. Lord Kelvin den Geologen nicht einräumen. Er folgerte aus dem zweiten Hauptsatz der Thermodynamik in sehr einleuchtender Weise, daß sich die gesamte Erde langsam auf eine einheitliche Temperatur abkühlen müsse und daß

„... vor einer endlichen Zeit die Erde für Menschen der heutigen Bauart unbewohnbar gewesen sein muß. In einer endlichen Zeit wird sie es wieder sein, wenn nicht Eingriffe vorgenommen wurden und vorgenommen werden, die jenen Gesetzen widersprechen, denen alle bekannten Eingriffe in unsere materielle Welt unterworfen sind." (Philosophisches Magazin 4, 304, (1852)) [11.1, S. 494]

Von diesem Zeitpunkt an würde sich das Universum in einem Zustand ewiger Ruhe befinden, den man als „Wärmetod" bezeichnet. Er tritt ein, sobald alles die gleiche Temperatur erreicht hat, und sollte eigentlich „Kältetod" genannt werden. Unter solchen Gleichgewichtsbedingungen gibt es keinen weiteren Wärmestrom, da die Wärme stets nur zu einem kälteren Körper überfließt. Da aber andererseits ohne Wärmestrom nichts geschieht, ist mit Erreichung dieses Gleichgewichtes alles abgestorben (siehe Bild 11-1).

Bild 11-1 Der Wärmetod

Anhand detaillierter Berechnungen über die Wärmeleitung in der Erde und die eingestrahlte Sonnenenergie kam Kelvin für das Alter der Erde zu einer oberen Grenze von 200 Millionen Jahren. Die zeitgenössischen Geologen hingegen postulierten für die natürliche Evolution der heutigen Erdoberfläche Zeitabläufe, die sich über Milliarden von Jahren erstrecken. Der wissenschaftliche Ruf von Lord Kelvin war derart groß, daß seine Argumente nicht übersehen werden konnten. (Immerhin gelang es ihm, das Transatlantikkabel zu realisieren; er war wahrscheinlich der bekannteste britische Physiker der damaligen Zeit.) Schließlich versuchten die Geologen, ihre Zeitraster Kelvins Grenzen anzupassen, ohne daß vollständige Übereinstimmung erreicht werden konnte.

Parallel zu diesen Angriffen wurde auch die biologische Evolution bekämpft. Kelvin selbst war nicht gegen das Konzept der Evolution, konnte sich jedoch mit dessen Zufallsaspekten und dem Mangel an zielgerichteten Abläufen nicht anfreunden. Im Jahre 1871 bezeichnete er den Darwinschen Evolutionsmechanismus mit folgenden Worten als unbefriedigend:

„Der Einfluß einer stetig leitenden und kontrollierenden Intelligenz wird nicht entsprechend berücksichtigt. Das Argument einer gezielten Entwicklung wurde in den jüngsten zoologischen Spekulationen zu wenig berücksichtigt. Rund um uns gibt es überwältigende Beweise eines intelligenten und gütigen Weltplans, der uns die Abhängigkeit aller lebenden Geschöpfe von einem ewigen Schöpfer und Lenker lehrt." [11.1, S. 502]

Darwin war über diese Angriffe ziemlich erschüttert. Im Jahr 1871 schrieb er an Wallace, „Ich sollte mich mehr der Prä-Silurzeit widmen; aber dann erscheint Sir W. Thomson (Kelvin) wie ein verdächtiges Gespenst". Tatsächlich gab es Spekulationen, daß Darwin an seiner eigenen Evolutionstheorie zu zweifeln begann. Immerhin strich er in den späteren Versionen seiner Arbeit einige tragende Argumente. Diese Zweifel waren zweifellos eine Folge von Lord Kelvins Theorie des Wärmetods. Einige Biologen und Geologen sahen sich gezwungen (zumindest in eingeschränktem Ausmaß), die Theorie der Vererbung von Charaktereigenschaften in das Evolutionsmodell wieder einzuführen.

Mit der Entdeckung des radioaktiven Radiums war jene kontinuierliche Wärmequelle gefunden, die während der Evolutionsperiode für die Erhaltung der Erdwärme verantwortlich war. Unter Berücksichtigung dieser nuklearen Energiequelle wurde im Jahre 1905 das Alter der Erde mit Hilfe der Urandatierungstechnik auf 2,4 Milliarden Jahre geschätzt. Lord Kelvin war durch diese Meinungsänderung zutiefst verstört, da er die Arbeiten über das Erdalter als seinen wichtigsten Beitrag zur Wissenschaft betrachtete. Der Physiker Ernest Rutherford berichtet über eine Vorlesung, die sich unter anderem auch mit den Veränderungen in der Schätzung des Erdalters beschäftigte, Veränderungen, die eben durch die Entdeckung der „radioaktiven" Erdwärme notwendig geworden waren:

„Ich kam in den halbdunklen Raum und bemerkte sofort die Anwesenheit von Lord Kelvin, mit dessen Ansichten über das Alter der Erde ich zweifellos im letzten Teil meines Referates in Konflikt kommen mußte. Zu meiner Erleichterung schlief Kelvin ein, aber als ich zum wesentlichen Punkt kam, öffnete der alte Vogel seine Augen, richtete sich auf und warf einen grimmigen Blick auf mich. Plötzlich hatte ich eine Eingebung und sagte, Lord Kelvin hätte eine Grenze für das Alter der Erde angegeben, allerdings unter der Annahme, daß keine neuen Energiequellen entdeckt würden. Und gerade diese prophetische Äußerung habe sich auf den Gegenstand des heutigen Abends, nämlich auf Radium bezogen! Und siehe da! Der alte Knabe strahlte mich an."
[11.1, S. 504]

Degeneration

Die Theorie des Ausklingens, wie sie sich aus dem zweiten Hauptsatz herleiten läßt, wurde auch auf den Sektor der Biologie und auf die Degeneration der Menschen angewendet. Um mit den Worten von Alfred Lord Tennyson zu sprechen (1886, im Gedicht „Locksley Hall Sixty Jears After"):
„Die Evolution strebt immer nach einem idealen Gut, der Abstieg zieht auch die Evolution in den Staub." [11.1, S. 505]
Das Konzept der Degeneration beeinflußte das intellektuelle Leben zu Ende des 19. Jahrhunderts auch außerhalb der biologischen Wissenschaften. Alle Übel des gesellschaftlichen Lebens wurden auf den Verfall einzelner Individuen zurückgeführt: Durch Degeneration verliert der Mensch alle jene guten Eigenschaften, die sich während des evolutionären Prozesses in ihm konzentriert haben. Baudelaire schrieb Gedichte über dieses Thema und auch Emile Zola beschäftigte sich in den Rongon-Marquart-Novellen mit diesem Problem. Als Frankreich im Jahre 1870 von den Deutschen besiegt wurde, meinten einige Intellektuelle, nun hätten die romanischen Rassen die Endstufe der Dekadenz erreicht und wären der Kraft nordischer Rassen preisgegeben. Und Oskar Wildes „Bildnis des Dorian Gray" ist das Portrait eines sehr individuellen Niedergangs. Ansätze für den Abbau nutzbarer Energie findet man auch in der Philosophie Herbert Spencers und in den historischen Schriften von Henry Adams (der sich als letztes „Zerfallsprodukt" in der vierten Generation einer Familie betrachtete, die ihren stolzen Anfang mit dem Präsidenten Adams nahm). Es gibt zahlreiche andere Beispiele für diese Art von intellektuellem Repertoire, wir aber wollen es mit den bisherigen Betrachtungen bewenden lassen.

Zusammenfassung

In diesem Kapitel haben wir versucht, den Zusammenhang zwischen der thermodynamischen Wissenschaft und dem intellektuellen Klima des 19. Jahrhunderts zu zeichnen. Die Wechselwirkung zwischen den beiden Kulturen mag damals nicht immer nützlich gewesen sein, aber zumindest gab es keine gegenseitige Gleichgültigkeit. Die Dichter wurden von der Wissenschaft inspiriert, wenn auch manchmal in negativem Sinne; und die Entwicklungen auf dem Feld der Thermodynamik verliefen zumindest parallel zum intellektuellen Klima, auch wenn der Zusammenhang vielleicht nicht eindeutig scheinen mag. Immerhin spricht einiges für Snows These, daß der zweite Hauptsatz der Thermodynamik von großer intellektueller Bedeutung ist.

Die Thermodynamik hatte auch ihre Auswirkungen auf andere Wissenschaften wie Geologie und Biologie. Auch hier waren sie manchmal negativ, wenn sich etwa die Physiker in gewissem Sinne den anderen und scheinbar weniger quantitativen Disziplinen als überlegen empfanden; wäre es nach Ihnen gegangen, so hätte ein Konzept wie die Evolution niemals jenen Konsens gewinnen können, den die Physik für sich beansprucht. Diese Art von Intoleranz hat bis zum heutigen Tag überlebt.

Fragen

1. In der modernen (steady-state) Theorie des Universums wird die stetige Entstehung von neutralen Wasserstoffatomen (mit einer Rate von einem Atom pro 100 Jahren im Volumen eines Bürogebäudes) angenommen. Diese permanente Entstehung von Materie wirkt der Expansion des Universums insofern entgegen, als dadurch die mittlere Materiedichte konstant gehalten wird. Widerspricht dies dem ersten und dem zweiten Hauptsatz der Thermodynamik?
2. Hebt oder senkt ein Mensch die Entropie des Universums, wenn er musiziert?
3. Wie kann der folgende Einwand gegen die Evolutionstheorie beantwortet werden: Gott schuf die Welt, und bei dieser Schöpfung wurde bereits jene Entwicklung festgeschrieben, die wir heute als Evolution interpretieren?
4. Hätte Lord Kelvin nicht eigentlich annehmen müssen, daß die so lange von den Geologen ermittelte Evolutionszeit auf Fehler in der Thermodynamik hinweist?

5. Es ist faszinierend, wie ein und dasselbe Sprichwort auf die Spätzeiten zahlreicher bedeutender Menschen paßt: „Was ich auf einem Spezialgebiet geleistet habe, ist im Vergleich zu meinen Leistungen auf anderen Gebieten relativ bedeutungslos." (Newton: „Physik und biblische Geschichte"; Goethe: „Dichtung und Optik"; Lord Kelvin: „Thermodynamik und Geologie") Was hat es damit wirklich auf sich?
6. Wem würden Sie bezüglich der Bedeutung des zweiten Hauptsatzes der Thermodynamik rechtgeben, Snow oder Leavis?

Literatur zu Kapitel 11

[11.1]   *S. G. Brush*, Thermodynamics and History, The Graduate Journal 7 (2), 1967.
[11.2]   *W. Ehrenburg*, Maxwell's Demon, Scientific American 217 (5), 1967.
[11.3]   *H. G. Wells*, Die Zeitmaschine, Ullstein, Berlin 1982.
[11.4]   *O. Wilde*, Das Bildnis des Dorian Gray, Suhrkamp, Frankfurt a. M., 1973.
[11.5]   *O. Spengler*, Der Untergang des Abendlandes, C. H. Beck, München 1980.
[11.6]   *S. G. Brush*, Kinetische Theorie, Vieweg, Braunschweig 1970.
[11.7]   *S. G. Brush*, The Temperature of History, Franklin, New York 1978 (deutsche Ausgabe im Verlag Vieweg in Vorbereitung).
[11.8]   *R. Wendorff*, Zeit und Kultur, Westdeutscher Verlag, Opladen ^{2}1981.
[11.9]   *J. D. Bernal*, Science and Industries in the 19th Century, Routledge and Kegan Paul, London 1953.

12 Die moderne wissenschaftliche Revolution: Relativität und Quantenmechanik

Es war einmal ein Geselle mit Namen Fink,
dessen Fechtkunst war hervorragend flink,
So schnell war seine Aktion,
daß die relativistische Kontraktion
seinen Säbel zu einer Scheibe reduzierte.
    (Relativistischer Limmerick)

Ich kann einfach nicht glauben, daß Gott würfelt.
(Kommentar Einsteins über die Kopenhagener
Deutung der Quantenmechanik)

Das Zeitalter der modernen Physik wurde durch die Relativitätstheorie eingeleitet, die Newtons absoluten Raum und die absolute Zeit entthronte. In der Folge führte die Quantentheorie zu einem Dualismus und zu einer Unbestimmtheit in der experimentellen Wissenschaft, die im scharfen Gegensatz zum frühen Absolutheitsanspruch stehen. Beide Theorien, die die wissenschaftliche Revolution des 20. Jahrhunderts ausmachen, betonen die Rolle des Beobachters im Experiment. In der Relativitätstheorie spielt seine Position und seine Lokalzeit eine zentrale Bedeutung, in der Quantenmechanik hat der Beobachtungsvorgang selbst einen Einfluß auf die Meßergebnisse.

Einleitung

Im Jahre 1900 meinte Lord Kelvin, daß das 19. Jahrhundert nur noch zwei kleine „Wolken" am sonst völlig klaren Himmel der neuen Wissenschaft zurückgelassen habe [12.1, S. 14]. Diese Wolken waren die Kontroverse über die Natur des Äthers und die „Ultraviolett-Katastrophe" der Lichtemission.

Die beiden Wolken erwiesen sich in der Folge als gar nicht so klein; die erste führte zur Theorie der Relativität und die zweite zur Quantenmechanik.

Es sind gerade diese beiden theoretischen Entwicklungen, durch die sich die zeitgenössische Physik von den vorangehenden Bildern des physikalischen Universums drastisch unterscheidet. Diese Entwicklungen führten auch zur Vermutung, daß wir niemals die gesamte Komplexität des Universums erfassen können, sondern daß unsere Beobachtungsmöglichkeiten durch theoretische Grenzen eingeschränkt werden.

Beide neuen Theorien entsprangen der Kontroverse über die Natur des Lichts; beide hängen damit zusammen, daß Licht weder völlig als Welle noch völlig als korpuskular beschrieben werden kann. Die Diskussion um die Existenz des Äthers als Fortpflanzungmedium für das Licht wurde letztlich durch Einsteins Relativitätstheorie beendet. Darin kommt Einstein zur Erkenntnis, daß es keine absolute Bewegung gibt und daß alle Bewegungen nur in bezug auf einen ganz bestimmten Beobachter (Inertialsystem) diskutiert werden können. Die bedeutendste Schlußfolgerung aus seiner Theorie ist die Gleichung $E = mc^2$, derzufolge Energie E in Masse m umgewandelt werden kann und umgekehrt. Diese Umwandlung läßt sich quantitativ angeben; der Proportionalitätsfaktor ist das Quadrat der Lichtgeschwindigkeit, c^2.

Mit dem Konzept der Quantisierung sind wir bereits aus dem täglichen Leben vertraut; es gibt z.B. ein Quantum des Geldes: den Pfennig. Das Geld wird stets in ganzzahligen Vielfachen des Pfennigs ausgetauscht. Wenn man für eine Ware im Wert von 10 Pfennig keine Steuer zahlt, hingegen aber für eine Ware im Wert von 100 DM, dann wird die Quantisierung offensichtlich. Im Gesamtbudget des Staates mit seinen vielen Milliarden Mark wirkt sich die Pfennig-Quantisierung kaum aus. In der Physik verhält es sich mit der Quantisierung der Energie ganz ähnlich; wenn es bei einem Experiment um große Dinge wie z.B. Autos geht, dann spielen Quanteneffekte keine Rolle. Untersuchen wir aber so kleine Dinge wie Atome, dann kommt es auf die Quantisierung sehr wohl an. Historisch entstammt die Quantenmechanik der Beobachtung, daß Licht stets in Form bestimmter Energiequanten auftritt. Die Bedeutung dieser Theorie liegt nicht nur in der Erklärung der atomaren und nuklearen Phänomene. Die Quantisierung führt darüber hinaus zu einer prinzipiellen Genauigkeitsgrenze für jede Beobachtung und das darauf beruhende menschliche Wissen, ebenso wie die Beschreibung der Welt in einem absoluten Raum und einer absoluten Zeit durch die Relativitätstheorie beschränkt wird. Eines der Resultate der Quantenmechanik ist das Heisenbergsche Unbestimmtheitsprinzip: Wir können nicht gleichzeitig alles über alle Teilchen des Universums wissen, auch wenn wir uns noch so sehr um genaue Beobachtungen bemühen. Dieses Prinzip setzt unserer Genauigkeit quantitative Grenzen und beschreibt damit unsere Unvollkommenheit.

Zwei Aspekte dieser Revolution des 20. Jh. sind von besonderem Interesse. Der eine hängt mit der Entwicklung von Theorien an sich zusammen und geht bis in die Metaphysik hinein. Die Entdecker der Relativität und der Quantenmechanik erschienen häufig mehr als Philosophen, denn als Wissenschaftler, obwohl in allen Fällen der entscheidende Test durch den Vergleich mit dem Experiment geführt wurde. Abgesehen davon haben diese physikalischen Theorien auch bedeutende Auswirkungen auf Philosophie und politische Ideologie gehabt, wie Kapitel 14 und 17 zeigen. Die modernen Wissenschaftler waren nicht nur durch ihre Erkenntnisse, sondern auch durch den Kontakt ihrer Theorien mit dem politischen Denken in den zweiten Weltkrieg verwickelt.

Die Natur des Lichts

Der Ausgangspunkt der Revolution, die die Physik im 20. Jahrhundert veränderte, war die Untersuchung der Eigenschaften des Lichtes. Immer wieder wurde die Interpretation der Natur des Lichts verändert. Newton vertrat z. B. eine der beiden gegensätzlichen Theorien des Lichtes. Für ihn bestand Licht aus bewegten Teilchen. Damit konnte er erklären, warum sich Licht geradlinig ausbreitet, scharfe Schatten wirft und in verschiedene Spektralfarben zerlegt werden kann, die seiner Meinung nach aus verschiedenen Teilchen bestanden. Als dann im 18. Jahrhundert Interferenzphänomene am Licht beobachtet wurden, ergab sich eine Parallele zu ähnlichen Erscheinungen, die bei Wasserwellen auftreten. Die Vermutung lag nahe, daß sich Lichtwellen ebenso in einem Medium ausbreiten, wie dies auch bei anderen Wellenarten der Fall ist: Wasserwellen pflanzen sich durch das Wasser, Schallwellen durch die Luft fort. Das hypothetische Medium der Lichtausbreitung wurde Äther genannt, eine Bezeichnung, die Aristoteles für nicht-irdische Materialien verwendete.

Wenn der Äther existiert, dann müßte die Bewegung der Erde im Äther ebenso meßbar sein, wie die Fahrt eines Bootes, das sich relativ zur Wasseroberfläche bewegt. Zwischen 1882 und 1887 führten A. A. Michelson und E. W. Morley Experimente in Cleveland an der Case School of Applied Science durch. Mit einem 10-Tausend-Dollar-Forschungsauftrag entwickelten sie eine extrem genaue Meßanordnung, die wir heute als Michelson-Morley-Interferometer bezeichnen. Sie besteht aus Spiegeln, Lampen, Linsen, die, auf einer großen Scheibe angebracht, auf Quecksilber schwammen. Das Licht nahm in dieser Anordnung zwei verschiedene Wege, der eine parallel und der andere senkrecht auf jene Richtung, mit der sich die Erde durch den Äther bewegen sollte. Da es schwieriger ist, gegen den Strom zu schwimmen, als senkrecht dazu, sollte sich das Licht auf dem „Parallel-Weg" durch die Ätherbewegung verlangsamen. Dies wieder sollte durch Interferenzeffekte nachgewiesen werden. Das erstaunliche Ergebnis des Experimentes war jedoch, daß keine Bewegung relativ zum Äther festgestellt werden kann. Die einfachste

Schlußfolgerung aus dem Michelson-Morley-Experiment war es daher, daß der Äther überhaupt nicht existiert. So also mußte an der klassischen Wellentheorie des Lichtes irgendetwas falsch sein.

Die andere Schwierigkeit bei der Beschreibung des Lichts hängt mit seiner Entstehung zusammen, insbesondere ging es dabei um das Rätsel der „Ultraviolett-Katastrophe", die mit der Farbverteilung des von heißen Körpern (z.B. Glühfaden einer Lampe) ausgesendeten Lichtes zusammenhängt. Diese Farbverteilung kann mit Hilfe der klassischen Theorie berechnet werden, das Ergebnis ist jedoch falsch. Vom klassischen Standpunkt her sollten heiße Körper besonders energiereiche (also ultraviolette) Lichtphotonen aussenden. Stimmt das, so müßte man beim Öffnen einer Ofentüre eine gute Dosis hochenergetischer Röntgenstrahlen abbekommen. Da Röntgenstrahlen ziemlich schädlich sind, müssen wir froh sein, daß Öfen vor allem rotes Licht emittieren; die Ultraviolett-Katastrophe tritt in der Natur nicht auf.

Einsteins Relativitätstheorie

Das Fehlen jeder Art von Äther war nicht das einzige unerklärte Phänomen des Jahres 1905. Bereits seit 1901 wußte man, daß sich ein sehr schnell fliegendes Elektron abnormal verhält. Albert Einstein gab mit seiner speziellen Relativitätstheorie die Antworten auf diese Fragen.

Einstein wurde 1879 in Ulm geboren. Nach Abschluß des Doktorratsstudiums (dabei gab es Schwierigkeiten, denn Einstein widmete sich vor allem jenen Fragen, die ihn und nicht die Professoren interessierten), arbeitete er als Patentprüfer in der Schweiz. Diese Tätigkeit ließ ihm genug Muße, um seiner wirklichen Berufung nachzugehen.

Im Jahre 1905 publizierte er drei Arbeiten, von denen jede des Nobelpreises würdig gewesen wäre. Eines dieser Papiere erklärte die Brownsche Bewegung (etwa von Staubteilchen in der Luft); eine andere beschrieb die Teilchennatur des Lichtes beim photoelektrischen Effekt (Elektronen werden aus einer Metalloberfläche durch Licht herausgeschlagen). Für diese Arbeit erhielt er den Nobelpreis. Die dritte Publikation enthielt schließlich die spezielle Relativitätstheorie.

Zunächst möchte ich Einsteins Ansatzpunkte für die Erklärung der relativistischen Phänomene illustrieren.

1. Einstein nahm an, daß die Lichtgeschwindigkeit für alle Beobachter, die sich mit konstanter Geschwindigkeit bewegen, gleich ist. Diese Annahme widerspricht unserer Anschauung zunächst. Wird ein Ball mit 60 km/h nach Osten abgeschossen, so bewegt er sich in bezug auf den Fahrer eines Wagens, der mit 54 km/h ebenfalls nach Osten fährt, mit einer Geschwindigkeit von nur 6 km/h. Ebenso sollte ein Astronaut, der an uns mit 270 000 km/s (90% der Lichtgeschwindigkeit) vorbeifliegt

Bild 12-1 Einstein an der Wandtafel

und dem wir einen Lichtstrahl nachschicken (mit 100 % der Lichtgeschwindigkeit), für die Geschwindigkeit des Lichtes einen Wert von 30 000 km/s oder 10 % der Lichtgeschwindigkeit messen. Dies ist jedoch nicht richtig, denn für unseren Astronauten beträgt die gemessene Geschwindigkeit des Lichtes erstaunlicherweise ebenfalls 300 000 km/s. Es scheint also nicht darauf anzukommen, wer die Lichtgeschwindigkeit mißt; stets erhält man das gleiche Ergebnis. Diese Annahme erklärt das Michelson-Morley-Experiment: Es gibt keinen Äther, der das Licht verlangsamen könnte; es bewegt sich in den beiden Armen des Interferometers mit der gleichen Geschwindigkeit c.
2. Folgt man der zweiten Einsteinschen Annahme, dann gelten alle Naturgesetze für nichtbeschleunigte Systeme in gleicher Weise. Anders gesagt: Kein Bezugssystem ist gegenüber einem anderen ausgezeichnet.

Einsteins spezielle Relativitätstheorie hat eine große Anzahl erstaunlicher Voraussagen zur Folge, die unserem Hausverstand zuwider laufen. So wächst die Masse eines Körpers mit seiner Geschwindigkeit, da seine kinetische Energie als Massenzuwachs erscheint. Dies wiederum erklärt, warum kein Körper die Lichtgeschwindigkeit erreichen kann; je schneller er sich nämlich bewegt, desto schwerer wird er: Die Kraft (etwa ein Raketentriebwerk) wird eine immer geringere Beschleunigung hervorrufen. Da die Masse eines Körpers in der Nähe der Lichtgeschwindigkeit nach unendlich strebt, müßte man eine unendliche Kraft aufwenden, um die „Lichtmauer" zu durchbrechen. Die Relativitätstheorie führt auch zum sogenannten „Zwillings-Paradoxon": Die Zeit vergeht in einem bewegten System langsamer als in einem ruhenden. Schickt man einen Zwilling mit hoher Geschwindigkeit in den Raum, während der andere auf der Erde bleibt, so wird der Astronaut nach seiner Rückkehr jünger sein als sein irdischer Zwilling (das Paradoxon beruht auf der Tatsache, daß die anfängliche Beschleunigung den bewegten Zwilling von seinem ruhenden Bruder unterscheidet). Auch die relativistische Kontraktion von Körpern bei hoher Geschwindigkeit erscheint uns aus der Sicht unserer täglichen Anschauung rätselhaft. Alle diese Phänomene werden aber nur in die Nähe der Lichtgeschwindigkeit wichtig, also in der Größenordnung von hunderttausend Kilometern pro Sekunde. Wenn man z.B. mit einem Zwei-Meter-Mann Basketball spielt, sollte sich das so auswirken: Springt er mit 90% der Lichtgeschwindigkeit nach dem Ball, so würde sich seine Größe auf rund einen Meter reduzieren. Immerhin kann man mit einem solchen Gegner dann leichter zurande kommen, auch wenn es schwierig ist, einen derart raschen Opponenten auszuschalten. (Im übrigen würde der Korb für unseren Zwei-Meter-Mann bei seiner Geschwindigkeit in einer Höhe von nur 1,80 m angebracht sein, so daß er eigentlich gar nicht danach springen müßte).

Die Quantenmechanik

Die zweite physikalische „Wolke" des 19. Jahrhunderts wurde gegen Ende des Jahres 1900 von Max Planck aufgelöst, der die Lichtemission als quantenhaftes Phänomen betrachtete. Wie schließlich von Einstein nachgewiesen wurde, trägt jedes Lichtquantum (Photon) einen Energiebetrag, der zu seiner Frequenz proportional ist. Die Proportionalitätskonstante wird Plancksche Konstante genannt. Brennt etwa eine 100-Watt-Lampe den ganzen Tag, so sendet sie rund $2 \cdot 10^{25}$ Lichtquanten aus; die Energie pro Quantum ist also für unsere Begriffe sehr klein. Dieser Zusammenhang zwischen Energie und Frequenz beschreibt in gewisser Hinsicht auch den Teilchen-Welle-Dualismus, da die Frequenz ein Wellencharakteristikum ist. Mit Hilfe dieser Annahme kann man auch die Ultraviolettkatastrophe ausschließen.

Einen besonders schönen Quanteneffekt können wir beobachten, wenn ein ionisierender Strom eine Gasatmosphäre durchläuft; das emittierte Licht hat dann ganz bestimmte Frequenzen (Farben), die für das jeweilige Gas charakteristisch sind. Vor der Quantenphysik konnte dieses Phänomen nicht erklärt werden. Der dänische Physiker Niels Bohr machte im Jahre 1913 den ersten Schritt zu einer vernünftigen Erklärung: Wenn die Elektronen den Atomkern auf ganz bestimmten Bahnen umlaufen, dann können sie nur beim Übergang von einer Bahn zur anderen Lichtquanten emittieren. Auf diese Weise kam Bohr zu Voraussagen über die Frequenz des vom Wasserstoff ausgesendeten Lichtes, die mit den bis dahin bekannten experimentellen Daten sehr gut übereinstimmten. Damit war ein weiterer Impuls für die nun sehr stürmische Entwicklung der Quantenmechanik gegeben, die zum großen Teil vom Institut für theoretische Physik in Kopenhagen inspiriert und durchgeführt wurde. Dieses Institut stand unter der Leitung von Niels Bohr, der es später an seinen Sohn Aage übergab. Es wurde von der Carlsberg-Brauerei gefördert (wie steht es mit dem Einfluß von Bier auf die Physik?).

Die vollentwickelte Quantentheorie weitete diesen Teilchen-Welle-Dualismus auf alle Formen der Materie aus: Jeder Materie entspricht eine Welle, deren Wellenlänge umgekehrt proportional zur Masse des jeweiligen Teilchens ist. Das erklärt, warum wir im täglichen Leben keine Wellenphänomene beobachten: Ein Auto ist so schwer, daß seine Wellenlänge fast verschwindet. Die Masse eines Elektrons jedoch ist so klein, daß seine Wellenlänge relativ bedeutend sein kann. Auf der atomaren Skala kann sich ein Elektron also sehr wohl wie eine Welle verhalten. Wenn sich Wasserwellen durch zwei Öffnungen ausbreiten, kommt es dort zu Interferenzphänomenen, wo sich Teile der beiden Wellenzüge überlappen. In diesem Falle kann man sagen, daß die Welle durch die beiden Öffnungen gegangen ist. Ebenso ist es möglich, ein ganz bestimmtes Elektron gleichzeitig durch mehrere Öffnungen (etwa durch die atomare Struktur eines Kristallgitters) zu schicken. Man kann auch eine Versuchsanordnung angeben, für die es unmöglich ist zu entscheiden, durch welche von mehreren Öffnungen ein Elektron gegangen ist. [12.3]

Im Prinzip wird also in der Quantemechanik Materie als ein Wellensystem betrachtet, das es erlaubt, die Wahrscheinlichkeiten verschiedener Ereignisse vorherzusagen. Diese Wahrscheinlichkeiten können dann durch die Wiederholung von Experimenten überprüft werden. Im Einzelfall kann auf diese Weise keine exakte Voraussage zustandekommen; nur die Wahrscheinlichkeiten können prognostiziert werden. Für nicht-atomare Phänomene sind die Unsicherheiten in den Voraussagen allerdings außerordentlich klein, so daß die Wellennatur nicht augenscheinlich wird.

Das Heisenbergsche Unbestimmtheitsprinzip

Viele Schlußfolgerungen aus dem Dualismus Teilchen-Welle und aus der statistischen Unbestimmtheit werden im Heisenbergschen Unbestimmtheitsprinzip zusammengefaßt. Es besagt, daß es kein Experiment gibt, mit dessen Hilfe alle Variablen beliebig genau bestimmt werden können. Will man den Ort eines Teilchens mit extremer Genauigkeit messen, dann kann nicht gleichzeitig dessen Geschwindigkeit mit einer ähnlich unbeschränkten Genauigkeit ermittelt werden. Das Unbestimmtheitsprinzip gibt für das Produkt der Genauigkeit dieser beiden Meßgrößen eine untere Grenze an.

Die Auswirkungen der Relativitätstheorie und der Quantenmechanik

Die meisten physikalischen Schlußfolgerungen der Relativitätstheorie widersprechen unserem Alltagsverstand. Da aber relativistische Effekte nur bei sehr hohen Geschwindigkeiten wichtig werden, erscheint uns diese Theorie vielleicht nicht so revolutionär. Tatsächlich gelten die klassischen Newtonschen Bewegungsgesetze für alle Objekte, die sich nicht mit Fast-Lichtgeschwindigkeit bewegen. Allerdings wurden einige Schlußfolgerungen aus den Newtonschen Gesetzen total über den Haufen geworfen.

Aufgrund der Relativitätstheorie können wir nicht länger einem bestimmten „absoluten Raum" – etwa dem Äther-System – oder einer „absoluten Zeit" den Vorzug geben. Die Geschwindigkeit einer Bewegung gegenüber dem Raum können wir nicht bestimmen, nur Relativgeschwindigkeiten in bezug auf andere Körper sind meßbar. Auch dadurch kommt ein Element der Unbestimmtheit in unsere Theorie. Im relativistischen Sinne erhält der Beobachter wieder eine zentrale Bedeutung. Während die Idee der Einzigartigkeit unseres Planeten und damit des Menschen von der Galileischen Astronomie zerstört wurde, wurde durch die Einsteinsche Mechanik das Augenmerk wieder auf die Bedeutung des realen Beobachters gelenkt: Nur durch Beobachtung können Raum und Zeit sinnvoll erfaßt werden.

Die Quantenmechanik warf ähnliche fundamentale Fragen auf. Für die klassische Newtonsche Mechanik waren das Wissen der Menschen und seine Voraussagen rein praktisch durch jenen Aufwand begrenzt, der zur hinreichend genauen Bestimmung des Ortes und der Geschwindigkeit von vielen Teilchen erforderlich war. Die Quantenmechanik sagt uns nun, daß wir uns gar nicht erst um eine höhere Genauigkeit bemühen müssen, da ein derartiges Unterfangen auf Grund des Heisenbergschen Unbestimmtheitsprinzips scheitern muß. Und noch niemand konnte einen Weg angeben, um dieses Prinzip zu widerlegen. Damit scheint in gewisser Hinsicht die große Sehnsucht der

Romantik erfüllt: Der Beobachter kann nicht vom Experiment getrennt werden. Bei der Messung mikroskopischer Phänomene werden die Objekte durch den Beobachter selbst gestört. Die Quantenmechanik begrenzt unsere Wissenskapazität in einer viel strengeren Weise, als dies vom klassischen Standpunkt her geschieht. Es ist uns nicht möglich, alles über die Natur zu erkennen. Bestimmte Fragen können nicht gestellt werden, da sie nicht beantworbar sind. Damit sind wir bei einer ziemlich pessimistischen Sicht der Welt und unserer eigenen Rolle gelandet; es gibt keinen Schöpfer, der die Welt wie ein Buch für uns öffnet. Wenn sich alle Wissenschaft auf statistische Wahrscheinlichkeiten reduziert, wie können wir dann überhaupt über irgendetwas letzten Konsens erzielen?

Die Quantenmechanik führt uns aber auf noch tiefer liegende Fragestellungen, deren Auflösung auch von den beiden großen Schulen des quantenmechanischen Denkens heftig diskutiert wurde. Die eine Denkrichtung wurde von Physikern der älteren Generation wie Einstein, angeführt. Sie wollten nicht an einen würfelnden Gott glauben; für sie waren alle Phänomene vom Grunde her real, ihr Universum wurde nur durch die Einflüsse des Beobachters in seinem Ablauf gestört. Die Kopenhagener Schule, geführt von Bohr und Heisenberg, konzediert nur jenen Dingen grundlegende Wirklichkeit, die sich physikalisch messen lassen; für sie kommt es letztlich nur auf die meßbare Möglichkeit an. Diskussionen über nichtmeßbare Größen sind von diesem Standpunkt aus unzulässig. In Bernsteins „A Comprehensible World" [12.12] sind die zahlreichen Diskussionen zwischen Einstein und Bohr dargestellt. Einsteins Bemühen war es lange Zeit, das Unbestimmtheitsprinzip durch Gedankenexperimente zu widerlegen.

Gerade diese Diskussionen, die für die Entwicklung der Relativitätstheorie und der Quantenmechanik so bedeutungsvoll waren, lassen die moderne Physik manchmal metaphysisch erscheinen. [12.4, 12.10] Die Gleichungen, Zahlen und anderen Aspekte wurden lange nicht so intensiv diskutiert wie manche Prinzipien.

Aber vom Blickpunkt des Newtonschen Weltbildes aus ist die Bedeutung dieser metaphysischen Probleme keineswegs überraschend. Die moderne Physik hat Elemente der Unbestimmtheit mit sich gebracht; sie hat in gewissem Sinne die quantitativen Aspekte der Physik mit dem Beobachter organisch vereint.

Fragen

1. Alexander Graham Bell förderte das erste Michelson-Experiment. Warum?
2. Auch in den 80er-Jahren des vorigen Jahrhunderts erforderte die Forschung beträchtliche Geldmittel; so hatte Michelson 70 000 Dollar für sein Äther-Experiment aufzutreiben. Einstein andererseits mußte lange in seiner Freizeit forschen. Welcher Zugang zur Wissenschaft ist der bessere?
3. Michelson arbeitete mit hoher Genauigkeit. Ist dies für die amerikanische Wissenschaft oder ganz allgemein für die Wissenschaft um die Jahrhundertwende typisch?
4. Widerspricht die Quantenmechanik der Newtonschen Mechanik?
5. Kann ein Atom als kleines Sonnensystem betrachtet werden?
6. Gibt es irgendwelche neuere Ansätze, die sich aus der „nicht-absoluten" Physik ergeben haben? (Moral? Existentialismus?)
7. Warum waren die Relativitätstheorie und die Quantentheorie für die Entwicklung der Philosophie wichtig?
8. Das Unbestimmtheitsprinzip wurde in der Vegangenheit gelegentlich mit dem Problem des freien Willens in Zusammenhang gebracht. Warum?
9. Gibt es heute irgendein Wissenschaftsgebiet, das den Nicht-Wissenschaftler derart fasziniert, wie die Relativitätstheorie und die Quantenmechanik während der 20er-Jahre?

Literatur zu Kapitel 12

[o2.1] *M. Jammer*, The Conceptual Development of Quantum Mechanics, McGraw-Hill, New York 1966
[12.2] *G. Gamov*, Mr. Tomkins' seltsame Reisen durch Kosmos und Mikrokosmos, Vieweg, Braunschweig 1980
[12.3] *R. P. Feynman, R. B. Leighton, M. Sands*, Vorlesungen über Physik, Oldenbourg, 1973 ff.
[12.4] *W. Heisenberg*, Physik und Philosophie, Ullstein 1978
[12.5] *Forman, K. von Meyenn*, Quantenmechanik und Weimarer Republik, Vieweg, Braunschweig 1984
[12.6] *L. Marder*, Reisen durch die Raum-Zeit, Vieweg, Braunschweig 1979
[12.7] *K. Baumann, R. Sexl*, Die Deutungen der Quantentheorie, Vieweg, Braunschweig 1983
[12.8] *F. Selleri*, Die Debatte um die Quantentheorie, Vieweg, Braunschweig 1983
[12.9] *R. Sexl, H. K. Schmidt*, Raum, Zeit, Relativität, Vieweg, Braunschweig ^{2}1979
[12.10] *W. Heisenberg*, Der Teil und das Ganze, Piper, München 1971
[12.11] *G. Holton*, Thematische Analyse, Suhrkamp, Frankfurt 1981
[12.12] *J. Bernstein*, A Comprehensible World, Random House, New York 1967

13 Wissenschaft und moderne Kunst

Blau ist das männliche Prinzip, fest und geistig. Gelb ist das weibliche Prinzip, mild, ernst, sinnlich. Rot ist die Materie, brutal und schwer.

(Franz Marc)

Das Leiden des Menschen ist für uns ebenso wesentlich wie das Leid einer Glühlampe, die in krampfartigen Eruptionen den herzzerreißenden Ausdruck der Farbe aus sich herausschreit.

(Umberto Boccioni)

Gelbes Licht hat eine Wellenlänge von 0,000052 Zentimeter.

(Lehrbuch der Optik)

In diesem Kapitel wollen wir die Reaktion von Malern und anderen Künstlern auf die Wissenschaft und Technik des frühen 20. Jahrhunderts darstellen. Die deutschen Expressionisten zogen sich auf die organische Natur zurück, während die italienischen Futuristen jene Gefühle erforschen wollten, die durch moderne Technik hervorgerufen werden. Die Bauhausbewegung ist Beispiel für eine erfolgreiche Vereinigung von Kunst und Technik.

Einleitung

In diesem Kapitel werden wir den Einfluß von Wissenschaft und Technik auf Maler und Architekten während des ersten Drittels dieses Jahrhunderts untersuchen. Selbstverständlich ist es nicht einfach, eine direkte Verbindung zwischen derart verschiedenen menschlichen Tätigkeitsbereichen herzustellen. Im übrigen wird der hier vorgestellte Ansatz und seine Interpretation notwendigerweise persönlich und subjektiv gefärbt sein. Vielleicht werden die Fakten hier zu weitgehend im Lichte einer vorgefaßten Meinung interpretiert und dürfen deshalb nicht ganz wörtlich genommen werden.

Dennoch möchte ich versuchen, die möglichen künstlerischen Reaktionen auf Wissenschaft und Technik darzustellen und die Atmosphäre zu beschreiben, in der die wissenschaftliche Revolution unserer Zeit entstand.

Technik und Kunst: 1900 bis 1933

Meine Lieblingsgemälde stammen aus der Zeit zwischen 1900 und 1933. Meine liebsten Bilder wurden im Jahr 1914 gemalt; „Drei Reiter" von Wassily Kandinsky und „Tiro" von Franz Marc. Ich habe mich manchmal über diese Vorliebe gewundert. Einer der Gründe mag vielleicht darin liegen, daß es gerade in dieser Zeitspanne zahlreiche Reaktionen auf das Überhandnehmen von Wissenschaft und Technik gibt.

Wissenschaft hatte schon immer einiges mit Malerei zu tun; Goethe lieferte mit seiner Farbentheorie ein erstes Beispiel dafür. Im späteren 19. Jahrhundert gab es in der Malerei große Veränderungen, insbesondere durch die Erfindung der Photographie, die den Maler für die Erzeugung naturgetreuer Abbilder entbehrlich machte. [13.9] In der Folge wurde das Malen immer mehr und mehr zur subjektiven und letztlich nicht übertragbaren Darstellung der vom Künstler empfundenen Gefühle. Die Impressionisten waren die Vorläufer dieser Subjektivität. So beschäftigte sich Georges Seurat z.B. mit der Trennung von weißem Licht in seine Farbkomponenten und kam zu der Erkenntnis, daß die Farbmischung ebenso wie auf der Leinwand auch durch das Auge erfolgen kann; sein Pointillismus reduzierte sich auf kleine Punkte reiner Farbe, deren Zusammensetzung er dem Auge und Gehirn des Betrachters überließ. Auch van Gogh beschäftigte sich mit der visuellen Rolle des Beobachters, besonders in seinen reinfarbigen Bildern zwischen 1888 und 1890. Dieser subjektive Trend führte dann von den französischen Fauvisten („Wilden"), wie André Derain, über die deutschen Expressionisten wie Franz Marc, Wassily Kandinsky und Ernst L. Kirchner zu den italienischen Futuristen wie Umberto Boccioni und Gino Severini. Ihre Fortsetzung fand diese Entwicklung mit den Kubisten wie Pablo Picasso, Georges Braque und Fernand Leger. Sie führte schließlich zu den Bauhaus-Malern wie Klee und Feininger. Gleichzeitig mit den letztgenannten Malern kam die Architektur des Le Corbusier, des Mies van der Rohe und des Frank Lloyd Wright. Alle diese Tendenzen brachten die subjektiven Eindrücke des Malers immer mehr und mehr zum Tragen, insbesondere seine Reaktion auf die zunehmend technisierte Umwelt. Die drei Bewegungen des Expressionismus, des Futurismus und des Bauhauses sind auch deshalb besonders interessant, weil ihnen drei alternative Reaktionen zugrunde liegen: Rückzug, Übernahme und Integration.

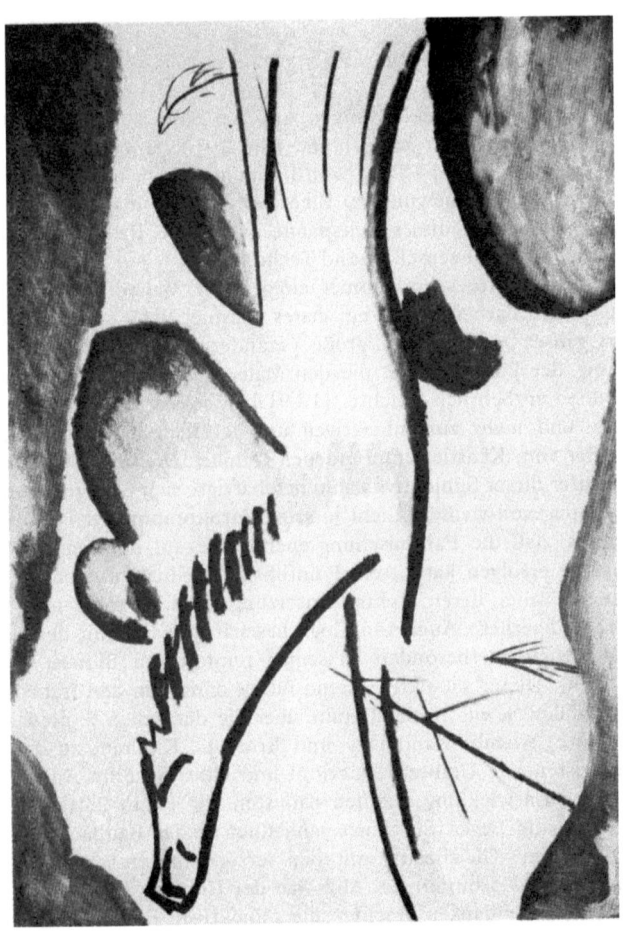

Bild 13-1 Lyrisches, von Wassily Kandinsky (1911)

Bild 13-2 Springende Pferde, von Franz Marc (1913)

Expressionismus

Die Bewegung des deutschen Expressionismus nach 1900, repräsentiert etwa durch den Blauen Reiter aus München, kann als Rückzug betrachtet werden, der als Reaktion auf Wissenschaft und Technik die phantasievolle Darstellung von Landschaften und Tieren in den Mittelpunkt stellte.

Der Ansatz des in Rußland gebürtigen Malers Kandinsky (Bild 13-1) kann durch seinen Zugang zur menschlichen Seele charakterisiert werden: Als Folge seiner tief empfundenen Skepsis gegenüber der materialistischen Struktur unserer zeitgenössischen Welt, wollte er jede Form des künstlerischen Materialismus aufstöbern und bekämpfen. Die moderne Wissenschaft hatte das materielle Substrat der Dinge in Symbole der Energie verwandelt; in der Malerei hatte Matisse die Farbe von ihrer Darstellungsfunktion entbunden und ihr eine geistige Bedeutung verliehen. Picasso hatte dasselbe mit der Form getan. Für Kandinsky waren dies „großartige Zeichen, in Richtung auf ein großartiges Ziel". Seine persönliche Schlußfolgerung aus diesen Erkenntnissen: „Die Harmonie der Farben und Formen hat ihre Wurzel in einer einzigen Ursache: im gewollten Kontakt mit der menschlichen Seele." Die Ausdruckskraft der reinen, mit Farbe ausgestatteten Form setzt den Maler in die Lage, die innere Resonanz der Dinge sichtbar zu machen und die von ihr in der menschlichen Seele hervorgerufenen Schwingungen darzustellen. Diese Schwingungen der Seele können an die Oberfläche gebracht und durch bildliche Harmonien sichtbar gemacht werden, können durch objektive oder metaphorische Bilder entwirrt werden, gerade so wie dies durch den reinen Klang der Musik möglich ist. Diese Ideen veranlaßten Kandinskys Freunde, sich von den Bildern der sichtbaren Welt zu lösen und in den Regungen ihrer Seele die Reflexionen einer höheren Welt zu erkennen. Ihre Ideen kreisten nicht nur um die „Kunst", sondern waren in die religiöse Empfindung eines umfassenden Seins eingebettet, in dessen Mittelpunkt zwischen den irdischen Realitäten und der transzendentalen Wirklichkeit der Mensch stand, der mit seinen Antennen mit dem Ganzen in Kommunikation treten kann. [13.1] So erhielt sich Kandinsky das Gefühl für eine märchenhafte Phantasie, verbunden mit den Farbresonanzen seiner Seele. Im Jahre 1914 konnte er sich völlig vom objektiven Gehalt seiner Bilder lösen.

Marc war durch die Furcht vor der technischen Welt noch stärker bestimmt; durch die Furcht, den Bezug zur realen Natur zu verlieren. Daher waren Tiere seine Schlüsselsymbole. Für ihn waren die Tiere in den großen Rhythmus der Natur eingebettet. Ihre Farben, wie im Tiger oder im Blauen Pferd, sollten stets den geistigen Gehalt dieser Natur darstellen. Seine Bilder wurden immer abstrakter, trotzdem waren aus ihnen Natur und Welt nicht verbannt, sondern nur in die weitere Dimension des gesamten modernen

Geistes übersetzt. Marc starb im Jahre 1916 in Verdun, und mit ihm starb im ersten Weltkrieg die ganze expressionistische Bewegung. Sein Geist jedoch lebt in vielen anderen Bereichen weiter, besonders in der Architektur, wie wir später sehen werden.

Futurismus

Die italienische Parallele zum Expressionismus war der Futurismus, in der Zeit von 1908 bis 1914. Die Futuristen waren nicht nur die ersten Künstler, die sich mit der Dynamik der technologischen Gesellschaft auseinandersetzten, es gelang ihnen auch, Kunstwerke von hohem emotionellen Gehalt herzustellen. Sie übersetzten die Bewegungsrhythmen und die intensiven Empfindungen des modernen Lebens in eine kraftvolle visuelle Sprache. [13.10] Es war Fillippo Tommaso Marinetti, der im Jahre 1909 in Mailand das grundlegende Manifest verfaßte: „Zündet die Museen an", „Legt die Kanäle von Venedig trocken" waren seine Protestrufe gegen die frühere Malerei. Hinter diesem Protest stand ein neues Kunstideal. Die moderne Welt ist durch das Auto mit seinem kraftvoll pulsierenden und lauten Leben charakterisiert; die Geschwindigkeit dieses Fahrzeuges trat an die klassische Stelle des Pferdes Pegasus. Um mit Marinetti zu sprechen:

„Die Herrlichkeiten der Welt wurden durch eine neue Schönheit bereichert; die Schönheit der Geschwindigkeit. Ein Rennwagen, sein Fahrgestelle geziert mit großen Rohren, Schlangen mit explosivem Atem ... ein aufröhrendes Fahrzeug, rasend wie ein Geschoß ist schöner, als der Sieg von Samothrake. Wir sollten von den großen Massen singen, in der Erregung der Arbeit, der Freude und der Rebellion ... Von Brücken, die sich wie Weitspringer über die teuflische Schmiede der sonnengebadeten Flüsse schwingen ...". [13.10]

Der Maler Severini sagte es so:

„Wir versuchen, unsere Aufmerksamkeit auf bewegte Dinge zu konzentrieren, da die moderne Sensibilität für die Idee der Geschwindigkeit besonders zugänglich ist. Schwere kraftvolle Wagen rasen durch die Straßen unserer Städte. Tänzer spiegeln sich im märchenhaften Licht der Farben, Flugzeuge schwingen sich über die Köpfe des erregten Gedränges ... Diese Quellen der Emotion entsprechen unserem Sinn für ein lyrisches und dramatisches Universum eher, als zwei Birnen und ein Apfel." [13.10]

Und Boccioni:

„Wir können das Tick-Tack und die bewegten Zeiger einer Uhr nicht vergessen, das Auf und Nieder eines Kolbens, das Öffnen und Schließen zweier Zahnräder mit dem stetigen Auftauchen und Verschwinden ihrer quadratischen Stahlzähne, das Furioso eines Schwungrades oder die Flügel eines Propellers, all dies sind plastische und bildliche Elemente, deren sich der

Futuristische Bildhauer annehmen muß. Das Öffnen und Schließen eines Ventils erzeugt einen Rhythmus, der ebenso schön, aber unendlich neuer ist, als die Bewegung eines Augenlides." [13.10]

Die italienischen Futuristen bekämpften die Entfremdung von der Welt – die einsame Isolation des Individuums, das Erbe nicht nur des Künstlers, sondern schlechthin eine Bedrohung für den modernen Menschen. Ihre Kunst wollte den Sinn des Menschen für das Wagnis wieder herstellen, ihnen ging es um die Behauptung des Willens gegenüber einer unterwürfigen Passivität. „Wir wollen wieder ins Leben finden" sagten sie, und für sie bedeutete Leben dasselbe wie Handeln. „Dynamismus" war für sie das magische Wort. Die Futuristen wollten den Betrachter in den Mittelpunkt des Bildes stellen. „Wir Futuristen" sagte Carlo Carra, „wollen uns mit der Kraft der Intuition in den Mittelpunkt der Dinge stellen, so daß unser Ich mit ihren Identitäten in einem einzigen Komplex aufgeht." Darin besteht auch die Parallele zu den Expressionisten, wobei die Betonung hier mehr auf den technischen Erfindungen als auf der Flucht in die tierische Welt liegt. Ihre Arbeiten trugen Titel wie „Radfahrer" von Boccioni (Bild 13-3) „Abstrakte Geschwindigkeit

Bild 13-3 Studie zur dynamischen Kraft eines Radfahrers (II), von Umberto Boccioni (1913)

— Das Erwachen des beschleunigten Autos" von Giacomo Balla, "Expansion der Lichter" von Severini und "Das Straßenlicht — Studie des Lichtes" (Bild 13-4) von Balla. Dynamische Aktion wird durch Mehrfachbilder dargestellt, durch Lichtstrahlen unterbrochen von Bewegung und durch den Konflikt zwischen voneinander getrennten Farben. Balla war an allen wissenschaftlichen Dingen interessiert, insbesondere an der Astronomie. Der Durchgang des Planeten Merkur vor der Sonne, betrachtet durch ein Fernrohr, inspirierte ihn im Jahre 1940 zu einer der bedeutendsten Bilderserien. "Die Form/ Kraft", sagte Boccioni "ist mit ihrer zentrifugalen Richtung Möglichkeit realer Formen." Offensichtlich hat die Wissenschaft hier auch die Sprache der Futuristen beeinflußt. Die Konfrontation mit der Technik ist direkt und unvermeidbar; der Mensch muß die Technik seinem Willen unterwerfen.

Dieser Versuch der Futuristen, die Technik in die Kunst zu integrieren, endet mit dem ersten Weltkrieg. Für sie erschien im Jahre 1914 der Krieg als letztes Erwachen und vereinende Kraft. Einige von ihnen stellten sich für die Meldetruppe; einige starben im Krieg und begruben damit auch die Bewegung, eine Bewegung, die in jedem Falle schon auf Grund ihrer besonderen Natur die Nachkriegszeit nicht hätte überleben können.

Die Bauhaus-Bewegung in der Zeit nach dem ersten Weltkrieg

Nach dem Krieg gab es eine heftige Konfrontation der Gesellschaft mit der grausamen Wirklichkeit; in Deutschland brauchte man im Jahre 1924 einen Schubkarren voller Milliarden-Markscheine, um einen Brotlaib zu erwerben. In dieser Situation konnte man sich nicht vollständig von der Technik abwenden. Eine im Jahre 1919 gegründete Institution — das Bauhaus — versuchte, Kunst, Industrie und Technik unter einem Dach zu vereinen. Es wurde von Walter Gropius in Weimar gegründet, der Stadt Goethes, in der nach dem ersten Krieg die Verfassung der neuen deutschen Republik entstand. Obwohl der Bauhaus-Bewegung auch zahlreiche Künstler wie Kandinsky und Klee angehörten, die vor dem Krieg zu den Expressionisten zu zählen waren, war doch Gropius die entscheidende Triebfeder für die Gründung eines Kunstberatungszentrums, das Industrie und Handel offenstehen sollte. In allen Fächern wurden die Studenten von zwei Lehrern unterrichtet, einem Künstler und einem Handwerksmeister. Die Studenten waren in gleicher Weise mit Wissenschaft und Ökonomie vertraut, so daß es ihnen schnell gelang, ihre kreative Vorstellungskraft mit dem praktischen Wissen der Handwerkskunst zu vereinbaren und einen neuen Sinn für funktionelles Design zu entwickeln.

Die Bauhaus-Bewegung war nicht der erste Versuch, Kunst und Design zu kombinieren. Mitte des 19. Jahrhunderts gab es in Großbritannien ein erstes Experiment in dieser Richtung, dessen Produkte allerdings für eine Massenerzeugung nicht geeignet waren. Gropius gelang es, dieses Problem im

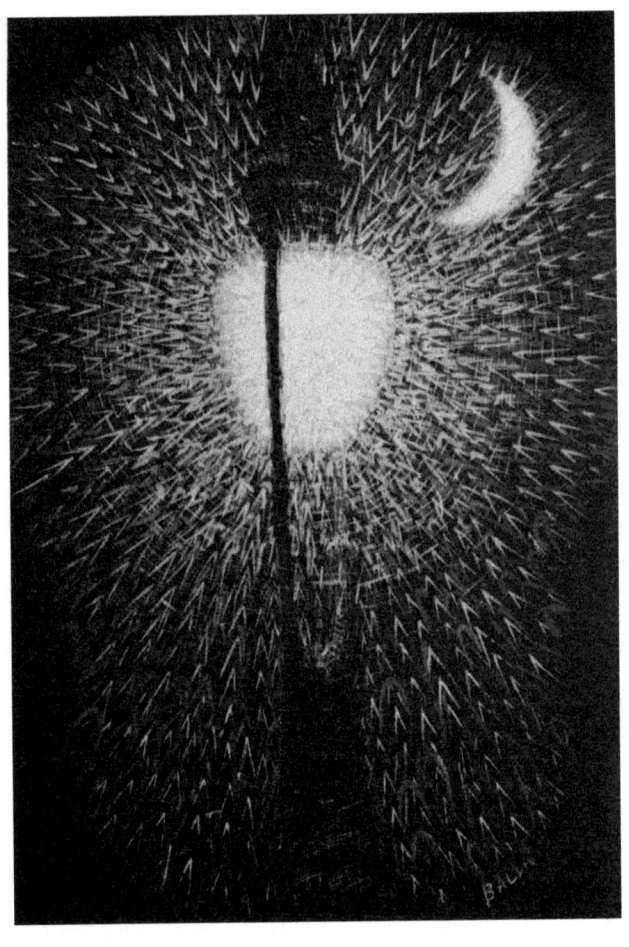

Bild 13-4 Straßenlicht, von Giacomo Balla (1909)

Bauhaus zu vermeiden. Die künstlerische Ausbildung umfaßte unter anderem Theorie der Gestaltung und der Farbe, Mathematik und Physik; strenge Analysen von Gerade, Ebene und Raum wurden durch Klee, Kandinsky und Laszlo Moholy-Nagy geboten. Die technischen Fertigkeiten wurden durch Workshops und industrielle Erfahrung geübt. Die Studenten waren nicht nur Idealisten, unter ihnen waren auch viele Kriegsveteranen auf der Suche nach einem neuen Lebensinhalt. Dieser Kontakt mit der Wirklichkeit, etwa durch den Konnex mit der industriellen Arbeit, war Voraussetzung für die Erfolge des Bauhauses.

Das Schicksal des Bauhauses war symbolisch für die damalige Zeit. Als sich im Jahre 1925 das politische Klima in Deutschland verschlechterte, verließ das Bauhaus das konservative Weimar und zog nach Dessau. Im Jahre 1928 ging Walter Gropius; im Jahre 1933 schloß das Naziregime über Nacht die Tore. Der Einfluß des Bauhauses – also die Verbindung von Kunst mit Wissenschaft und Technik – ist aber noch heute zu spüren. Die Stühle aus Metallrohr sind nur ein Beispiel.

Andere Beispiele für Wissenschaft und Kunst

Es gibt im Laufe der Nachkriegszeit eine große Anzahl anderer Auswirkungen der Wissenschaften auf Kunst und Architektur. Drei davon sind einer besonderen Erwähnung wert:
1. Der expressionistische Architekt Erich Mendelsohn errichtete in den Jahren 1917 bis 1920 in der Nähe von Potsdam das Einstein-Observatorium zur Überprüfung der allgemeinen Relativitätstheorie. Dabei gelang es ihm, den Expressionismus mit der Größe des Einsteinschen Konzeptes in Einklang zu bringen (siehe Bild 14-1).
2. Zu erwähnen ist ferner der Architekt Rudolf Steiner, der in seinen jüngeren Jahren Goethes Werke edierte und dessen Weltsicht von Goethes Gedanken stark geprägt war. Dies zeigt sich insbesondere in Steiners expressionistischen Gebäuden, Goetheaneum I und II.
3. Le Corbusier zog mathematische Proportionen a la Pythagoras und Ideen aus der Kristallographie heran, um sein Konzept des Moduls – eine Reihe von aus dem Menschen hergeleiteten proportionalen Größen – zur Herleitung aller Gebäudedimensionen zu entwickeln. Le Corbusier verwendete zwar technische Produkte, seine Architektur orientierte sich jedoch sehr stark am Menschen.

Man beachte die Parallele zwischen Goethe als Dichter-Wissenschaftler und Einstein als Denker-Wissenschaftler.

Wir könnten auch von der kubistischen Malerei sprechen und von ihren Versuchen, Flächen in Module aufzulösen, wie dies im Werk von Mondrian mit seinen Quadraten und Rechtecken geschieht. Als letztes Beispiel sei der

Maler Leger angeführt. Vor dem ersten Weltkrieg versuchte er sich in zahlreichen Stilarten, von denen ihn offensichtlich keine befriedigte. Im Krieg war er dann in einer technischen Einheit tätig und hatte Kontakt mit Menschen, die sich in der Technik zu Hause fühlten. Ihre optimistische Sicht der Maschinenwelt inspirierte ihn:

„Er empfand es als Aufgabe des Künstlers, Formen zur Darstellung des modernen Lebens zu entwickeln. Die glänzende, präzise, abstrakte Schönheit der Maschine schien hier als geeigneter visueller Ausgangspunkt. Seinem Verständnis nach lag der repräsentative Wert der mechanischen Dinge in ihrer wahrhaftigen Darstellung der modernen Zivilisation. Abbilder dieser mechanischen Welt schienen daher als besonders ansprechende Signale einer modernen industriellen Welt." [13.1]

Nach dem Krieg integrierte er industrielle Objekte in seine Kunstwerke, um der modernen Ästhetik neue Motive zu geben. Die leuchtende Maschine, die Konkretheit der Räder und der Dynamismus einer sich wiederholenden Bewegung — all dies finden wir in Legers Arbeiten. (Bild 13-5)

Bild 13-5 Drei Frauen, von Fernand Leger (1921)

Zusammenfassung

Während der gesamten Periode von 1900 bis 1933 finden wir eine lebhafte Konfrontation zwischen dem individuellen künstlerischen Intellekt und dem Bereich Wissenschaft/Technik. Diese Konfrontation beeinflußte die Kunst jener Zeit sehr grundsätzlich. Einige Künstler, wie die deutschen Expressionisten, sagten der Technik den Kampf an und zogen sich auf eine organische Sicht der Natur zurück. Häufig wurde dabei die Technik auf Märchenhaftes reduziert, wenn etwa in expressionistischen Bildern Eisenbahnen stets wie Spielzeuge dargestellt werden. Andere Künstler, wie die italienischen Futuristen, waren bemüht, die Technik in ihre Werken zu absorbieren, anstatt ihr entgegenzutreten oder sie zu bekämpfen. So wirken die Eisenbahnen der Futuristen zumeist wie dynamische Maschinen. Keine dieser beiden Bewegungen brachte ein tiefes Verständnis der grundsätzlichen wissenschaftlichen Strömungen mit sich. Aber immerhin waren es ganz wesentliche kulturelle Reaktionen auf das wissenschaftlich orientierte neue Industriezeitalter. Der dritte und erfolgreichste Zugang ging von der Bauhaus-Bewegung aus, die eine völlige Integration von Kunst und Industrie anstrebte. Das Ergebnis dieser Bemühungen ist auch heute noch in allen Formen des industriellen Design zu finden. Gewaltlose Konfrontationen der beiden Kulturen können also tatsächlich sehr produktiv sein.

Fragen

1. Oft wird die Meinung vertreten, daß erst im Laufe der Zeit ein Eindruck von einem menschlichen Gesicht entsteht und daß Gemälde den Menschen daher besser porträtieren als Photographien, die nur einen augenblicklichen Zustand wiedergeben. Ist dies der wesentliche Unterschied?
2. Maler verwenden manchmal Worte wie „Resonanz" und „Schwingung". Ist den Künstlern die wissenschaftliche Bedeutung dieser Worte vermutlich bekannt? Ist dies von Bedeutung?
3. Was sind die wesentlichen Elemente der „Op-Art"? Gibt es auch in der zeitgenössischen Kunst eine Antwort auf Wissenschaft und Technik?
4. Reagieren Künstler eher auf die Einflüsse der Wissenschaft oder auf diejenigen der Technik?
5. Sollten Künstler Physik studieren? Kennen Sie Beispiele für Künstler, die dies getan haben?
6. Warum orientieren sich Künstler eher an der Wissenschaft Goethes als an der Newtons?
7. Warum hat sich Dali so oft mit Einstein-Porträts beschäftigt? Ist seine Auseinandersetzung mit der Relativitätstheorie tiefgreifend?

8. Franz Marc schrieb in einem Brief an seine Frau: „Ja, wenn es einzelne, abgesonderte Dinge gäbe, aber alles hängt doch mit allem zusammen ..." Wie kommt diese Aussage in seiner Kunst zum Ausdruck? Inwieweit entspricht sie einer wissenschaftlichen Meinung?

Literatur zu Kapitel 13

[13.1] W. *Haftmann*, Malerei im 20. Jahrhundert, Prestel, München 1965
[13.2] G. *Kepes*, Sprache des Sehens, Florian Kupferberg, Mainz 1983
[13.3] V. *Cronin*, Säulen des Himmels, Claassen, Düsseldorf 1981
[13.4] W. *Gropius*, Die neue Architektur und das Bauhaus, Florian Kupferberg, Mainz 1965
[13.5] J. M. *Nash*, Cubism, Futurism and Construktivism
[13.6] M. *Gerhardus*, Kubismus und Futurismus, Herder, Freiburg 1977
[13.7] R. *Arnheim*, Entropie und Kunst, DuMont, Köln 1979
[13.8] F. *Popper*, Die Kinetische Kunst, DuMont, Köln 1975
[13.9] A. *Scharf*, Art and Photography, Allen Lane, London 1968
[13.10] J. C. *Taylor*, Futurism, The Museum of Modern Art, New York 1961

14 Wissenschaft und politische Ideologien

> *Heute werde ich in Deutschland als „Deutscher Gelehrter", in England als „Schweizer Jude" bezeichnet; sollte ich aber einst in die Lage kommen, als „bête noire" präsentiert zu werden, dann wäre ich umgekehrt für die Deutschen ein „Schweizer Jude", für die Engländer ein „Deutscher Gelehrter".*
>
> (Albert Einstein)

Die Wechselwirkung zwischen Wissenschaft und politischer Ideologie soll am Beispiel Deutschlands zwischen 1914 und 1945 untersucht werden. Einsteins Leben liefert ein illustratives Beispiel für diese Wechselwirkung. Auch die Auswirkungen der intellektuellen Abwanderung zwischen 1933 und 1938 auf die Geschichte der Physik werfen wichtige Schlaglichter auf die Beziehung zwischen Wissenschaft und Politik.

Einleitung

Während einer Auseinandersetzung um den politischen Aktivismus an amerikanischen Universitäten meinte ein Geschichtsprofessor, daß jede institutionelle politische Tätigkeit abzulehnen sei. Er untermauerte dieses Argument mit dem Hinweis auf das Beispiel der deutschen Hochschulen, deren politischer Einfluß nach dem ersten Weltkrieg seiner Meinung nach zu Hitlers Machtergreifung beigetragen hätte. Andere vertraten genau den entgegengesetzten Standpunkt, daß nämlich die Universitäten zu wenig in die politische Entwicklung Deutschlands eingegriffen hätten. Die gleiche Anschuldigung kann man auch – und dies ist geschehen – gegenüber der Forschung vor und während der Nazizeit erheben. Forscher wurden allzusehr in Konflikte um politische Ideologien verwickelt, ohne auf diesem Gebiet ausreichendes Verständnis zu haben. Dies führte für die Wissenschaft ebenso wie für die Politik zu verheerenden Konsequenzen.

Die Wechselwirkung zwischen Wissenschaft und Politik beschränkt sich natürlich nicht auf die Nazizeit. In den Vereinigten Staaten hängt die Forschung sehr eng mit dem politisch-wirtschaftlichen System zusammen. In den 50er-Jahren wurde während der McCarthy-Periode ein wichtiger Teil der Forschung in ihren normalen Aktivitäten behindert; damals ging es allerdings im wesentlichen um Angriffe auf die politische Überzeugung einzelner Wissenschaftler und nicht um ihre wissenschaftlichen Ideen. Ein erstes Beispiel für die Wechselwirkung zwischen der Wissenschaft und einer politischen Doktrin finden wir in der Sowjetunion. Der Marxismus wurde im 19. Jahrhundert als wissenschaftlich-politische Ideologie begründet, vor allem auf dem Gebiet der Ökonomie. Doch wurde in der Folge das Konzept des dialektischem Materialismus auch auf die Physik übertragen.

Der eindrucksvollste Fall von Unterdrückung der Wissenschaften durch eine politische Ideologie ereignete sich jedoch im Deutschland des Jahres 1933, als Adolf Hitler und die NSDAP die Macht ergriffen. Es kam zu einer großen intellektuellen Abwanderung, der sich eine bedeutende Anzahl hervorragender Physiker, wie etwa Einstein, anschlossen. Großbritannien und die Vereinigten Staaten haben von dieser Abwanderung profitiert und Deutschland hat unter den Folgen dieser Verluste länger gelitten, als unter den Zerstörungen des zweiten Weltkriegs. Der Begriff einer Deutschen Physik (im Gegensatz zur Jüdischen Physik) wurde eingeführt und es bedurfte besonderer politischer Rechtfertigungen, um in physikalischen Berechnungen die Einsteinsche Massen-Energie-Äquivalenz-Formel zu verwenden. Dies alles geschah, weil die Wissenschaft selbst sich anschickte, in die politische Ideologie einzugreifen. Daraufhin versuchte das politische System, die Wissenschaft in den Griff zu bekommen.

Wissenschaft und Politik im ersten Weltkrieg

Es ist vorteilhaft, unsere Untersuchung über die Wechselwirkung zwischen der Wissenschaft und der Naziideologie mit einer Darstellung der politischen Atmosphäre in Europa und insbesondere in Deutschland zu beginnen. Ein hilfreiches Beispiel zur Illustration dieser Atmosphäre in der Vornazizeit liefert das Verhalten gegenüber Einstein in der Folge seiner Berufung nach Berlin (1913).

Beim Ausbruch des ersten Weltkriegs im Jahre 1914 begannen sich die Intellektuellen der kriegführenden Nationen mit den „intellektuellen Waffen" der Propaganda zu bekämpfen. Um die verbrecherische und grausame Invasion der Deutschen in Belgien ins rechte Licht zu rücken, stellten die Alliierten den Gegensatz zwischen dem künstlerischen Deutschland Goethes und dem militärischen Deutschland Bismarcks heraus. Die Antwort ließ nicht lange auf sich warten: 92 führende Repräsentanten der deutschen Wissenschaft und Kunst unterzeichneten ein Manifest mit dem Kernsatz „Deutsche Kultur und deutscher Militarismus sind dasselbe". Diese Erklärung wurde z.B. von Röntgen unterzeichnet. Und als Einstein seine Unterschrift verweigerte, wurde er fast als Verräter betrachtet.

Durch diesen intellektuellen Konflikt war die internationale Gemeinschaft der Wissenschaften zerstört. Eine Gruppe deutscher Wissenschaftler forderte ihre Kollegen in einem Memorandum auf, die Arbeiten englischer Physiker nur dann zu zitieren, wenn dies absolut nicht zu vermeiden wäre; es wurde behauptet, daß die wissenschaftliche Arbeit der Engländer sich auf einem sehr niedrigen Niveau bewege. Man wollte damals „wissenschaftlich" beweisen, daß es in der Physik verschiedene nationale Charakteristika gibt, und daß diese Eigenheiten durch die Beschränkung des Wissensaustausches auf das absolut nötige Mindestmaß möglichst rein und einheitlich erhalten werden müßte. Für die deutsche Wissenschaft beanspruchte man besondere Genauigkeit und besonderen Tiefgang, während man sich über die rationalistischen Sophistereien der Franzosen und die empirische Oberflächlichkeit der Briten mokierte. Im Gegenzug stellten die Franzosen die sogenannte deutsche Gründlichkeit als fanatische Pedanterie hin. Die Briten waren über die Bereitschaft der deutschen Physiker, sich mit dem Militarismus einzulassen, zutiefst aufgebracht. Diese Art von wissenschaftlichem Meuchelmord sollte die Diskussionen über Einsteins Relativitätstheorie während des ersten Weltkriegs weitgehend beeinflussen.

Einstein und Politik

Die Zeit nach dem ersten Weltkrieg war für die Deutschen bedrückend, kam es doch nach dem verlorenen Krieg zu politischem Aufruhr und verheerender Inflation. Die deutsche Wissenschaft litt unter einem internationalen Boykott. Um eine neue Lebensgrundlage zu finden, wurden immer mehr Menschen in die Suche nach einer metaphysischen Basis für ihre Weltanschauung getrieben. Auf sonderbare Weise wurde Einsteins Relativitätstheorie in dieses Streben verwickelt, zu einer Zeit, da in Deutschland die pessimistische Weltsicht dominierte.

Es gab in Deutschland viele Nationalisten, die der Relativitätstheorie aus verschiedensten Gründen feindlich gegenüber standen. Für einige von ihnen war Einstein einer der Sündenböcke für die deutsche Niederlage im ersten Weltkrieg. Und waren nicht im übrigen die bolschewistischen Juden und Pazifisten für jenen „Stich in den Rücken" verantwortlich, der den Krieg schließlich beendete? War nicht Einstein für den jüdischen Zionismus massiv eingetreten? Typisch für die Ansichten jener Gruppe, die die Kriegsniederlage beklagten, war ein Artikel mit dem Titel „Bolschewistische Physik".

„Kaum ist zum Entsetzen den Deutschen klar geworden, wie furchtbar man sie mit der erhabenen Politik des Professors Wilson hineingelegt und mit dem Professorennimbus betrogen hat — da wird den biederen Deutschen schon wieder eine neue Professorenleistung in allen Tönen der Begeisterung und Verzückung als Gipfel der wissenschaftlichen Forschung angepriesen und es fallen auch leider Leute mit höherer Bildung darauf hinein — um so mehr als Professor Einstein, der angebliche neue Kopernikus, sogar auch Hochschullehrer zu seinen Bewunderern zählt. Und doch haben wir es hier, um es im Vorhinein zu sagen, mit einem geradezu ungeheuerlichen wissenschaftlichen Skandal zu tun, der ganz vorzüglich in den Rahmen dieser traurigsten aller politischen Perioden hineinpaßt. Man kann es schließlich Arbeitern nicht übelnehmen, daß sie Marx auf den Leim gingen, wenn deutsche Professoren es fertigbrachten, sich von Einstein irreführen zu lassen." [14.1, S. 270 f.]

Auch eine andere Gruppe von Physikern, deren Reputation auf besonders exakte Experimente begründet war, ließ sich auf eine derartige Einstein-Kampagne ein. Sie konnten nicht verstehen, wie jemand wegen seiner kreativen Gedankenschöpfungen berühmt werden konnte. Solche Schöpfungen wurden bald als nicht-arisch betrachtet. Ansehen und Einfluß erhielt diese Gruppe infolge der Unterstützung durch den Nobelpreisphysiker Phillip Lenard (ein frühes Mitglied der NSDAP). Lenard war so nationalistisch eingestellt, daß auf seine Veranlassung die Laboratorien der Universität von Heidelberg aufgefordert wurden, die Einheit des elektrischen Stromes (nach dem Franzosen Ampere benannt) nun mit dem Namen des deutschen Weber zu bezeichnen.

Die dritte Anti-Einsteingruppe rekrutierte sich aus Philosophen, deren System zur Relativitätstheorie im Widerspruch stand; sie lasen aus seiner Theorie metaphysische Schlußfolgerungen ab, die in ihr gar nicht enthalten waren. Auch hier wurde die Meinung vertreten, daß die nordisch-arischen Philosophen sich mit den tieferen Aspekten der Natur beschäftigten, während andere Untersuchungen nur an der Oberfläche bleiben.

Einstein war durch diese Atmosphäre irritiert; auf die Frage, ob er Berlin verlassen wolle, gab er folgende Antwort:

„Wäre ein solcher Entschluß so verwunderlich? Meine Lage ist wie bei einem Mann, der in einem wunderschönen Bett liegt, aber von Wanzen geplagt wird. Aber wir wollen abwarten, wie sich die Dinge entwickeln." [14.1, S. 273]

Einstein wurde auf Antrag des preußischen Erziehungsministers deutscher Staatsbürger, um die unter dauernden Angriffen stehende Bundesregierung zu unterstützen. Man kann die damalige Stimmung nur schwer mit Worten beschreiben. Im Jahre 1922 wurde der deutsche Außenminister Rathenau von Rechtsradikalen ermordet; er war zum jüdischen Bolschewisten abgestempelt worden, nachdem er den Rapallo-Friedensvertrag mit der Sowjetunion unterzeichnet hatte. Anläßlich seines Begräbnisses wurde ein

*Bild 14-1 Einstein-Turm in Potsdam, 1920–1921.
Das Observatorium wurde von Erich Mendelsohn
entworfen.*

Staatstrauertag ausgerufen, aber Lenard bestand darauf, seine Vorlesungen zu halten. Dies wieder veranlaßte die Studenten zum Aufruhr. In den Augen vieler war der Kampf gegen Einsteins Relativitätstheorie immer mehr mit Angriffen gegen die Republik verbunden, und es gab Gerüchte, daß Einstein von den Rechtsradikalen als nächstes Mordopfer ausgewählt war. Auch Einsteins Reisen führten zu immer neuen Kontroversen. Als er in Frankreich lehrte, wurde er zum Symbol in der Dreyfus-Affäre. Er wurde als einer apostrophiert, „dessen Volk unsere Söhne mordet". Nach seiner Rückkehr wurde er in Deutschland als Ratgeber der Franzosen angegriffen. Wenn man bedenkt, daß seine Theorie als bolschewistische Physik abqualifiziert worden war, so ist es nicht erstaunlich, wenn nach Bekanntgabe einer geplanten Rußlandreise ein allgemeiner Aufschrei losbrach.

Die intellektuelle Abwanderung

Im Januar 1933 ergriffen Hitler und die NSDAP in Deutschland die Macht. Für die Wissenschaftler waren die Pläne des neuen Regimes als Menetekel längst erkennbar. Um mit den Worten des obersten deutschen Pädagogen E. Krick zu sprechen:

„Nicht die Wissenschaft ist zu binden, wohl aber ihre Träger und Mehrer: an den deutschen Hochschulen sollen nur wissenschaftlich befähigte Männer forschen und lehren, die mit ihrer ganzen Persönlichkeit auf die Nation, auf das völkische Weltbild, auf die deutsche Aufgabe sich verpflichtet haben." [14.1, S. 368]

Die Verfolgung setzte knapp drei Monate später ein, da die erste Definition des Wortes nicht-arisch vorlag. Das Buch „The Intellectual Migration" erzählt einige unglaubliche Geschichten aus diesen Tagen; ein Beispiel ist der Bericht von Hans Bethe von der Cornell University:

„Am 1. April 1933 kam es zum ersten Boykott von jüdischen Läden. Gleichzeitig wurde ein Gesetz publiziert, das jedermann vom öffentlichen Dienst ausschloß, der eine jüdische Großmutter hatte. Da meine Mutter und nicht nur meine Großmutter Jüdin war, war mir klar, daß ich früher oder später werde flüchten müssen. Ich hatte nur nicht angenommen, daß dies schon so bald der Fall sein wird. So war es für mich eine etwas überraschende Erfahrung, als ich eines Tages von einem der beiden Studenten einen Brief erhielt, die bei mir ihr Doktorat erworben haben: Er habe in einer kleinen Provinzzeitung in Württemberg gelesen, daß ich entlassen worden sei – und was solle er nun tun? Dies war für mich die erste Nachricht dieser Art."

„Dann schrieb ich an einen Professor der Experimentalphysik, der sehr freundlich zu mir gewesen war, meinem Werk wohlwollend gegenüberstand und mich zum Bleiben aufgefordert hatte. Ich ehielt einen sehr förmlichen Antwortbrief mit der Mitteilung, daß im nächsten Semester die Vorlesungen der theoretischen Physik anders gegliedert sein würden. Und eine Woche nach dem ersten Brief, den ich von meinem Studenten erhalten hatte, ging mir schließlich ein Schreiben des Erziehungsministers von Württemberg zu, das mir mit Wirkung vom 1. Mai meine Entlassung auf Grund des Gesetzes mitteilte. Mein Gehalt für den Mai würde mir noch ausgezahlt und das war's." [14.11, S. 203]

Am 19. Mai 1933 veröffentlichte der Manchester Guardian eine Liste von 196 Professoren, die aus politischen oder rassischen Gründen in Deutschland ihre Stellen verloren hatten. Diese Liste war ein beachtliches „Who is Who". Im Jahre 1936 enthielt diese Zusammenfassung bereits mehr als 1600 Namen [14.12]. Selbst Hitler erkannte, daß die Entlassung der jüdischen Wissenschaftler mit der Vernichtung der zeitgenössischen deutschen Wissenschaft Hand in Hand gehen müßte und daß Deutschland in den folgenden Jahren beachtliche Probleme auf diesem Gebiet haben würde.

Einstein nahm im Jahre 1933 eine Stelle am Princeton Institute für Advanced Studies an. Er trat aus der preußischen Akademie der Wissenschaft aus, da es in Deutschland „Toleranz und Respekt für individuelle Meinungen" nicht mehr gebe. In der Folge kam es zu einem Briefwechsel zwischen Einstein und der Akademie mit Ausdrücken wie „Grausamkeit", „Antisemitismus", „Verleumdung" und „Rückfall in die Barbarei".

In zahlreichen Ländern wurden Komitees gegründet, um den geflohenen Intellektuellen zu helfen. Diese wandten sich vor allem nach Großbritannien und in die Vereinigten Staaten, andere hielten sich zeitweise in Frankreich, Dänemark oder der Türkei auf, ehe sie der Krieg weitertrieb. Wir kennen einige aufschlußreiche Briefe über diese Auswanderungsbewegung, insbesondere einen Briefwechsel in der Zeitung Nature (1934) zwischen dem deutschen Nobelpreisträger Johannes Stark und dem englischen Physiologen A. V. Hill. Stark wollte die Gründe für die Aktionen gegen jüdische Wissenschaftler in Deuschland so erklären:

„Die nationalsozialistische Regierung hat keine Maßnahmen ergriffen, die sich gegen die Freiheit der Forschung und der wissenschaftlichen Lehre richten könnten; im Gegenteil, sie will diese Freiheit überall dort wieder herstellen, wo sie durch frühere Regierungen eingeschränkt worden war. Jene Schritte, die die nationalsozialistische Regierung gegen jüdische Wissenschaftler und Studenten eingeleitet hat, zielten lediglich auf eine Beschränkung des ungerechtfertigt hohen Einflusses der Juden. In Deutschland gibt es Spitäler und wissenschaftliche Institute, in denen die Juden für sich ein Monopol geschaffen haben und wo sie fast alle akademische Stellen besetzen. Darüber hinaus gibt es in allen Bereichen des öffentlichen Lebens Juden, die in der Folge des Krieges aus dem Osten nach Deutschland einwanderten. Diese Einwanderung war von der marxistischen Regierung Deutschlands toleriert und sogar ermutigt worden." (Nature, 24. Februar 1934) [14.13, S. 222–224]

Hill antwortete unter anderem:

„Tatsächlich wurden im Gegensatz zu seiner Behauptung viele Juden oder Teiljuden aus ihren Universitätsstellen entlassen. So wurde es ihnen unmöglich gemacht, ihre Arbeit in Deutschland fortzusetzen. Hervorragende Männer betteln nicht grundlos ihre ausländischen Kollegen um Hilfe an. Ob sie nun „entlassen" wurden oder „in den Ruhestand getreten" sind, ob sie „beurlaubt" wurden oder ob ihnen nur die Betreuung von Studenten oder das Betreten von Bibliothek und Laboratorien verboten wurde, das alles ist Spitzfindigkeit: Das Ergebnis ist das gleiche. Und dieses Ergebnis steht im Widerspruch zu der „Freiheit der wissenschaftlichen Forschung und Lehre", die die deutsche Regierung angeblich wieder herstellen will". (Nature, 24. Februar 1934) [14.13, S. 222–224].

Die Flüchtlinge wurden nicht immer freundlich aufgenommen. Einerseits war diese eingewanderte Intelligenz zu wirklich konstruktiver physikalischer Arbeit nicht in der Lage und andererseits gab es in der Folge der ökonomischen Krise und der Depression des Jahres 1939 einen beträchtlichen Bedarf an Arbeitsplätzen. So kam es immer wieder zu Versuchen, die Flüchtlinge als unmoralisch hinzustellen:

„Wieso wagen es der „Nudist" Russell und der „Flüchtling" Einstein, sich ins Familienleben der Vereinigten Staaten einzumischen?" [14.1, S. 437]

Insgesamt aber fügten sich die Flüchtlinge recht gut ein. Sie wollten ihren Beitrag leisten und bereiteten sich auf einen Daueraufenthalt vor. Im Laufe der Zeit wurden sie in das Gastland völlig integriert.

Die Wissenschaftspolitik der Naziregierung hatte die Verurteilung Einsteins und die Definition einer jüdischen Physik – im Gegensatz zur deutschen Physik – mit sich gebracht. Die technischen Anwendungen einer „verdammten" Theorie durften allerdings beibehalten und weiterentwickelt werden. Dies war eine vom Grundsätzlichen her sehr widersprüchliche Haltung. Einstein wurde aus einander ausschließenden Gründen verurteilt. Einerseits sei seine Physik zu theoretisch und nicht präzise genug. Im Vorwort zu seiner „Deutsche Physik" sagt Lenard:

„Deutsche Physik?" wird man fragen. – Ich hätte auch arische Physik oder Physik der nordisch gearteten Menschen sagen können, Physik der Wirklichkeits-Ergründer, der Wahrheit-Suchenden, Physik derjenigen, die Naturforschung begründet haben. – „Die Wissenschaft ist und bleibt international!" wird man mir einwenden wollen. Dem liegt aber immer ein Irrtum zugrunde. In Wirklichkeit ist die Wissenschaft, wie alles was Menschen hervorbringen, rassisch, blutmäßig bedingt". [s.a. 14.12]

Für Lenard war Einstein ein typisch jüdischer Physiker, dessen Relativitätstheorie ihm mit der Wirklichkeit unvereinbar erschien – wie alle jüdischen Theorien. (Übrigens hat der Herausgeber von Lenards „Deutscher Physik" meine Bitte abgelehnt, einige längere Passagen aus dem Vorwort dieses Buches zu zitieren. Seiner Meinung nach seien sie aus dem Geist jener Zeit verständlich und erschienen heute lächerlich; eine Veröffentlichung dieser Bemerkungen würde nur den Ruf eines Nobelpreisphysikers herabmindern). Diese angebliche Präferenz der Juden für theoretische Überlegungen wurde im Gegensatz zum Streben der arischen Deutschen nach konkreter Aktion gesehen. Der preußische Erziehungsminister Rust sagte im Jahre 1934:

„Der Nationalsozialismus steht nicht der Wissenschaft, sondern nur der Theorie feindlich gegenüber." Die deutsche Wissenschaft wurde aufgefordert, sich auf den Dienst am Staate zu beschränken und sich jeder philosophischen Verallgemeinerungen zu enthalten, die im Widerspruch zur Parteiphilosophie stehen könnten.

Für den durchschnittlichen Naziphilosophen, der wenig von Physik verstand, erschienen die Einsteinschen Theorien andererseits zu materialistisch und daher mit dem Marxismus verwandt. Ein Vortragender führte vor der nationalsozialistischen Studentenvereinigung aus:

„Die Einsteinsche Lehre konnte nur von einer Generation so freudig begrüßt werden, die bereits in materialistischen Gedankengängen groß geworden war. Sie hatte deshalb auch nirgends so blühen können wie auf dem Nährboden des Marxismus, dessen wissenschaftlicher Ausdruck sie ebenso ist, wie dies vom Kubismus in der bildenden Kunst und der melodischen und rhythmischen Öde der Musik vergangener Jahre gilt." [14.1, S. 403]

Dr. Dietrich, einer der höchsten Nazipropagandisten befahl: „Wir wünschen, daß das mechanistische Weltbild durch ein organisches Weltbild ersetzt wird." Das Wort „Kraft" wurde als alles durchdringendes Prinzip der Romantik von den Nazis sehr oft verwendet; und den Juden warf man vor, das Kraft-Konzept zu untergraben. In einem Artikel des Journals für allgemeine Wissenschaft heißt es:

„Der Begriff der Kraft, der von arischen Forschern zur kausalen Gestaltung von Geschwindigkeitsänderungen eingeführt worden ist, entstammt ersichtlich der Erfahrung und dem Erlebnis der menschlichen Arbeit, des handwerklichen Schaffens, das wiederum gerade dem arischen Menschen wesentlicher Lebensinhalt war und ist. Das Weltbild, das so entstand, besaß in allen Einzelheiten die Eigenschaften der Anschaulichkeit, aus der die beglückende Wirkung auf den verwandten Geist entspringt. Dies alles änderte sich grundsätzlich, als der Jude auch in der Naturwissenschaft mehr und mehr die Zügel ergriff. Der Jude müßte nicht er selbst sein, wenn das Kennzeichnende seiner Haltung wie überall auch in der Wissenschaft nicht Zersetzung und Zerstörung des von dem arischen Menschen Aufgebauten wäre." [14.1, 406]

Dies sind Beispiele für die sehr widersprüchlichen Kommentare zu Einstein und seiner Physik. Vielleicht drückt Lenards Vorwort die wahre Meinung am klarsten aus, die auch aus dem erwähnten Artikel der „Zeitschrift für allgemeine Naturwissenschaft" hervorgeht:

„Die Denkweise, die in der Einsteinschen Theorie zum Ausdruck kommt, ist, auf andere gewöhnliche Dinge angewandt, unter der Bezeichnung ‚talmudisches Denken' bekannt. Die Aufgabe des Talmud besteht darin, die Vorschrift der Thora, des biblischen Gesetzes, dadurch zu erfüllen, daß man sie umgeht. Das geschieht durch geeignete Defintion der im Gesetze vorkommenden Begriffe und rein formalistische Ausdeutung und Anwendungsweise. Man betrachte da den Talmudjuden, der einen Eßtopf unter seinen Sitz im Eisenbahnwagen stellt, den Wagen damit formal zu seinem Wohnsitz macht und so formell das Gesetz erfüllt, daß er am Sabbath sich nicht weiter als zwei Kilometer von seinem Wohnsitz entfernen dürfe. Auf diese formale Erfüllung kommt es dem Juden an.

Auch in der jüdischen Physik offenbart sich dieses formalistische talmudische Denken. Innerhalb der Relativitätstheorie vertritt das Prinzip von der Konstanz der Lichtgeschwindigkeit und das Prinzip von der allgemeinen Relativität der Naturerscheinungen die ‚Thora' (Bibel), die unter allen Umständen erfüllt werden muß. Zu dieser Erfüllung ist ein ausgedehnter mathematischer Apparat nötig; und so wie vorher der Begriff des ‚Wohnsitzes' und des ‚Tragens' entseelt wurden und ihre zweckentsprechende Definition fanden, so werden in der jüdischen Relativitätstheorie die Begriffe des Raumes und der Zeit entseelt und rein intellektualistisch geeignet definiert." [14.1, S. 407]

Der Nationalsozialismus und die angewandte Wissenschaft

Die Nazis richteten ihre Angriffe insbesondere gegen die Relativitätstheorie und gegen die Gleichung $E = mc^2$, die sich in der Kernphysik so bewährt hat. Selbstverständlich ging es den nationalsozialistischen Parteiphilosophen vor allem um die Erhaltung der angewandten Wissenschaft. Dies vollzog sich in einer sehr eigenartigen Weise, die sehr stark an jene Methoden erinnert, mit denen die kommunistische Partei der UdSSR ihre analogen Probleme lösen wollte. [14.14] Zwei Spezialkonferenzen in den Jahren 1940 und 1942 brachten den Kompromiß zwischen den Philosophen und den Wissenschaftlern. Die theoretische Physik wurde als unverzichtbarer Teil der Physik und die spezielle Relativitätstheorie als experimentell gesicherte Tatsache zugelassen. Allerdings wurde die theoretische Leistung so weit als möglich den frühen arischen Physikern zugeschrieben; Spekulationen über Raum und Zeit sollten den Parteiphilosophen vorbehalten bleiben. Um das Glaubensbekenntnis der Nazis zu retten, wurde einiges von der spekulativen Schärfe der Wissenschaft geopfert.

Zusammenfassung

Die Jahre 1914 bis 1945 machen deutlich, wie in Deutschland die Wissenschaft den Bedürfnissen einer politischen Ideologie unterworfen wurde. In diesem besonderen Fall scheinen die Wissenschaftler als Teil der deutschen Intelligenz, den Nationalismus als politische Ideologie sogar hervorgerufen zu haben. Das Konzept einer organischen Nation rief in allen ihren Angehörigen ein Gefühl des politischen Konsenses hervor, wie er sich in einer solchen idealistischen politischen Bewegung entwickeln kann. So war es schwierig, sich in Kompromißlösungen und Mehrheitsentscheidungen des politischen Alltags einer funktionierenden Republik einzufügen. Nicht umsonst waren die falschen Wissenschaftler in ihre Waldspaziergänge (organische Natur) so verliebt, nicht umsonst dominierte in den nationalistischen Jugendbewegungen ein Geist der organischen Einheit. Und die kompromißfeindlichen Splittergruppen machten die praktische Politik so schwierig — all dies zeigt die Unfähigkeit der Wissenschaftler und überhaupt der Intellektuellen, sich für eine vernünftige deutsche Politik einzusetzen.

Als Resultat der nationalsozialistischen Machtübernahme wurde die Wissenschaft unter Kuratel gestellt. Diese Kontrolle verletzte ganz offensichtlich das Wissenschaftskriterium des öffentlich zugänglichen Wissens. Anstelle der Frage nach der sachlichen Richtigkeit einer wissenschaftlichen Aussage trat die Überlegung, ob der Schöpfer dieser wissenschaftlichen Idee mit der Regierungspolitik übereinstimme. Da Politik etwas „Lokales" ist, wurde auch Wissenschaft in lokale Grenzen gezwungen, so daß jeder internationale Konsens unmöglich wurde. Damit aber waren die Wissenschaftler für das politische Wohlergehen ihrer jeweiligen Nationen mitverantwortlich.

Fragen

1. Gibt es auch heute noch nationalistische Tendenzen in der Wissenschaft? Immerhin sind die Amerikaner zum Mond geflogen und haben Hochenergiebeschleuniger gebaut, um nicht hinter den Russen zurückzubleiben. Ist dieser Nationalismus für die Wissenschaft schlecht?
2. Wie wird die Relativitätstheorie von manchen Anhängern verschiedenster politischer Überzeugungen bekämpft?
3. Warum war gerade Einstein besonderen politischen Angriffen ausgesetzt? Hätte er sich aller politischen Aktivitäten, wie etwa des Zionismus, enthalten müssen, um seine Physik zu schützen?
4. Ist es tatsächlich möglich, daß eine Regierung bestimmte Bereiche der Grundlagenwissenschaft zerstört und daß angewandte Wissenschaft und Technik trotzdem überleben?
5. Ist es im Dritten Reich gelungen, die Grundlagenwissenschaft von der angewandten Wissenschaft zu trennen?
6. Ist es wirklich unwissenschaftlich, wenn man eine Nation oder die Welt als Organismus betrachtet?

Literatur zu Kapitel 14

[14.1] *P. Frank*, A. Einstein, Sein Leben und seine Zeit, Vieweg, Braunschweig 1979
[14.2] *A. Einstein*, Mein Weltbild, Ullstein, Berlin
[14.3] *P. Lenard*, Deutsche Physik, J. F. Lehmanns, München 1936
[14.4] *L. Fermi*, Atoms in the Family: My Life with Enrico Fermi, University of Chicago Press, Chicago 1954
[14.5] *R. W. Clarc*, Albert Einstein, Heyne, München 1976
[14.6] *H. Mehrtens* und *S. Richter* (Hrsg.), Naturwissenschaft, Technik und NS-Ideologie, Suhrkamp, Frankfurt a.M. 1980

[14.7] *E. Heisenberg*, Das Politische Leben eines Unpolitischen, Piper, München 1980
[14.8] *J. Herbig*, Kettenreaktion, Hanser, München 1976
[14.9] *A. Beyerchen*, Wissenschaftler unter Hitler, Kiepenheuer & Witsch, Köln 1980
[14.10] *A. Einstein*, Über den Frieden, *O. Nathan* und *H. Norden* (Hrsg.), Lang, Bern 1975
[14.11] *D. Fleming* und *B. Bailyn*, Hrsg., The Intellectual Migration: Europe and America, 1930–1960, Harvard Univ. Press, Cambridge 1969
[14.12] *E. Y. Hartshorne, Jr.*, The German Universities and National Socialism, Harvard Univ. Press, Cambridge 1969
[14.13] *A. V. Hill*, The Ethical Dilemma of Science, Rockefeller Institute Press, New York 1960
[14.14] *B. Barber*, Science and the Social Order, Free Press, Glencoe Ill. 1952

15 Die Wissenschaftler ziehen in den Krieg: Die Atombombe

> *Hier in Los Alamos hat die amerikanische Regierung die weltweit größte Sammlung von Verrückten angelegt.*
> (General Leslie R. Groves)

> *Ich glaube, ihre Leute haben wirklich das Bedürfnis, die Bombe zu bauen.*
> (Enrico Fermi zu J. Robert Oppenheimer in Los Alamos)

> *Wenn die Strahlen von tausend Sonnen den Himmel überfluten, dann wäre das wie der Glanz des mächtigen Einen.*
> (Zitat aus Bhagava-Gita, an das sich Robert Oppenheimer bei der Explosion der ersten Atombombe erinnerte)

In diesem Kapitel diskutieren wir, warum und wie Wissenschaftler für die Atombombe arbeiteten, und skizzieren die Geschichte des Manhattan-Projekts bis zur Explosion der ersten Kernwaffe im Jahre 1945.

Einleitung

Fraglos hat der zweite Weltkrieg eine wesentliche Veränderung in den Beziehungen zwischen Wissenschaft und Gesellschaft, insbesondere zwischen Physik und Militär mit sich gebracht. Erstmals haben Wissenschaftler bedeutende Waffensysteme vorgeschlagen und entwickelt. Ihre Vorschläge wurden in der kurzen Kriegszeit realisiert und halfen — besonders das Radar — den Alliierten, den Krieg zu gewinnen. Diese Leistungen hatten den Eintritt von Wissenschaftlern in hohe Beratungsstäbe der Nationen zur Folge und veränderten die öffentliche Meinung über die Wissenschaft.

Zwei Aspekte werden uns in Zusammenhang mit dem Bau der Atombombe besonders beschäftigen. Sie hängen beide mit der organisierten Wechselwirkung zwischen Wissenschaft und Gesellschaft zusammen. Erstens scheinen Wissenschaftler sich häufig als kompromißunfähig zu erweisen, sobald sie ihr spezielles Studiengebiet verlassen und beispielsweise in der Verwaltung tätig werden. Dadurch wird manchmal sogar der technische Fortschritt hintangehalten. Der Erfolg J. Robert Oppenheimers ist vor allem auf seine Fähigkeit zurückzuführen, mit diesem Problem fertig zu werden. Zweitens waren die Wissenschaftler für die gesamte Entwicklung — für die Idee und den Bau — der Atombombe direkt verantwortlich, und das alles unter höchster Geheimhaltung. Diese beiden Aspekte legen die Frage nahe, in welchem Ausmaß die „Atomwissenschaftler" während dieses Projektes überhaupt als Wissenschaftler tätig waren und ob ihre Ausbildung sie behinderte, sobald sie sich von ihrer wissenschaftlichen Rolle entfernten. Nur so ließe es sich erklären, daß ihnen das Verständnis für den technologischen, den ökonomischen und den politischen Kompromiß weitgehend abhanden kam.

Die Wissenschaft in früheren Kriegen

Um die Veränderungen während des zweiten Weltkriegs richtig beurteilen zu können, müssen wir zunächst die Rolle der Wissenschaften während des ersten Weltkriegs betrachten. Auch dieser Krieg war ein gigantisches Unternehmen. Da er mitten in die moderne wissenschaftliche Revolution hineinfiel, sollte man annehmen, daß die Wissenschaft und insbesondere die Physik für diesen Krieg mobilisiert wurde. Dies aber war nicht der Fall. Den eindrucksvollsten Kommentar zu diesem Thema liefert ein Antwortschreiben des Kriegsministeriums an die amerikanische chemische Gesellschaft, die dem Kriegsminister im Interesse der Demokratie ihre Dienste anbot; er lehnte dieses Angebot mit den Worten ab: „Wir haben schon einen Chemiker". Der erste Weltkrieg wurde von Technologien getragen, die sich auf industrielle, und nicht auf wissenschaftliche Instrumente stützten.

Edison war für einen Forschertyp repräsentativ, der zu diesem Krieg Beiträge leisten konnte; als ein Physiker einem Marineberatungsstab zugezogen werden sollte, dessen Vorsitzender Edison war, gab er folgenden eher antiwissenschaftlichen Kommentar ab: „Sollten wir irgendetwas auszurechnen haben, so haben wir schon einen Mathematiker in unserer Gruppe". Edison kannte sich zweifellos sowohl in der Wissenschaft als auch in der Technik aus; sein Zugang zu diesen beiden Bereichen war jedoch vorwiegend empirischer Natur.

Die größte Veränderung während des ersten Weltkriegs lag zweifellos auf den Gebieten Versorgungs- und Sanitätswesen; das erste Mal konnten große Armeen bewegt, versorgt und gesundheitlich betreut werden. Die Entwicklungen nach Pasteur gestatteten die Konservierung von Nahrungsmitteln; Seuchen konnten durch Impfung abgewendet werden. Dies bedeutete einen ungeheuren Fortschritt. Im Napoleonfeldzug des Jahres 1813 lebten von den ursprünglich 500 000 Mann nach drei Schlachten nur noch 170 000. Davon sind nach Schätzung 107 000 oder 33% auf dem Schlachtfeld gestorben, rund 67% oder 219 000 fielen Seuchen zum Opfer. Und im Krimkrieg schätzt man 38% Gefallene und 62% Seuchentote. Im amerikanischen Bürgerkrieg wurden 44 238 Mann im Kampf getötet, 49 205 starben an ihren Verletzungen und 186 216 wurden von Seuchen hinweggerafft. [15.5] Im zweiten Weltkrieg war die Situation zumindest an der Westfront völlig anders. Es gab z.B. infolge der sorgfältigen medizinischen Betreuung fast keinen Typhus (d.h. fast keine Läuse). Die Soldaten starben zumeist unmittelbar während der Gefechte.

Der zweite große Fortschritt während des zweiten Weltkriegs war auch eher technischen Charakters. Man hatte großangelegte Stickstoffabriken und verfügte über technische Kriegsmittel wie Panzer, Flugzeuge und Unterseeboote. Dies war im wesentlichen ein Erfolg intensiver Entwicklungstätigkeit, da das nötige Grundlagenwissen bereits seit langem bekannt war. Doch mußte die militärische Organisation überredet werden, die neuen Techniken zu akzeptieren. Offensichtlich war es schwierig, einen Kavallerieoffizier davon zu überzeugen, daß Pferdetruppen angesichts des Einsatzes von Maschinengewehren und Panzern ebenso überflüssig wie selbstmörderisch geworden waren.

Wissenschaftliche Beiträge des zweiten Weltkrieges

Während des zweiten Weltkriegs gingen die Wissenschaftler im Kriegsministerium sozusagen ein und aus; sie schlugen Waffensysteme vor, fertigten sie und unterrichteten die Militärs über ihre Verwendung. Eines der Projekte war die Atombombe. Wichtiger war jedoch vielleicht die Entwicklung des Radar, insbesondere im Zusammenhang mit dem Luftkrieg. Zur Lindemann-Tizard-Kontroverse haben wir bereits in Kapitel 4 einige Bemerkungen gemacht. Infolge der frühzeitigen Ausstattung der britischen Luftwaffe mit Radarsystemen entwickelte sich der Krieg zu einem Wettbewerb zwischen den Radarexperten der Gegner. Beispiel für die Auswirkung eines zeitweiligen Vorteils der einen Seite ist der berühmte Bombenüberfall auf Hamburg (1943). Damals wurde „Window" das erste Mal eingesetzt. Es bestand aus Aluminiumstreifen, die in der Luft verstreut wurden, um die Radarbilder der Bomber unsichtbar zu machen. Die deutschen Radartechniker hatten „Window" unabhängig davon entdeckt, entwickelten aber keine Abwehrmittel dagegen, um das Geheimnis den Alliierten nicht zu verraten.

Das furchtbare Chaos, das in jener Nacht ausbrach, überzeugte die Amerikaner davon, daß eines der größten britischen Kriegsgeschenke das

„Hohlraum-Magnetron" war, mit dessen Hilfe sehr kurzwellige Radarsignale erzeugt werden können.

Andere Teams erarbeiteten Tretminen und beschäftigten sich mit Operationsforschung, mit deren Hilfe die Effizienz militärischer Operationen maximiert werden konnte. Schließlich gab es noch eine weitere bedeutende neue Waffe, die Rakete, die seither in Kombination mit der Atombombe die Welt verändert hat. Auch hier ging der Impuls zur Entwicklung von den Wissenschaftlern aus. Sie wollten die Sterne erreichen und landeten stattdessen die bombenbelandene V2 in England. [15.6]

Das Prinzip der Atombombe

Das revolutionärste wissenschaftliche Ergebnis des zweiten Weltkriegs war zweifellos die Atombombe. Ihre Entwicklung leitete eine neuartige Wechselwirkung zwischen Wissenschaft und Politik ein, die vor allem nach dem Krieg Bedeutung erlangte. Diese Entwicklung brachte zahlreiche Paradoxien, Konflikte und unerwartete soziale Auswirkungen mit sich.

Das Prinzip der Atombombe oder der Spaltungskettenreaktion hat seine Wurzeln in der Umwandlung von Elementen. Nach der Entdeckung des Neutrons im Jahre 1932 stellte sich bald heraus, daß dieses elektrisch neutrale Teilchen sehr leicht in den Kern eindringen und dort wirksame Kernumwandlungen hervorrufen kann. Von 1934 an gingen Physiker wie der Italiener Enrico Fermi im buchstäblichen Sinne zur Massenproduktion von neuen Isotopen über, indem sie alle Elemente systematisch mit Neutronen beschossen. Die Kernspaltung hätte seit 1934 jederzeit entdeckt werden können; sie war in den Laboratorien zahlreicher Wissenschaftler aufgetreten, ohne daß sie dies erkannt hatten. Als Fermi gefragt wurde, warum ihm diese Entdeckung entgangen sei, antwortete er: „Es war ein dünnes Stück Aluminiumfolie, das uns daran hinderte, die Ereignisse zu erkennen." Diese Folie wurde stets vor dem Detektor angebracht und sollte aus den Reaktionen die Teilchen niedriger Energie herausfiltern. Dabei gingen die wesentlich energetischeren geladenen Teilchen verloren, die bei der Spaltungsreaktion entstanden. Zwei Schweizer Physiker vergaßen eines Tages zufällig, diese Folie vor dem Detektor anzubringen, und sahen erstaunliche Spitzen auf ihren Bildschirmen. „Das verfluchte Instrument sprüht Funken" sagten sie und ersetzten den Detektor durch einen neuen, wobei die Folie wieder an ihren Platz kam. Im Rückblick war Fermi glücklich, daß er diese Entdeckung im Jahre 1934 nicht gemacht hatte. Anderenfalls hätte Hitler vier zusätzliche Friedensjahre gehabt, um die Konstruktion der Atombome zu versuchen.

Die tatsächliche Entdeckung der Kernspaltung erscheint im Lichte der politischen Situation vor dem zweiten Weltkrieg fast wie eine Ironie. In Berlin arbeiteten Otto Hahn, Lise Meitner und Fritz Straßmann an der Untersuchung von radioaktiven Isotopen, die beim Beschuß verschiedener Elemente mit Neutronen entstanden. Obwohl Lise Meitner eine Jüdin war, hatte man es wegen ihrer österreichischen Staatsbürgerschaft gestattet, auch nach 1933 in Deutschland zu arbeiten. Als aber Österreich im März 1938 an Deutschland angeschlossen wurde, fiel sie ebenfalls unter die deutschen antisemitischen Gesetze und wurde entlassen. Während des Exils in Stockholm erkannten Hahn und Straßmann, daß beim Beschuß von Uran mit Neutronen die Elemente Barium, Lanthan und Zer entstehen. Lise Meitner und ihr Neffe Otto Frisch interpretierten diese Daten als Kernspaltung. Es war klar, daß bei jedem Spaltungsprozeß ein großer Energiebetrag abgegeben wird. Am 3. März 1933 entdeckten die Physiker Leo Szilard und Walter Zinn, daß bei jedem Spaltungsvorgang auch mehrere Neutronen frei werden. Damit erschien eine Kettenreaktion denkbar, da eine Spaltung eine Anzahl weiterer Spaltungen auslösen konnte. Der Gedanke an die Atombombe war naheliegend. Szilard hatte seit 1933 über Kettenraktionen nachgedacht und war durch die Lektüre von H. G. Wells Buch „The World Set Free" inspiriert. Dieses Buch wurde im Jahre 1914 geschrieben und enthielt für das Jahr 1956 die Voraussage eines nuklearen Krieges. Die Nutzung der Kettenreaktion für eine Kernspaltungsbombe war so naheliegend, daß dies sogar dem Journalisten William L. Laurence [15.7] auffiel. Sein Artikel in der Saturday Evening Post vom 7. September 1940 war die letzte öffentliche Publikation über die Möglichkeit einer Atombombe.

Die Grundidee der Atombombe ist sehr einfach: Ein U^{235}-Atom kann durch ein Neutron in einige leichtere Kerne und zwei bis drei zusätzlicher Neutronen gespalten werden. Dabei wird ein ziemlich großer Energiebetrag frei. Die Reaktion ist eine phantastische Energiequelle, da rund 0,1% der gesamten Masse des U^{235}-Atomes in Energie umgewandelt wird. Bei einer typischen chemischen Reaktion muß rund 20 Millionen mal soviel Material reagieren, um den gleichen Energiebetrag freizusetzen. Das Äquivalent zur Spaltung eines Kilos Uran 235 ist die Explosion von 20 000 Tonnen TNT.

In der Praxis war es allerdings nicht so einfach, eine derartige Bombe zu erzeugen. Natürliches Uran besteht aus zwei Isotopen: 0,7% Uran 235 und 99,3% Uran 238. Um in der Atombombe eine Kettenreaktion herbeizuführen, die schnell genug ist, um eine zufriedenstellende Explosion zu garantieren, braucht man fast reines Uran 235. Das Problem besteht also darin, das Uran 235 vom unerwünschten Uran 238 zu trennen; da es sich dabei um zwei Isotope des gleichen Elements handelt, kann keine chemische Reaktion zwischen ihnen unterscheiden. Ein anderes Verfahren zur Erzeugung der Spaltungsbombe wurde möglich, als der Physiker Edwin M. MacMillan das Element Plutonium entdeckte, das nicht nur spaltbar ist, sondern auch aus Uran 235 durch Bestrahlung mit Neutronen erzeugt werden kann. Dieser Zugang erforderte die Entwicklung eines nuklearen Reaktors, um Neutronen in einem kontrollierbaren Verfahren bereit zu stellen. Natürliches Uran konnte für einen solchen Reaktor dann verwendet werden, wenn sich die Spaltungsneutronen mit einer Moderatorsubstanz so weit abbremsen ließen, daß die Absorbtion durch den kleinen Anteil von Uran 235 mit einem entsprechenden Wirkungsgrad erfolgt. Sobald die Uran-235-Kettenreaktion unter Kontrolle war, konnten einige Neutronen dazu verwendet werden, aus Uran 238 nun das gewünschte Pu^{235} zu erzeugen. Schließlich wurde das neue Plutonium vom Uran mit Hilfe relativ einfacher chemischer Methoden getrennt.

Die Propaganda für die Bombe

Nachdem das Konzept der Bombe einmal bekannt war, wurde die Wechselwirkung zwischen Physik und Politik der bestimmende Faktor. Als zum ersten Mal Informationen auftauchten, daß sich die Deutschen mit Problemen rund um die Spaltungsbombe beschäftigten, waren es die ausländischen Physiker wie Leo Szilard, Eugene P. Wigner, Edward Teller, Viktor F. Weisskopf und Enrico Fermi, die sich für erhöhte Aktivitäten der amerikanichen Regierung einsetzten. Fermi versuchte in diesem Sinne am 16. März 1939 (an diesem Tage wurde die Tschechoslowakei von den Deutschen besetzt) auf die Marine einzuwirken. Fermis Englisch war nicht besonders gut und wie man sich erzählt, soll am Ende der Diskussion ein Oberstleutnant über Fermi zu einem anderen gesagt haben: „Der ist verrückt". Schließlich konnte auch der überzeugte Pazifist Albert Einstein überredet werden, am 2. August 1939 einen Brief an Präsident Roosevelt zu senden:

„Im Lauf der letzten vier Monate wurde – durch die Studien von Joliot in Frankreich und von Fermi und Szilard in den Vereinigten Staaten – die Möglichkeit geschaffen, in einer großen Uranmasse atomare Kettenreaktionen zu erzeugen, wodurch gewaltige Energiemengen und großen Quantitäten neuer radiumähnlicher Elemente ausgelöst würden. Es scheint jetzt fast sicher, daß dies in der allernächsten Zeit gelingen wird.

Das neue Phänomen würde auch zum Bau von Bomben führen, und es ist denkbar – obwohl weniger sicher –, daß auf diesem Wege neuartige Bomben von höchster Detonationsgewalt hergestellt werden können. Eine einzige Bombe dieser Art, auf einem Schiff befördert oder in einem Hafen explodiert, könnte unter Umständen den ganzen Hafen und Teile der umliegenden Gebiete völlig vernichten. Möglicherweise würden solche Bomben infolge ihres Gewichts den Transport auf dem Luftweg ausschließen." [14.1, S. 309]

Dieser Brief wurde zwei Monate später, im Oktober 1939 durch Alexander Sachs, einen Wirtschaftsberater des Weißen Hauses überbracht. Trotzdem kam es bis 1941 im Zusammenhang mit der Konstruktion der Atombombe zu keiner großangelegten Aktivität. Erst als Großbritannien sich bereit erklärte, all seine Erfahrungen auf dem Gebiet der Kernforschung zur Verfügung zu stellen, kamen die Dinge in Fluß. Aber auch dann betrugen die gesamten Aufwendungen für die Kernforschung und die Bombe bis zum Jahre 1943 nur rund 300 000 Dollar, während sich die Endkosten des Bombenprojektes auf 2 Milliarden Dollar beliefen.

Der erste Kernreaktor

Die erste Zuwendung der Regierung in der Höhe von 6 000 Dollar verwendete Fermi zum Ankauf von Graphit für einen Spaltungsreaktor. Graphit wurde für ein Material gehalten, mit dessen Hilfe die Neutronen bis in einen Bereich hoher Spaltungswahrscheinlichkeit abgebremst werden konnten, ohne allzuviele davon zu absorbieren. Am 2. Dezember 1942 gelang in der Squash-Halle unter dem Fußballstadion der University of Chicago die erste sich selbst erhaltende Kettenreaktion. Sie wurde mit Hilfe von Kadmium und Borstäben kontrolliert, die der Neutronenabsorption dienten. Diese Stäbe wurden langsam aus dem Reaktorinneren entfernt, um die Spaltungskettenreaktion in kontrollierbarer Weise ins Laufen zu bringen. Zur Sicherheit stand eine „Löschbrigade" von einigen jungen Physikern mit Kübeln voller Kadmium-Lösung auf dem Reaktor, um die Reaktion im Ernstfall abzustoppen. Das gelungene Experiment wurde von Arthur H. Compton (dem Direktor des „Metallurgischen Laboratoriums" in Chicago) in einem historischen Telefongespräch an den Harvard-Präsdidenten James B. Conant in Cambridge, Mass. weitergemeldet: „Der italienische Seefahrer ist gerade in der neuen Welt gelandet. Die Erde war kleiner als ursprünglich geschätzt und er landete einige Tage früher als erwartet. Die Eingeborenen waren freundlich. Alle landeten sicher und zufrieden." [15.2, S. 144]

Mit anderen Worten: der Reaktor funktionierte, war kleiner als berechnet und hatte Chicago nicht in die Luft gejagt. Das Ereignis wurde mit einer von Eugene Wigner gespendeten Flasche Chianti gefeiert; die kontrollierte Spaltung war Realität geworden.

Die U^{235}-Anreicherung

Schon bevor Fermi in seinem Reaktor die kontrollierte Spaltungsreaktion erreicht hatte, bestand Klarheit, daß die Spaltungsbombe nur dann funktionieren würde, wenn entsprechende Mengen angereicherten Urans zur Verfügung stünden. Das Anreicherungsproblem war allerdings extrem schwierig; und unglücklicherweise kam es zwischen den Wissenschaftlern, die für die verschiedenen Trennungstechniken eintraten, zu heftigen Auseinandersetzungen. Da gab es die Gasdiffusion, die von J. R. Dunning vertreten wurde. Da U^{235} leichter ist als U^{238}, diffundiert es etwas schneller durch eine halbdurchlässige

Membran. Läßt man gewöhnliches Uran in Gasform durch eine Wand diffundieren, dann wird das durchgelassene Gas mit U^{235} leicht angereichert sein. Die einzige gasförmige Uran-Verbindung ist allerdings das sehr giftige und aggressive Uran-Hexafluorid; im übrigen benötigt man 5 000 aufeinander folgende Diffusionseinheiten, um eine zufriedenstellende Anreicherung zu garantieren. Alternativ zu diesem Verfahren wurde von Harald Urey die Zentrifugenmethode vertreten. Dabei wird natürliches Uran in eine Zentrifuge eingebracht. Das etwas leichtere Uran 235 sammelt sich in der Folge an der Zentrifugenachse. Auch hier sind viele hintereinander geschaltete Einzelprozesse erforderlich. Als nun der Konflikt zwischen diesen beiden Prozessen zu heftig wurde, trat Ernest O. Lawrence mit dem Vorschlag in den Wettbewerb ein, die beiden Isotopen mit Hilfe eines Zyklotrons (als Massenspektrometer) zu trennen. Kaum jemand glaubte an diese elektromagnetische Trennungstechnik; aber Lawrence war ein energischer Verfechter. Die Wissenschaft erhielt im Jahre 1941 eine innere Machtstruktur; Vannevar Bush wurde als „Zar der Wissenschaften" eingesetzt, er erhielt die Führung des Amtes für wissenschaftliche Forschung und Entwicklung; Conant wurde der Verantwortliche für die Uranforschung. Durch diese neue Struktur übernahm Urey die Verantwortung für den Diffusionsprozeß und für Dunning; Urey mochte beide nicht. „Er machte diesem jungen Ingenieur das Leben sauer" sagte Dunning. Und die Zentrifugenmethode wurde Eger Murphree von der Standard-Oil unterstellt, der damals gerade krank war. Der dynamische Lawrence trieb den am wenigsten aussichtsreichen Zyklotronansatz voran. In gewisser Hinsicht ist diese Situation typisch für jene Konflikte, die immer dann entstehen, wenn Konsenswissenschaftler mit technologischen Projekten betraut werden. [15.8]

Der Vater der Atombombe

Die Planungsgruppe für die Entwicklung der Atombombe wurde zunächst in Chicago angesiedelt und formierte sich unter dem Eindruck, daß die Deutschen ebenfalls an nuklearen Plänen arbeiteten. Einer der führenden Flüchtlinge weigerte sich mit folgenden Worten, einen Fingerabdruck zu geben: „Wenn die Deutschen gewinnen, werden sie uns mit Hilfe dieser Fingerabdrücke verfolgen und töten." Anfänglich arbeitete die Planungsgruppe mit zahlreichen Teilprojekten an verschiedenen Hochschulen und Forschungslaboratorien im ganzen Land. Dieser Ansatz erwies sich jedoch als wenig effektiv. Im Juni 1942 übernahm dann J. Robert Oppenheimer die Leitung des Projektes. (Bild 15-1) In gewisser Hinsicht verkörpert er alle jene Eigenschaften, die ein Wissenschaftler an den Tag legen muß, wenn er gleichzeitig Physik und Technik erfolgreich vorantreiben will. Wegen dieses Erfolges wird Oppenheimer häufig als „Vater der Atombombe" apostrophiert. Was war Oppenheimer für ein Mensch und wie verfolgte er sein Projekt? Die Antwort auf diese Fragen ist auch deshalb von besonderem Interesse, weil Oppenheimer sein ungeheures physikalisches Wissen mit der Fähigkeit zu Kompromissen in der Technik verbinden konnte.

Obwohl sehr viel über J. Robert Oppenheimer geschrieben wurde, bleibt an ihm immer noch etwas Rätselhaftes. Immerhin war er eine sehr wichtige Persönlichkeit, so daß es recht erstaunlich ist, wenn nicht einmal sein erster Vorname zweifelsfrei feststeht. Die Atomenergiekommission und Noel P. Davis [15.8] interpretieren J. als Julius; sein Bruder Frank bestreitet dies. Nach Ablegung seines ersten Diploms (Harvard, 1925) studierte Oppenheimer an verschiedenen europäischen Universitäten bis 1929 Theoretische Physik, und arbeitete dann bei Lawrence an der University of California in Berkeley. Obwohl Oppenheimer niemals den Nobelpreis erhielt, war er als Student und Lehrer berühmt. Er las gerne Dante und Proust, studierte Sanskrit, hatte ein Faible für die Berge von New Mexico und ruinierte die Mägen seiner Freunde mit scharf gewürzten Speisen.

Dieser komplizierte Mann übernahm im Jahre 1942 die Leitung der Bombenkonstruktion. Anläßlich der ersten allgemeinen Konferenz unter seinem Vorsitz schlug Teller vor, die ungeheure Hitze der Spaltungsbombe zur Zündung einer Fusionsbombe zu verwenden; dieses Projekt wurde später als Wasserstoffbombe realisiert. Irgendjemand kam zur Abschätzung, daß die Spaltungsbombe mit einer Chance von 1:3 Millionen in der gesamten Erdatmosphäre eine Kernfusion auslösen könnte. Oppenheimer wurde aber mit diesen Einwänden schnell fertig und machte sich an den Versuch, all die kleinen Subunternehmen an einer Stelle zu vereinigen.

Im September 1942 wurde die Verantwortung für das Atombombenprojekt an den Brigadegeneral Leslie R. Groves übertragen; man sprach ab nun vom Manhattan-Projekt. (Groves hatte soeben die Errichtung des Pentagon abgeschlossen.) Groves' Aufgabe war es, alle jene Anlagen zu errichten und zu betreiben, die von den Wissenschaftlern benötigt wurden. Allerdings wußte keiner der Wissenschaftler — mit Ausnahme von Lawrence — genau, was gebaut werden sollte: Groves war von Lawrence, seinem Laboratorium, seinen Forderungen und Versprechungen sehr beeindruckt. Obwohl andere Wissenschaftler von der elektromagnetischen U^{235}-Trennungstechnik abrieten, investierte Groves 544 Millionen Dollar (Gesamtrahmen des Manhattan-Projektes: 2 Milliarden Dollar) in das Lawrence-Verfahren. In diesem Fall hatte also wirklich die Persönlichkeit eines Wissenschaftlers beträchtlichen Einfluß auf eine technische Entscheidung. Ähnliches geschah, als Oppenheimer mit Groves zusammentraf. Oppenheimer war persönlich nicht in diese technischen Entscheidungen verwickelt und wurde sehr rasch zu Groves' persönlichem Berater und zu seiner „wissenschaftlichen Enzyklopädie". Groves hielt ihn für imstande, die wissenschaftlichen Aspekte einer Frage von den sozialen und politischen Implikationen zu trennen.

Bild 15-1 General Leslie Groves (rechts) und Dr. J. Robert Oppenheimer vor den Resten des Versuchsturmes für die erste Atombombenexplosion, 1945

Um die verstreuten Forschungseinheiten zu einer Stelle zusammenzuholen, errichtete Groves für Oppenheimer in Los Alamos in New Mexico ein neues Laboratorium. Dort trafen sich alle Unterabteilungen des Manhattan-Projektes. Los Alamos war in mehreren Hinsichten einzigartig. Vor allem tat Oppenheimer etwas Unerhörtes: Statt das allgemein zugängliche Wissen auf das absolut Notwendige zu beschränken, wie dies in der Kriegsforschung üblich war, hatte jedermann Zugang zu allen Daten. In Vorlesungen wurden auch quantitative Details dargestellt. Zunächst ging es um die 32 kg-U^{235}-Bombe mit dem Spitznamen „Thin Man". Bei dieser 6 m langen und weniger als 60 cm dicken Bombe sollte zur Zündung zunächst ein Uranprojektil in eine größere Uranmasse eingeschossen werden. Dadurch wurde die kritische Masse von U^{235} erreicht, bei der der Neutronenzuwachs höher liegt als die Neutronenabsorbtion. Es war aber unklar, wie rasch die Zündung funktionieren mußte, um eine Kettenreaktion auszulösen. Deshalb wurde der „Thin Man" später in zwei Hälften geteilt, die bei der Explosion zusammenkamen, und erhielt den Namen „Little Boy". Auch zog man eine 11 kg Plutoniumbombe mit dem Namen „Fat Man" in Erwägung, bei der das Plutonium durch die Explosion konventioneller Sprengstoffe zur kritischen Masse vereinigt werden sollte. Das für die Bomben erforderliche $Uran^{235}$ bzw. $Plutonium^{239}$ war zunächst nicht verfügbar und sollte erst am Ende des Programms in ausreichender Menge vorliegen.

Nur durch seine Offenheit und andere Strategien konnte Oppenheimer vermeiden, daß die geheimen Laboratorien von Los Alamos den wissenschaftlichen „Wirrköpfen" unseriös erschienen. Es gelang ihm, durch systematischen Aufbau des Korpsgeistes die erforderliche Kompromißbereitschaft herbeizuführen. Auch die Mitglieder der Los Alamos-Gruppe kommentieren Oppenheimers Beiträge zu dieser Periode einhellig mit dem Wort „phantastisch". Übereinstimmend bewundern sie seine Fähigkeit, in den meisten Fragen einen wissenschaftlichen Konsens herbeizuführen. Raemer Schreiber sagt beispielsweise:

„In meinem früheren Laboratorium war ich damit beschäftigt, Tritium-Berillium-Wirkungsquerschnitte zu messen. Ich wußte allerdings nicht wozu. Als ich im Juli 1943 hierher kam, händigte mir Oppenheimer eine Anleitung aus, die den Zweck meiner Arbeiten erklärte."

Morris Bradbury — er wurde später selbst Direktor des Laboratoriums — erzählt:

„Ich habe gesehen, wie er auch technisch scheinbar hoffnungslose Situationen unglaublich sicher in der Hand hatte. Seine Entscheidungen waren zwar nicht immer richtig, sie öffneten aber stets einen neuen Weg aus einer scheinbar auswegslosen Lage. Und sie wurden mit solcher Hingabe getroffen, daß das ganze Laboratorium mitgerissen war. Jeder hatte das Gefühl selbst entschieden zu haben, was Oppenheimer entschieden hatte; jeder unterstützte daher den offiziell eingeschlagenen Weg mit allen Kräften."

Robert Serber zu Oppenheimers Konsensfähigkeit:

„Eins muß ich bemerken: Er erschien bei zahllosen verschiedenen Beratungen in Los Alamos, hörte zu und konnte in einer bewundernswerten Weise das Fazit aus solchen Beratungen zusammenfassen."

Und Hans Bethe:

„Er beschäftigte sich mit Physik, weil ihm dies als beste Möglichkeit des Philosophierens erschien. Dies hat ganz offensichtlich zu dem großartigen Erfolg beigetragen, zu dem er Los Alamos geführt hat."

Und der heutige Direktor des amerikanischen Fusionsreaktorprogrammes, James Tuck, sagt zusammenfassend:

„Zunächst räumte Oppenheimer mit dem in anderen Laboratorien herrschenden idiotischen Vorurteil auf, daß nur einige Insider wissen sollen, worum es geht, und daß die anderen ihnen blindlings folgen müßten.

Oppenheimer mußte den intensiven Einsatz der besten Köpfe der westlichen Welt dirigieren. Es erforderte überragende Kenntnisse der Wissenschaft und der Wissenschaftler, die widerstrebenden Gruppen auf einen Nenner zu bringen. Ein weniger bedeutender Mann hätte das niemals zustande gebracht. Wissenschaftler sind nicht unbedingt gebildet, besonders in Amerika. Oppenheimer war es. Nur unter einem so großartigen „Gentleman", wie Oppenheimer, waren alle diese Leute, die aus allen Teilen der Welt zusammengeholt wurden, bereit zu dienen. Deshalb glaube ich auch, erinnern sie sich mit derartigen Emotionen an diese goldene Zeit." [15.8, S. 183 bis 187]

Einer der wichtigsten Beiträge Oppenheimers bestand darin, daß er Übereinstimmung zwischen Physikern erzielte, die gewohnt waren, in einer wissenschaftlichen Frage erst nach langwierigen Überlegungen ihre Zustimmung zu geben.

Die Atombombe

Langsam fügte sich eines zum anderen. In Hanford, Washington, errichteten 60 000 Arbeiter in einer Baracken-Stadt Plutoniumerzeugende Reaktoren. In Oak Ridge, Tennessee, arbeiteten 25 000 Mann an dem elektromagnetischen Trennungsverfahren und an Gasdiffusionsanlagen. (Bild 15-2) Immer wieder traten kurzfristig neue Probleme auf. So ging es z. B. darum, eine hinreichend rasche Implosion des „Fat Man" zu erreichen. Alle diese Probleme wurden rechtzeitig gelöst. So begann am 16. Juli 1945 das Atomzeitalter (oder genauer das Kernzeitalter) 150 km südöstlich von Albuquerque, auf einer Versuchsfläche mit dem Namen „Trinity". Dort explodierte die erste Plutonium-Bombe. Für Plutonium hatte man sich entschieden, weil es leichter in großen Mengen herzustellen war und weil es sich dabei um das unzuverlässigere Projekt handelte.

Bild 15-2 Die K-25 Oak Ridge Gasdiffusionsanlage im Jahr 1945

Vor der Explosion wurden Wetten über die Sprengkraft der Bombe (in Tonnen TNT) abgeschlossen. Hunderte Physiker beteiligten sich an diesen Schätzungen; der errechnete Wert lag bei 20 000 Tonnen; aber niemand war in seiner Schätzung wirklich so optimistisch – mit Ausnahme jener Enthusiasten, die an eine Entzündung der Atmosphäre glaubten. Die höchste Schätzung kam mit 18 000 Tonnen von Isidor I. Rabi, der zu spät kam, um auf den von ihm bevorzugten Wert Null zu setzen. Oppenheimer wettete auf armselige 300 Tonnen.

Als sich dann um 5.30 Uhr die Explosion ereignete, gab es sehr verschiedene Reaktionen. Oppenheimer erinnerte sich an Verse aus Bhagava-Gita:

„Ich werde zu Tod, dem Welterschütterer, aus Sri Krishna, dem Überragenden, dem Schicksalsherrn der Sterblichen."

General Groves' Kommentar war erdverbundener:

„Der Krieg ist vorbei. Ein oder zwei von diesen Dingern und es ist aus mit Japan."

Die Explosionskraft stimmte im übrigen genau mit den theoretischen Vorhersagen überein.

Zusammenfassung

Im zweiten Weltkrieg wurden Wissenschaftler in Riesenprojekten eingesetzt. Sie schlugen Waffen vor, entwickelten sie und verfolgten ihren Einsatz — insbesondere ging es um die Atombombe. Die Physik der Atombombe ist relativ einfach, so daß diese Waffe im wissenschaftlichen Sinn schon im Jahre 1933 vorhergesagt werden konnte. Alle wissenschaftlichen Entdeckungen, die ihr zugrunde lagen, waren gewissermaßen unvermeidbar. Ihre Unterdrückung hätte eine totale Veränderung im Wissenschaftsgefüge erfordert. Keineswegs so unvermeidbar war es jedoch, daß diese neue Waffe von den Politikern und Militärs tatsächlich akzeptiert wurde. Die Wissenschaftler mußten einige Mühe darauf verwenden, um dieses Projekt „zu verkaufen". Schließlich gab es nur wenige, die damals die Auswirkungen der Atombombe kannten. Natürlich wäre es besser und im Lichte der Konsensdefinition auch wissenschaftlicher gewesen, die Entscheidung über die Bombe erst nach einer öffentlichen Diskussion zu treffen; in Kriegszeiten war eine solche Vorgangsweise jedoch so gut wie ausgeschlossen.

Der bemerkenswerteste Aspekt im Zusammenwirken der Wissenschaftler mit den Kriegsvorgängen war es, daß sie in ihren Spezialgebieten, also als Physiker und nicht als Techniker, eingesetzt wurden. Sie beschäftigten sich mit der gleichen Art von Phänomenen, die sie auch an ihren Universitäten zu erforschen hatten; sie verwendeten dazu die gleiche Ausrüstung, und zumindest in Los Alamos verlief die wissenschaftliche Diskussion unter den Kollegen in gleicher Weise wie vorher in Friedenszeiten. Trotzdem gab es einen Unterschied. Die Wissenschaftler hatten ein Forschungsziel, sie mußten ihre Eigenarten überwinden und sich auf einen einzigen Aspekt konzentrieren. Gelegentlich mußten sie ihre Arbeiten schon vor Erreichen des wissenschaftlichen Forschungszieles einstellen, sobald sie jene Erkenntnisse gewonnen hatten, die gerade für den Bau der Bombe nötig waren. Kompromisse mußten an die Stelle von Sicherheit treten. Nicht zu überzeugen, sondern zu produzieten, war das wichtigste. Daher gab es auch keine uneingeschränkte Kritik. Im Lichte des Öffentlichkeits- und Konsenskriteriums der Wissenschaften arbeiteten die Kernphysiker des Manhattan-Projektes während des zweiten Weltkrieges nicht als Wissenschaftler.

Im zweiten Weltkrieg betraten Wissenschaftler das erste Mal das Vorzimmer der Macht. Zerbrachen sie sich früher einmal tagelang den Kopf über eine 5-Dollar-Elektronenröhre, so gaben sie ein Jahr später eine Million Dollar aus, ohne auch nur eine Sekunde nachzudenken. (Besonders wenn der technische Kompromiß nur schwer zu erreichen war.) Ihr Rat wurde von Militärs und Politikern gesucht. Durch ihre Macht nicht nur über wissenschaftliche Entscheidungen der Regierung, sondern auch über politische Fragen, überschritten die Wissenschaftler die Grenzen ihrer Konsensstruktur.

Fragen

1. Warum standen ausländische Wissenschaftler an der Spitze der Bewegung, die zur Entwicklung der Atombombe führte?
2. Wäre es sinnvoll gewesen, wenn die Kernforscher vor dem zweiten Weltkrieg ihre Arbeiten über die Spaltung unterdrückt hätten? Wäre es wissenschaftlich gewesen?
3. Wie konnte es ein Pazifist wie Einstein rechtfertigen, in einem Brief an Roosevelt die Atombombe vorzuschlagen?
4. Ist das Risiko vertretbar, ganz Chicago in die Luft zu jagen, um den ersten Kernreaktor zu erproben? Ist es in Ordnung, die erste Atombombe zu zünden, wenn dies mit einer Wahrscheinlichkeit von 1:3 Millionen zur Kernfusion in der Atmosphäre führen kann?
5. Soll sich ein wissenschaftlicher Berater auf seine Rolle als „Enzyklopädie" beschränken, ohne seine eigenen Überzeugungen zum Ausdruck zu bringen?
6. Die Geheimhaltung von Wissen führt bei der Zusammenarbeit von Wissenschaftlern zu Schwierigkeiten. Warum?
7. Kann es sein, daß die Arbeitsatmosphäre in den Laboratorien die Bereitschaft zur Mitarbeit an der Bombe erhöht hat?

Literatur zu Kapitel 15

[15.1] *R. Jungk*, Heller als Tausend Sonnen, Rowohlt, Reinbek
[15.2] *A. H. Compton*, Atomic Quest: A Personal Narrative, Oxford University Press, Oxford 1956
[15.3] *J. B. Conant*, Modern Science and Modern Man, Columbia University Press, New York 1952
[15.4] *L. R. Groves*, Now it Can be Told: The Story of the Manhattan Project, Harper and Row, New York 1962
[15.5] *H. Zinsser*, Rats, Lice and History, Little, Brown and Co., Boston 1935
[15.6] *W. Dornberger*, V2, Ballantine Press, New York 1954
[15.7] *W. L. Laurence*, Men and Atoms, Simon and Schuster, New York 1962
[15.8] *N. P. Davis*, Lawrence and Oppenheimer, Simon and Schuster, New York 1968

16 Die Entscheidung über den Abwurf der Bombe

Die Physiker fühlten eine besonders gravierende Verantwortung für den Vorschlag und die Entwicklung der Atomwaffen. In einem sehr brutalen Sinn, den kein Scherz und keine Übertreibung beseitigen kann, haben sich die Physiker eines Sündenfalls schuldig gemacht; dies ist eine Erkenntnis, die sie niemals verlassen wird.
(J. Robert Oppenheimer in The Open Mind, S. 80)

Wir wollen den militärischen, politischen und emotionellen Hintergrund jener Entscheidungen darstellen, die zum Einsatz der Atombombe geführt haben. Der Gedankenaustausch zwischen Kernphysikern, Militärs und dem Präsidenten soll diskutiert werden.

Einleitung

Im Jahre 1941 haben die Kernphysiker die Atombombe vorgeschlagen, im Jahre 1945 waren einige von ihnen gegen ihren Einsatz und heute gibt es viele, die im Einsatz der Atombombe den ersten Sündenfall der Wissenschaftler erkennen wollen. In diesem Kapitel wollen wir die wissenschaftlichen, emotionellen und militärisch-politischen Hintergründe der Entscheidung untersuchen, die zum militärischen Einsatz der Atombombe im zweiten Weltkrieg geführt hat.

Diese Entscheidung war aus mindestens zwei Gründen besonders interessant. Erstens wurde die Atombombe in den Vereinigten Staaten von den Wissenschaftlern vor allem aus Angst vor dem deutschen Militarismus vorgeschlagen, um dann gegen einen anderen Feind (Japan) zum Einsatz zu kommen, der auch ohne diese Waffe hätte besiegt werden können. Zweitens wurde die Bombe von Wissenschaftlern entwickelt und gebaut, die auf das Konsensprinzip der Wissenschaft trainiert waren. Wegen des hohen Geheimhaltungsgrades konnte aber nur eine sehr kleine Gruppe von Personen die endgültige Entscheidung über den Einsatz der Bombe beeinflussen – darunter waren nicht einmal die Kongreßmitglieder.

Gehen wir zunächst von der Angst vor der deutschen Atombombe aus, um uns dann der Diskussion über den Einsatz der Bombe gegen Japan zuzuwenden. Schließlich wollen wir die militärischen und politischen Voraussetzungen ihres Einsatzes mit den Konsequenzen vergleichen. Wie ich hoffe, wird dadurch die ambivalente Situation der wissenschaftlichen Gemeinschaft in dieser Frage klar: Einerseits ging es um eine große wissenschaftliche, technische und organisatorische Entwicklung, andererseits um die Schrecken ihres kriegerischen Einsatzes.

Die Angst der Wissenschaftler

Der ursprüngliche Anlaß für die Propagierung der Atombombe durch die Wissenschaftler in den Vereinigten Staaten war Angst. Die eingewanderten Wissenschaftler hatten Hitlers Deutschland hautnah kennengelernt; sie kannten alle Folgen eines Sieges der Achsenmächte. Auch Einstein, obgleich grundsätzlich ein Pazifist, war sich durchaus bewußt, daß er unter bestimmten Umständen von seinem Pazifismus abrücken mußte; und er war sich auch bewußt, daß ein Krieg gegen den Nationalsozialismus ein solcher Umstand war.

Abgesehen von dieser allgemeinen Angst, befürchteten die eingewanderten Kernforscher, daß die Deutschen als erste im Besitze der Atombombe sein und sie kriegsentscheidend einsetzen könnten. Aus diesem Grunde schrieb Einstein seinen Brief an Roosevelt. Zunächst wollte er den Präsidenten davon überzeugen, daß die belgischen Uranvorräte nicht in Hitlers Hände fallen durften. Dadurch sollte Deutschland solange wie möglich vom Bau der Bombe abgehalten werden und die Alliierten als erste in ihren Besitz gelangen. Bis zur deutschen Kapitulation schwebte das Schreckgespenst einer deutschen Atombombe über dem „Manhattan-Projekt". Tatsächlich lebten Ende 1942 einige Wissenschaftler in der Angst, daß Hitler am Weihnachtstag die Stadt Chicago mit radioaktiven Material aus einem Reaktor angreifen werde, und sie schickten ihre Familien aufs Land.

Die deutsche Atombombe

Es ist nicht uninteressant, sich mit diesem Gespenst etwas näher zu befassen und zu sehen, wieweit es Substanz hatte. Als durch die kriegsmäßige Geheimhaltung der Vorhang zwischen den beiden wissenschaftlichen Lagern fiel, bewegten sich die Deutschen sehr rasch in Richtung auf eine baldige Konstruktion der Atombombe. Abgesehen von der ersten Beobachtung der Kernspaltung in Berlin durch Hahn, fand schon im April 1939 ein erstes Treffen über die Atombombe unter Leitung des Reichserziehungsministeriums statt. Auch das Kriegsministerium befand sich im Besitz des Bomben-Vorschlages;

ja sogar das Postministerium widmete sich — mit dem Hintergedanken einer möglichen Atombombe — der Kernforschung. Im September 1939 — mehr als 14 Tage vor der Übermittlung von Einsteins Brief an Roosevelt durch Sachs — hatten sich neun deutsche Kernphysiker im Waffenamt der deutschen Armee eingefunden und ein detailliertes Forschungsprogramm vorgelegt. Unter der Leitung Heisenbergs wurde der „Uran-Klub" konstituiert; das Kaiser-Wilhelm-Institut für Physik in Berlin wurde zum wissenschaftlichen Zentrum dieses Klubs. Verhandlungen über das Uran und Radium aus den Joachimsthaler Minen in der Tschechoslowakei wurden aufgenommen; ein 3 500-Tonnen-Vorkommen für Uran wurde mit der Einnahme Belgiens für die Deutschen erschlossen; mit der Besetzung Norwegens brachten die Deutschen die einzige Großanlage zur Erzeugung schweren Wassers in ihren Besitz, mit deren Hilfe der Bau eines Kernreaktors einfach gewesen wäre. Soweit die Amerikaner und die Engländer dies beurteilen konnten, hatten die Deutschen beim Bau der Atombombe einen Vorsprung von zwei Jahren, sie verfügten über alle natürlichen Vorteile und bewegten sich offensichtlich sehr rasch in die Richtung. Diese Angst entwickelte sich sozusagen von selbst weiter. Der Mangel an Spionageberichten über die Fortschritte der Kernforschung in Deutschland wurde nach 1939 auf den hohen Geheimhaltungsgrad zurückgeführt, den die Deutschen für dieses Projekt durchzogen. Und als die Konstruktion der V-2 einsetzte, dachte man ebenfalls sofort an nukleare Waffen. Schließlich war die V-2 zu klein, um, mit herkömmlichen Explosionsstoffen bestückt, überwältigende Zerstörungen hervorzurufen.

Die Angst vor der deutschen Atombombe provozierte drei verschiedene Reaktionen. Zunächst wurde das englische und später das amerikanische Atombomben-Programm mit größerer Intensität vorangetrieben. Zum zweiten wurde die norwegische Schwerwasseranlage bombardiert und zum Ziel von Sabotageakten ausersehen. Die Anlage war rasch wieder hergestellt; dies wurde von den Alliierten als Indiz für die hohe Priorität des deutschen Atombomben-Programms gewertet. Und zum dritten ist die „Alsos"-Mission zu erwähnen. („Alsos" ist das griechische Wort für „Gehölz", englisch „grove", und erhielt seinen Namen wahrscheinlich zu Ehren von General Groves.) Alsos war eine Geheimdienstgruppe, die sich unter anderem aus Physikern zusammensetzte und bei Besetzung von Laboratorien und Universitäten der Achsenmächte sofort nach wissenschaftlichen Geheimnissen recherchieren sollte. Der wissenschaftliche Kopf dieser Aktion war Samuel Goudsmit, bis vor kurzem Herausgeber der Physical Review Letters, des prominentesten westlichen Physikjournals. In Zusammenarbeit mit der alliierten Armee überprüfte diese Gruppe die Bibliotheken der Universitäten und Laboratorien nach Hinweisen auf nukleare Forschung. Wie die Geschichte schließlich beweisen sollte, gab es nicht nur keine deutsche Atombombe, sondern nicht einmal einen funktionierenden Kernreaktor.

Viele Gründe waren für dieses „Versagen" der Deutschen verantwortlich. Zunächst gab es zwischen den an diesem Programm tätigen Wissenschaftlern heftige Rivalitäten. Obwohl Berlin zum Mittelpunkt des Uran-Klubs gemacht worden war, zogen es die meisten Physiker vor, an ihren heimischen Instituten weiterzuarbeiten. Zwischen den drei Dienststellen, die mit der Arbeit an der Bombe befaßt waren, gab es ebenfalls einen permanenten Wettbewerb; es war dies das Erziehungsministerium, das Kriegsministerium und das Postministerium. Als der Postminister Hitler über sein Bombenprojekt informierte, scherzte dieser:

„Meine Herren, während die Experten sich darüber den Kopf zerbrechen, wie wir den Krieg gewinnen könnten, bringt uns hier der Postminister die Lösung." In den Vereinigten Staaten wurde das gleichgelagerte Problem durch Oppenheimer gelöst, der das zentrale Laboratorium in Los Alamos einrichtete. In Deutschland ging die Kontroverse munter weiter und dies hatte zahlreiche Konsequenzen. Es gab konstante Auseinandersetzungen darüber, wem die begrenzten Mengen an reinem Uran und schwerem Wasser zugeteilt werden sollten; noch in den letzten Kriegstagen pendelten diese Materialien von einem Laboratorium zum anderen, so daß keine Gruppe die für ein sinnvolles Reaktorexperiment nötigen Mengen zur Verfügung hatte. Auch hinsichtlich des Anreicherungsprozesses kam es zu Streitigkeiten. Die Prioritäten wurden üblicherweise nach den Gesetzen der Hack-Ordnung festgelegt. Auch deshalb wurde in der Frage der Anreicherung bis zum Kriegsende kein wesentlicher Fortschritt erzielt.

Wesentlich gebremst wurde das Programm durch einen gravierenden technischen Fehler. Bereits bald nach Kriegsbeginn kam man im Rahmen einer Meßreihe zur Überzeugung, daß Kohlenstoff in Graphitform nicht als Moderatorsubstanz für einen Uranspaltungsreaktor geeignet sei.

Wahrscheinlich wurde während dieser Meßreihe verunreinigter Kohlenstoff verwendet; schließlich erwies sich Fermis Graphitreaktor-Projekt schon 1942 in Amerika als erfolgreich. Die deutschen Physiker hingegen dachten infolge dieses grundlegenden Fehlers, man benötige für einen Reaktor unbedingt schweres Wasser. Auf diese Weise kamen sie in totale Abhängigkeit von der beschlagnahmten norwegischen Schwerwasseranlage. Die Sabotage und die Bombardements der Alliierten behinderten die Arbeit dieser Anlagen und brachten das ganze Programm zum Scheitern.

Eine weitere wesentliche Ursache für den mangelnden Erfolg lag im Charakter des deutschen Nazi-Staates und seiner Ideologie. Wie bereits in Kapitel 14 ausgeführt, wurden bis 1937 rund 40% der deutschen Hochschulprofessoren entlassen, und noch mehr waren geflohen. Zwischen 1932 und 1937 sank die Anzahl der Mathematik- und Physikstudenten auf 36% ihres ursprünglichen Wertes. Erst als im Jahre 1942 das Fernrücken des Kriegsendes offensichtlich wurde, begann die Regierung dieses Problem zu erkennen. Damals sagte Göring:

„Was der Führer verabscheut, ist jede strenge Reglementierung der Wissenschaft, wie sie sich etwa in folgenden Verhaltensweisen manifestiert: „Diese Erfindung mag vielleicht wichtig sein, vielleicht sogar lebenswichtig, und könnte uns ein gutes Stück weiterbringen; wir müssen aber die Finger davon lassen, weil dieser Mensch eine jüdische Frau hat oder vielleicht selbst Halbjude ist ..."

Ich habe das mit dem Führer nun direkt besprochen; wir haben in Wien mit einem Juden zwei Jahre länger zusammengearbeitet, und mit einem anderen in der photographischen Forschung, weil sie verschiedene Dinge konnten, die wir benötigten und die uns bis zum heutigen Tage nützlich waren. Es wäre daher völlig verrückt, wenn wir heute sagen: „Er wird gehen müssen. Er war ein hervorragender Forscher, ein phantastisches Hirn, aber seine Frau ist eine Jüdin und daher kann er nicht an der Universtiät bleiben usw." Der Führer hat auch auf dem Kunstsektor bis hin zum Operettenniveau ähnliche Ausnahmen zugelassen: er hat diese Absicht nun auch dort, wo es um wirklich große Forschungsprojekte geht." [16.2, S. 126]

Wie bereits dargestellt, wurden politische Versammlungen einberufen, um die Übereinstimmung der Physik mit der Parteiphilosophie zu beurteilen. Dies war nicht nur für alle echten Wissenschaftler entmutigend; es ermutigte auch alle wissenschaftlichen Scharlatane, wenn sie nur das Parteibuch hatten.

Der letzte und vielleicht entscheidendste Grund aber für den Mißerfolg des deutschen Atombomben-Programmes war die Haltung der deutschen Wissenschaftler. Sie empfanden keine Angst; sie machten sich keine Sorgen über eine amerikanische Atombombe; denn die deutsche Wissenschaft war überlegen. Die prompte Wiedererrichtung der norwegischen Schwerwasseranlage nach Sabotage und Bombenzerstörung, sowie die prompte Erzeugung von reinem Uran verstärkten die Sicherheit, die deutsche Industrie und die Kriegsbehörden seien für ein Atombombenprogramm gerüstet. Die Wissenschaftler hatten aber niemals gelernt, um Geld zu bitten; sei es aus Mangel an Vertrauen oder an echtem Engagement, trieben sie das Programm zu keinem Zeitpunkt sehr intensiv voran. Als die Wissenschaftler mit dem sympathischen Rüstungsminister Speer zusammentrafen, waren ihre Geldwünsche so niedrig, daß Speer sich nur wunderte. Die deutschen Wissenschaftler selbst erheben den Anspruch, niemals wirklich den Bau einer Atombombe angestrebt zu haben. [16.1 und 16.7] Für sie war das Programm eine willkommene Gelegenheit, zumindest einen Teil der deutschen Wissenschaften in die Nachkriegszeit hinüber zu retten; durch ihre Mitarbeit an Verteidigungsprogrammen konnten sie sich vom aktiven Kriegsdienst fernhalten und zumindest dem Anschein nach Lehre und Forschung an den Hochschulen weiterführen. Immerhin wurden Zweifel an dieser nachträglichen Interpretation angemeldet; wie auch immer, das deutsche Spaltungsprogramm wurde nicht mit der für entsprechende Erfolge notwendigen Energie vorangetrieben.

Die Atombombe und Japan

Mit den Ergebnissen der Alsos-Mission und der deutschen Kapitulation im Mai 1945 war jede Angst der amerikanischen Wissenschaftler und der Mitarbeiter des Manhattan-Projektes vor einer deutschen Atomwaffe vorbei. Und Japan hatte natürlich weder die Möglichkeiten noch die Quellen oder das wissenschaftliche Personal, um eine derartige Waffe zu entwickeln. Sobald die Angst weggefallen war, konnten die amerikanischen Kernforscher sich mit den längerfristigen Auswirkungen der Bombe und ihrem möglichen Einsatz im Krieg gegen Japan beschäftigen. Sollte sie eingesetzt werden und wenn, dann wie? Und was sollte mit der Kernforschung und dem Kernforschungswissen nach dem Krieg geschehen? für die Militärs und insbesondere für den hauptverantwortlichen General Groves war es gar keine Frage, daß die nun einmal entwickelte Waffe auch zum Einsatz kommen würde; unter diesem Gesichtspunkt ging es lediglich um ihre rechtzeitige Fertigstellung. Daher mußte jede Veränderung der Atombombenstrategie von der Spitze ausgehen; nur der Präsident selbst konnte über die Verwendung der Bombe letztlich entscheiden.

Tatsächlich gab es Versuche, Roosevelt in dieser Hinsicht zu beeinflussen. Alexander Sachs, der ihm Einsteins Brief überbracht hatte, besprach diese Frage im Dezember 1944. Wie er später behauptete, gab Roosevelt damals seine Zustimmung, die Bombe zunächst vor internationalen und neutralen Zeugen probeweise zu demonstrieren, ehe es zu einem kriegsmäßigen Einsatz käme. Diese Entscheidung wurde jedoch, wenn sie überhaupt existiert hatte, gegenüber Kriegsminister Stimson nicht zur Sprache gebracht, der am 15. März 1945 mit Roosevelt das letzte Mal über dieses Problem gesprochen hatte:

„Ich besprach mit ihm die beiden Denkschulen, die sich hinsichtlich einer weiteren Kontrolle dieses Projektes nach dem Krieg entwickelt hatten. Die einen nämlich wollten das Projekt unter der Kontrolle seiner heutigen Manager geheimhalten, die anderen traten für eine internationale Kontrolle ein, die auf der Freiheit der Wissenschaft basieren sollte. Ich vertrat die Meinung, daß diese Dinge vor einem Einsatz der Bombe geregelt sein müßten und daß er sich in dieser Hinsicht der Bevölkerung gegenüber unmittelbar nach dem Einsatz äußern müßte. Er stimmte mir zu." [16.1]

Als Roosevelt starb, lag ein Bericht von Szilard über die Ansichten der Wissenschaftler im Zusammenhang mit der Bombe auf seinem Schreibtisch. Nach Roosevelts Tod erforderten alle Entscheidungen über den Einsatz der Bombe die Zustimmung des neuen Präsidenten Harry S. Truman, der während seiner Vizepräsidentschaft nicht einmal von dieser Waffe gehört hatte.

Die Meinung der Wissenschaftler

Die allgemeinsten und weitreichendsten Diskussionen über die Verwendung der Atombombe fanden unter den Kernwissenschaftlern in Chicago statt. Dort stand man gegen Kriegsende nicht mehr so unter Druck, da sich die Produktionsvorgänge bereits in den industriellen Bereich verlagert hatten; im Gegensatz dazu arbeiteten in Los Alamos alle fieberhaft an der Fertigstellung der Bombenkonstruktion und an der Vorbereitung der Tests. In Chicago wurde der Jeffries Report, Prospects of Nucleonics, vorbereitet, der sich ebenso mit möglichen Waffensystemen der Zukunft wie auch mit anderen künftigen Anwendungen der Kernspaltung beschäftigte. Anfang 1945 kamen einige der Chicagoer Wissenschaftler zu der Überzeugung, im Rahmen einer internationalen Kontrolle der Kernwissenschaften könnten alle Informationen am sinnvollsten weiter verfolgt werden. James Franck formulierte das im April 1945 so:

„Wir lesen und hören überall von den Bemühungen der besten Staatsmänner um den Frieden, in Dumbarton Oaks, in San Francisco usw.; wir hören über Pläne zur Kontrolle der Industrie in den Aggressor-Staaten, aber wir wissen insgeheim, daß alle diese Pläne im Grunde genommen überholt sind; denn ein künftiger Krieg wird unter tausend Mal düstereren Auspizien ablaufen als der letzte. Wie war es möglich, daß die Staatsmänner nicht wissen, wie sehr die Welt und ihre Zukunft durch den Einsatz der Atomenergie verändert wird? Und wie war es möglich, daß jene, die über diese Dinge Bescheid wissen, die Staatsmänner nicht informiert haben? Eine der schwerwiegendsten politischen Entscheidungen der nächsten Zeit wird es sein, wie und wann die Öffentlichkeit über das alles informiert wird. Denn schließlich können in einem demokratischen Land wirksame politische Schritte ohne entsprechende Aufklärung der öffentlichen Meinung nicht realisiert werden." [16.10, S. 294 f.]

Unter der Leitung von Franck wurde ein „Committee on the Social and Political Implications of Atomic Energy" eingerichtet. Dieses Komitee legte im Juni 1945 den Franck-Report vor. Wie eine Bemerkung aus dem Vorwort dieses Berichtes zeigt, waren sich die Wissenschaftler durchaus bewußt, daß sie nicht als Experten, sondern nur als gut informierte Bürger über die Auswirkungen der Kernenergie urteilen könnten:

„Die wissenschaftlichen Mitarbeiter dieses Projektes maßen sich nicht an, als Autoritäten auf dem Gebiet der nationalen und internationalen Politik zu sprechen. Allerdings haben wir als relativ kleine Gruppe von Bürgern durch den Lauf der Ereignisse in den letzten fünf Jahren von einer schweren Gefahr für die Sicherheit dieses Landes und für die Zukunft aller anderen Nationen Kenntnis erhalten. Der Rest der Menschheit weiß von dieser Gefahr noch nichts. Wie wir hier daher pflichtgemäß festzustellen haben, müssen die politischen Probleme, die mit der Beherrschung der Kernenergie einhergehen, in all ihren schwerwiegenden Konsequenzen erkannt werden. Für die erforderlichen Entscheidungen müssen geeignete Schritte untersucht und vorbereitet werden. Wie wir hoffen, ist die Gründung eines Kernenergiekomitees für ein Kriegsministerium erstes Indiz, daß diese Auswirkungen auch von der Regierung erkannt wurden. Wir sind mit den wissenschaftlichen Aspekten dieser Situation vertraut und haben uns mit ihren weltweiten politischen Auswirkungen beschäftigt. Wir fühlen uns daher verpflichtet, dem Komitee einige Vorschläge zur Lösung dieser schwerwiegenden Probleme zu präsentieren." [16.10, S. 302]

Der Einsatz der Atombombe würde wahrscheinlich ein Wettrüsten auslösen und die Möglichkeiten für ein internationales Kontrollabkommen reduzieren; dies waren wesentliche Einwände des Franck-Reports, der von allen sieben Mitgliedern des Komitees unterzeichnet wurde. Andere Wissenschaftler waren der Meinung, ein Atombombenüberfall auf Japan werde den Krieg beträchtlich abkürzen. Es gab Petitionen und Gegenpetitionen. Unter 150 der 250 Kernforscher des Chicago-Metallurgical Lab wurde am 12. Juli 1945 eine Abstimmung durchgeführt. Zur Entscheidung lagen folgende Alternativen vor:

„Welche der folgenden fünf Vorgangsweisen entspricht am ehesten Ihrer Meinung über den Einsatz neuentwickelter Waffen gegen die Japaner?
1. Die Waffen sollen so eingesetzt werden, wie es vom militärischen Gesichtspunkt aus am günstigsten ist, um die Japaner möglichst rasch zur Kapitulation zu zwingen und dabei die Opfer unter den eigenen Streitkräften so gering als möglich zu halten.
2. Eine militärische Demonstration und eine neuerliche Kapitulationsaufforderung soll jedenfalls einem Einsatz der Waffen vorangehen.
3. Vor japanischen Beobachtern soll der Einsatz dieser Waffen probeweise demonstriert werden; erst nach einer neuerlichen Kapitulationsaufforderung soll die Waffe zum Einsatz kommen.
4. Die Waffe soll nicht militärisch eingesetzt, sondern nur zur Abschreckung in öffentlichen Experimenten vorgeführt werden.
5. Alle diese Entwicklungen sollen so geheim als möglich gehalten werden. Die neuen Waffen sollen in diesem Krieg nicht zum Einsatz kommen."
Es ergab sich folgendes Resultat [16.10, S. 304]:

Vorgangsweise	1	2	3	4	5
Zahl der Stimmen	23	69	39	16	3
Prozentanteil	15	46	26	11	2

Selbstverständlich machten sich die Wissenschaftler Sorgen, aber es gab hier keine Einigkeit. Einige wünschten sich vor einem Einsatz der Waffe gegen Japan eine öffentliche Demonstration ihrer Wirksamkeit, aber diese

Ansicht war nicht unbestritten. Die Sorge um die moralischen und politischen Aspekte eines ersten amerikanischen Atombombeneinsatzes war mehr oder weniger privat und individuell.

Der neue Präsident Truman erbat sich Vorschläge für die Verwendung der Bombe. Gegen Ende April 1945 wurde das sogenannte Interims-Komitee eingerichtet. Ihm gehörten Stimson als Kriegsminister; George L. Harrison als Assistent Stimsons; James F. Byrnes als künftiger Außenminister; Ralph A. Bard als Marineunterstaatssekretär; William L. Clayton als stellvertretender Außenminister; Dr. Bush; Dr. Karl T. Compton, Präsident des M.I.T. und Dr. Conant an. Zur Beratung wurden vier Wissenschaftler herangezogen: A. H. Compton, Fermi, Lawrence und Oppenheimer. Nach Abschluß der Diskussionen mit den Wissenschaftlern gab Stimson für das Komitee folgende Empfehlungen bekannt:

„1. Die Bombe sollte so bald als möglich gegen Japan eingesetzt werden.
2. Die Waffe sollte dabei gleichzeitig eine militärische Einrichtung oder kriegerische Anlage und umgebende oder naheliegende Häuser bzw. andere leicht zerstörbare Gebäude treffen.
3. Die Waffe sollte ohne vorherige Warnung eingesetzt werden.

Zu diesen Schlußfolgerungen kam das Interims-Komitee nach sorgfältiger Überlegung aller anderen Alternativen wie etwa einer Vorwarnung oder eines Demonstrationsversuches in einem unbewohnten Gebiet. Diese beiden Vorschläge wurden als nicht praktikabel abgelehnt." [16.10, S. 296 f.]

Da Truman diesen Ratschlägen letztlich Folge leistete, bleibt es offen, wie weit wirklich alle möglichen Alternativen überprüft worden waren. Anscheinend hatte man sich mit einem nächtlichen Blitz einige Kilometer über Tokio, mit einem Demonstrationsbombardement eines nahe Tokio gelegenen Waldes oder zumindest mit einer teilweisen Vorwarnung befaßt. Aber alle diese Alternativen wurden als zu wenig eindrucksvoll verworfen. Schließlich hätte man sie durch militärische Geheimhaltung unterdrücken oder durch Verlegung von Kriegsgefangenen in dieses Gebiet verhindern können. Die Übereinstimmung im Komitee war nicht so vollständig, wie dies Stimson darstellt. Der wissenschaftliche Beirat hatte im Rahmen seiner Beratungstätigkeit über die einzelnen Empfehlungen nicht abgestimmt. Und Mr. Bard hatte vor diesem Treffen niemals vom Manhattan-Projekt gehört. Seine Zustimmung war daher nicht frei von äußeren Einflüssen. Dies veranlaßte ihn später, seine Unterstützung zurückzuziehen und nach einem weiteren Monat von seinem Marineposten zurückzutreten, um seinen Widerstand gegen das Bombardement zu dokumentieren. Seiner Meinung nach wäre die Marine durchaus mit Japan fertig geworden, hätte sich nicht die Armee den Endsieg vorbehalten wollen. Fraglos erhielt Truman jedenfalls von diesem hochrangigen Komitee – mit den Segnungen hochrangiger Wissenschaftler und Techniker – die Empfehlung, daß nur das Bombardement bewohnter Gebiete die Japaner unterwerfen könnte. Die Wissenschaftler waren nicht einmütig gegen den Einsatz der Bombe.

Die militärische Situation in Japan

In der Zwischenzeit hatte sich die Situation geändert. Okinawa war in einer blutigen Schlacht eingenommen worden. Am 9. März 1945 luden B-29-Bomber zweitausend Tonnen Brandbomben über Tokio ab. Die Folge war eine Feuerkatastrophe mit rund 100 000 Toten, eingeebneten 40 Quadratkilometern und 250 000 zerstörten Gebäuden. In einem fünfmonatigen Bombardement hatte das 21. Bomber-Kommando 66 Stadtzentren zerstört und 8 Millionen Japaner obdachlos gemacht. Alles litt unter Hunger; die Reisrationen lagen bei einem Viertel des Vorkriegsniveaus. Und über allem lag Angst; die Bevölkerung lebte im Schrecken vor den B-29-Maschinen und war nahe am Verzweifeln.

Ernsthafte Versuche, über eine Kapitulation zu verhandeln, begannen schon im Mai 1945 — über die Schweiz, über Rundfunkpropagandasendungen und auch durch russische Vermittler (die Russen hatten Japan noch nicht den Krieg erklärt). Aber das japanische Militär war zu einer Kapitulation noch nicht bereit. Die Verteidigungspläne waren von der Absicht getragen, soviele Eindringlinge wie möglich zu töten und dadurch die amerikanische Kampfmoral zu erschüttern, so daß anstelle der Kapitulation ein Friedensvertrag ausgehandelt werden könnte. Die amerikanische Strategie war noch immer auf eine Invasion Japans abgestellt, wobei die Verluste auf hunderttausende Amerikaner und noch viel mehr Japaner geschätzt wurden.

Zu dieser Zeit war die Potsdamer Konferenz im Gange und am 24. Juli berichtete Truman „zufällig" gegenüber Stalin von der neuen Waffe der Vereinigten Staaten und ihrer ungewöhnlichen Zerstörungskraft. Der russische Regierungschef ließ kein besonderes Interesse an dieser Waffe erkennen. Er zeigte sich über die Information zufrieden und äußerte die Hoffnung, Amerika werde „sie gegen die Japaner erfolgreich einsetzen". Er stellte in der Folge keine Fragen mehr zu diesem Thema. In der Potsdamer Deklaration vom 26. Juli wurde den Japanern nochmals die vollständige Zerstörung angedroht. Für sie lag das größte Hindernis auf dem Weg zu einer Kapitulation in Punkt 6 dieser Deklaration: „Die Autorität und der Einfluß jener, die das japanische Volk getäuscht und zu einem weltweiten Eroberungszug verführt haben, muß für immer beseitigt werden." Dies wurde als Rücktrittsaufforderung an den Kaiser interpretiert und war eine unakzeptable Bedingung. In seiner Rundfunkantwort auf die Potsdamer Deklaration war Premier Suzuki namens der Regierung um einen „zurückhaltenden Kommentar" bemüht, aber er verwendete Worte wie „keine Notiz davon nehmen, mit stiller Verachtung behandeln, ignorieren". Truman konnte dies nur als Ablehnung einer Kapitulation verstehen und entschied sich daher für den Einsatz der Bombe. Am 6. August hob eine B-29 mit dem Namen „Enola Gay" vom Flugfeld ab. Das Wetter war gut, so daß um 8.15 Uhr Lokalzeit der „Little Boy" über Hiroshima abgeworfen wurde. (Die Stadt Kyoto war von der ur-

Bild 16-1 Trümmer des Nagasaki Medical College nach dem Atombombenabwurf am 9. August 1945

sprünglichen Liste der Angriffsziele gestrichen worden, da sie als alte Hauptstadt Japans ein Zentrum von Kunst und Kultur darstellte. Truman erklärte öffentlich: „Es war eine Atombombe". Drei Tage später, ein Tag nach dem russischen Kriegseintritt wurde eine Plutoniumbombe über Nagasaki abgeworfen. (Bild 16-1) Bei diesem Flug wurde ein Brief mit einem Fallschirm abgeworfen, in dem sich die Professoren L. Alvarez, R. Serber und P. Morrison an ihren früheren Berkeley-Kollegen Professor R. Sagane von der Kaiserlichen Universität Tokio richteten:

„Mit dieser persönlichen Botschaft wollen wir Sie bewegen, Ihren Einfluß als bekannter Kernphysiker geltend zu machen und den japanischen Generalstab von den furchtbaren Konsequenzen zu überzeugen, die für ihr Volk aus der Fortsetzung des Krieges entstehen.

Sie wissen seit einigen Jahren, daß eine Atombombe gebaut werden kann, wenn eine Nation nur gewillt ist, die enormen Kosten für die Bereitstellung des erforderlichen Materials zu tragen. Sie haben nun gesehen, daß wir die Produktionsstätten entwickelt haben, und es kann kein Zweifel daran bestehen, daß die Produktion dieser Fabriken — sie arbeiten 24 Stunden täglich — über Ihrer Heimat explodieren wird.

In einem Zeitraum von drei Wochen haben wir in der amerikanischen Wüste eine Probezündung vorgenommen, eine zweite Bombe über Hiroshima zur Explosion gebracht und heute früh war es die dritte. Wir flehen Sie an, diese Tatsachen Ihren Führern vor Augen zu führen und äußerste Anstrengungen zu unternehmen, um die Zerstörung und Vernichtung des Lebens zu beenden, deren Fortsetzung zu einer totalen Zestörung aller ihrer Städte führen muß. Als Wissenschaftler beklagen wir den zerstörerischen Einsatz dieser großartigen Entdeckungen, aber wir versichern Ihnen, daß ohne eine japanische Kapitulation dieser Bombenregen sich in der Zukunft noch auf ein Vielfaches erhöhen wird." [16.8, S. 258]

Die Anzahl der Opfer dieser beiden Atombomben ist nicht exakt bekannt, liegt aber in der Größenordnung von 150 000. Offizielle japanische Statistiken setzten die Zahl der Toten in Hiroshima (bei einer Gesamtbevölkerung von 400 000) bis 1. September 1975 mit 70 000 an, die Anzahl der Verwundeten mit 130 000 (Schwerverwundete 43 500). Das alliierte Hauptquartier gab im Februar 1976 folgende Bilanz von Hiroshima bekannt:

Tote   — 78 150
Vermißte   — 13 983
Leicht Verletzte — 29 997
Schwer Verletzte — 9 428

Der Schrecken dieser Tage wurde oft geschildert. Die Überlebenden leiden heute noch an körperlichen und psychischen Wunden. [16.4 und 16.5]

Auch nach dem Einsatz der Atombomben war sich die japanische Regierung über die japanische Kapitulation noch nicht einig; der Kriegsminister Anami, Sprecher der Armee und mächtigster Mann Japans, ließ nicht von dem Konzept ab, die Amerikaner an den Küsten verbluten zu lassen und dadurch bessere Kapitulationsbedingungen zu erzielen. Schließlich rettete der japanische Kaiser Hirohito das Gesicht der anderen, indem er selbst die Schmach der Kapitulation auf sich nahm: „Die Zeit ist gekommen, da wir das Unerträglich ertragen müssen." Am 10. August bot Japan die Kapitulation an. Es kam zu einem kurzen Aufstand von Mitgliedern der Armee, man versuchte, die Rundfunkaufzeichnung der Kapitulationserklärung des Kaisers zu verhindern; aber Anami schwankte und der Aufstand schlug fehl. In der 300 Worte umfassenden kurzen Erklärung vom 15. August (neun Tage nach der ersten Atombombe) finden wir folgende Feststellungen:

„Die Kriegssituation hat sich nicht zu Japans Vorteil entwickelt. Darüber hinaus hat der Feind eine neue und ungeheuer grausame Bombe zum Einsatz gebracht, deren Zerstörungskraft kaum geschätzt werden kann und die zahlreiche unschuldige Menschenleben gefordert hat. Wenn wir den Kampf fortsetzen, würde dies nicht nur zum totalen Zusammenbruch und zur Ausrottung der japanischen Nation, sondern auch zur vollständigen Vernichtung der menschlichen Zivilisation führen." [16.11, S. 182]

Zusammenfassung

Aus Angst vor der deutschen Atombombe haben die amerikanischen Wissenschaftler diese Waffe vorgeschlagen und konstruiert. Als die Bombe unerbittlich gegen Japan eingesetzt wurde, hatten sie längst die Kontrolle darüber verloren. Die letzte Entscheidung über den Einsatz wurde von Präsident Truman getroffen und es ist unklar, ob er jemals ernsthaft an der Richtigkeit dieses letzten Weges gezweifelt hat. Die Bombe mag den Krieg wesentlich verkürzt haben oder auch nicht, die Welt muß jedoch heute mit dieser Erinnerung leben.

Für die Wissenschaftler liegt im Lauf der Ereignisse rund um die Atombombe einige Ironie. Zunächst war die Furcht vor den Deutschen offensichtlich grundlos, da der Krieg auch so gewonnen werden konnte. Zum zweiten war die Entwicklung der Bombe ein technischer Erfolg und kein wissenschaftlicher, da es stets um die technische Produktion ging. Die kriegsbedingte Geheimhaltung und die konsequente Behinderung wissenschaftlicher Information beeindruckten die betroffenen Wissenschaftler zutiefst und färbten alle ihre künftigen politischen Versuche, die Entwicklung der Wissenschaften zu lenken. Schließlich lagen die Forscher instinktiv richtig, wenn sie versuchten, über den Einsatz der Bombe eine möglichst breite Diskussion herbeizuführen – im Sinne eines allgemeineren und öffentlichen Konsenses. Vielleicht wäre es das Beste gewesen, die Diskussion überhaupt völlig öffentlich zu führen; nur so hätte eine sozial verantwortbare Entscheidung sichergestellt werden können. Das aber war mit Rücksicht auf die militärische Geheimhaltung nicht möglich, auch wenn diese vielleicht gar nicht notwendig war. Die Entscheidung für den Einsatz der Bombe war daher in keinem Sinne wissenschaftlich. Die Kernforscher haben aus diesem Exempel gelernt, welche Differenz zwischen Wissenschaft und Politik besteht, eine Differenz, die sie immer wieder kennenlernen mußten. Sie kamen zur Erkenntnis, daß im Feld der Politik kein Konsens möglich ist.

Fragen

1. Hatten die deutschen Kernforscher recht, wenn sie einen Teil der deutschen Physik erhalten wollten (im Gegensatz zu einer Physik für Deutschland)?
2. Erklären die besprochenen Gründe das Versagen bei der Konstruktion einer deutschen Atombombe (im Vergleich zum Erfolg des amerikanischen Programmes)?
3. Können wir sagen, daß der Einsatz der Bombe falsch war? Ist es nicht gut, daß der Welt die Auswirkungen einer solchen Waffe demonstriert wurden?
4. Wem gebührt der Ruhm für diese großartige Entwicklung? Und wen trifft die Schuld für die damit verbundenen Greuel?

Literatur zu Kapitel 16

[16.1] R. *Jungk*, Heller als Tausend Sonnen, Rowohlt, Reinbek
[16.2] D. *Irving*, The German Atom Bomb, Simon and Schuster, New York 1967
[16.3] S. A. *Goudsmit*, Alsos, Henry Schuman, Inc., New York 1947
[16.4] R. *Jungk*, Strahlen aus der Asche, Scherz 1964
[16.5] M. *Hachiya*, Hiroshima-Tagebuch, Hyperion 1955
[16.6] F. *Dürrenmatt*, Die Physiker, Die Arche 1971
[16.7] E. *Heisenberg*, Das Politische Leben eines Unpolitischen, Piper, München 1980
[16.8] J. *Herbig*, Kettenreaktion, Carl Hanser 1976
[16.9] H. *Portisch*, Friede durch Angst, Molden, Wien 1977
[16.10] A. K. *Smith*, Behind the Decision to Use the Atomic Bomb, Bulletin of Atomic Scientists 14, Chicago 1944–1945
[16.11] W. *Craig*, The Fall of Japan, Dell Publishing, New York 1968

17 Häresie, Geheimhaltung und Politik

Es wird berichtet, daß Sie sich im Herbst 1949 und in der Folge vehement gegen die Entwicklung der Wasserstoffbombe eingesetzt hätten: 1. aus moralischen Gründen, 2. mit der Behauptung, dieses Projekt sei nicht realisierbar, 3. mit der Behauptung, es gebe keine ausreichenden technischen und personellen Voraussetzungen für diese Entwicklung und 4. die Wasserstoffbombe sei politisch nicht wünschenswert.

(Vierundzwanzigste Anschuldigung im Verfahren gegen Robert Oppenheimer)

In diesem Kapitel vergleichen wir verschiedene Beispiele für die politische Kontrolle wissenschaftlicher Aktivitäten in der UdSSR und den Vereinigten Staaten. Dabei geht es unter anderem um den Fall Kapitsa, die Lisenko-Affäre, die Zensur des „Scientific American" und den Oppenheimer-Prozeß.

Einleitung

Eine der erfolgreichsten Theaterproduktionen der letzten Jahre war Heinar Kipphardts Drama „In der Sache J. Robert Oppenheimer" [17.4] Wie bereits früher erwähnt, gilt Oppenheimer der wissenschaftlichen Welt als tragischer Held und das Stück präsentiert eine Darstellung seines Verhörs aus dem Jahre 1954. In diesem Verfahren bestand Oppenheimers Tragik darin, daß seiner wissenschaftlichen Beraterrolle ein politischer Mantel umgehängt wurde.

Wie die Oppenheimer-Affäre zeigt, gab es nicht nur unter dem Naziregime politische Einflüsse auf wissenschaftliche Aktivitäten. Auch in den USA und in der UdSSR kam es zu Ereignissen, in deren Folge wissenschaftliche Ergebnisse aus politischen Gründen angezweifelt wurden. In diesem Kapitel werden wir einige Beispiele damaliger politischer Aktivitäten behandeln. In Rußland ging es stets um die Frage nach der Loyalität gegenüber der ideologischen Linie der Regierung. Diese läßt sich am Beispiel des Physikers Peter

Kapitsa und anhand der Lisenko-Affäre aus dem Gebiet der Genetik illustrieren. In den Vereinigten Staaten lag das Problem eher in der Loyalität gegenüber den politischen und militärischen Überzeugungen der Regierung. Dies zeigt sich am Beispiel der Zensur der Zeitschrift „Scientific American" (1950) und am Fall Oppenheimer.

Marxismus und Wissenschaft

Die Wechselwirkung zwischen sowjetischer Wissenschaft und sowjetischer Politik hat seit dem zweiten Weltkrieg eine faszinierende Neubewertung erfahren. Im Jahre 1949 meinte z. B. Lewis Feuer:
„Vielleicht ist das Versagen der sowjetischen Physiker beim Versuch, die westlichen Erfolge in der Atomtheorie und der Atomtechnik zu erreichen, zum Teil auf den verheerenden Einfluß des dialektischen Materialismus zurückzuführen."

Danach kam es aber in rascher Folge zur russischen Atombombe, bald darauf zur Wasserstoffbombe und schließlich startete im Jahre 1957 der Sputnik, der in den USA einen wahren Schock auslöste. Dies zeigt, daß Feuers Behauptung unzutreffend war, und die Fortschritte der sowjetischen Physik können von niemanden mehr bestritten werden. Wie steht es tatsächlich in der UdSSR mit der Wechselwirkung zwischen Wissenschaft und Politik?

Marxismus ist von seinem Inhalt und seinem Charakter her als Beispiel für Wechselwirkungen zwischen Wissenschaft und Politik von besonderem Interesse. Immerhin schrieben Karl Marx und Friedrich Engels ihre Hauptwerke Mitte des 19. Jahrhunderts in England, also in einer Atmosphäre, die mit angewandter Wissenschaft und Technik gesättigt war. Besonders Engels faszinierte die Lektüre wissenschaftlicher Bücher. Die Revolution, die diese beiden Männer auslösten, richtete sich nicht gegen Wissenschaft und Technik, sondern gegen ihren Mißbrauch. Daher ist die zeitgenössische sowjetische Wissenschaftstheorie stark von Pragmatismus beherrscht und orientiert sich vor allem an der Nützlichkeit. Während Plato nur nutzlose Aussagen als wirklich „wahr" betrachtete, hält die sowjetische Theorie nur nützliche Aussagen für wirklich „wahr". Dies richtet sich vor allem gegen das Konzept der Grundlagenwissenschaft. Die vernünftige Feststellung „wir streben nach Wissen, das von unmittelbarem praktischem Wert ist" wurde durch die unvernünftige Behauptung ersetzt: „Wissen besteht aus Vorschlägen, die einen unmittelbaren praktischen Wert haben". Das kommunistische Konzept des dialektischen Materialismus – der Gegensätze, der Kämpfe – schränkt auch die Gültigkeit von Wahrheitstheorien stark ein. Jede wissenschaftliche Arbeit muß zu einer Art von Triumph führen – sowjetische Wissenschaft muß über die Natur siegen. So aber wandelt sich alle wissenschaftliche Arbeit zu einem technischen Einsatz zur Überwindung und nicht zum besseren Verständnis der Natur.

Diese philosophischen Ziele der sowjetischen Wissenschaft führten unvermeidlich zur Forderung, die Wissenschaftler sollten den dialektischen Materialismus auf ihr Arbeitsgebiet anwenden, und danach streben, dieser Philosophie Substanz zu verleihen. Die Wechselwirkung zwischen Wissenschaft und Philosophie wurde als Einbahnstraße dargestellt.

Peter Kapitsa

Bei der Untersuchung der Wechselwirkungen zwischen Wissenschaft und Politik in Rußland stößt man auf eine Schwierigkeit: Häufig mischt sich der ideologische Einfluß mit jenem der reinen Machtpolitik. Tatsächlich wurde vorgeschlagen [17.8, S. 101], daß die Schwierigkeiten nicht in irgendwelchen Mängeln des dialektischen Materialismus zu suchen sind, sondern eher in seinen politischen (nicht philosophischen) Fehlinterpretationen. Als Beispiel für eine solche Vermischung von Philosophie und Machtpolitik soll der Fall des russischen Physikers Peter Kapitsa dargestellt werden. In Rußland im Jahre 1894 geboren, ging er 1921 nach Cambridge, um unter Rutherford zu arbeiten. Sein Spezialgebiet waren die Eigenschaften der Materie bei sehr niedrigen Temperaturen, insbesondere von flüssigem Wasserstoff und Helium. Er war so tüchtig, daß Rutherford für ihn ein eigenes Laboratorium einrichtete. Auch seine Ingenieur-Ausbildung machte ihn in gewisser Hinsicht zu einer einzigartigen Erscheinung, da er jederzeit von kleinen Labor-Experimenten auf großtechnische Produktionen umdenken konnte.

Ende der Zwanziger- und Anfang der Dreißiger-Jahre startete die sowjetische Regierung eine Kampagne, um begabte Emigranten zurückzuholen und natürlich bemühten sie sich auch um Kapitsa. Dieser wollte aber nicht zurückkehren. Dann wurde er 1934 zu einem Besuch nach Rußland eingeladen und Stalin versprach ihm persönlich, daß er wieder ausreisen könne. Sobald Kapitsa aber in Rußland war, wurde sein Ausreisevisum eingezogen und er mußte bleiben. Stalin selbst gab ihm alles, was er benötigte. Der Großteil seines Laboratoriums in Cambridge wurde von der russischen Regierung gekauft, Kapitsa wurde Direktor des Institutes für Probleme der Physik und sogar sein englischer Lieblingstabak wurde importiert. So leistete Kapitsa die Arbeit, die von ihm erwartet wurde: Er entdeckte die Suprafluidität von Helium und errichtete eine Fabrik zur Verflüssigung von Gasen. Er soll sich allerdings geweigert haben, bei der Entwicklung und beim Bau der russischen Atom- und Wasserstoffbombe mitzuarbeiten. Stalin wagte es wahrscheinlich nicht, den großen Wissenschaftler erschießen oder ins Exil schicken zu lassen. Allerdings wurde Kapitsa für einige Jahre unter Hausarrest gestellt. Nach Stalins Tod wurde er wieder in seine alte Sellung eingesetzt und wirkte seither als „großer alter Mann" der russischen Wissenschaft.

Es läge nun nahe zu sagen, daß hier ein Beispiel für die Einmischung der kommunistischen Ideologie in die Wissenschaft vorliegt. Aber tatsächlich handelt es sich eher um ein Zusammentreffen von Stalins Machtpolitik und Kapitsas persönlicher Präferenz für das Leben in England.

Philosophie und Wissenschaft in der UdSSR

Es gibt allerdings auch Beispiele für die direkte Einwirkung der Philosophie auf die Wissenschaft. Opfer solcher Attacken waren z. B. die Relativitätstheorie und die Quantenmechanik sowie die Kybernetik. Sowjetische Philosophen behaupteten häufig, daß einige Teile der bürgerlichen Wissenschaften von Grund auf verdorben sind, und die Relativitätstheorie wurde zu dieser Kategorie gezählt. Im Jahre 1953 publizierte A. A. Maksimov in einer bekannten russischen Philosophie-Zeitschrift die folgenden Bemerkungen:

„Wie wir meinen, muß nicht nur das ganze Einsteinsche Konzept verworfen werden, es muß auch ein anderer Name für das Wort „Relativitätstheorie" eingeführt werden, der auf die Probleme von Raum, Zeit, Masse und Bewegung mit hoher Geschwindigkeit anzuwenden ist." [17.9, S. 184]

In der Folge waren lange Zeit hindurch in Rußland — ebenso wie in Nazideutschland — nur die rein technischen Anwendungen dieser Theorie bekannt.

Auch die Quantenmechanik mußte mit dem dialektischen Materialismus in Konflikt geraten. Immerhin behauptet die Kopenhagener Schule der Quantenmechanik, daß keine Beobachtungsgröße einen eindeutigen Wert besitzt, ehe tatsächlich eine Messung ausgeführt worden ist. Dies widerspricht zumindest im Prinzip der Überzeugung Lenins, wonach ein dialektischer Materialist die vom Geiste unabhängige und getrennte Existenz der Materie anerkennen müsse. Auch hier war Maksimov ein Vorreiter dieser Angriffe und beschuldigte Bohr und andere Wissenschaftler, nicht nur einer Mißdeutung der Physik, sondern auch faktischer Irrtümer. Er schrieb dazu:

„Wir müssen die idealistischen Erfindungen von Niels Bohr und M. A. Markov (einem sowjetischen Verteidiger der Quantenmechanik) entschieden zurückweisen. Nur so können wir unser philosophisches Organ aus dieser Sackgasse herausführen, in die es einige Bereiche unserer Intelligenz hineinlocken wollte, die ohnedies dazu neigen, grundsätzliche Aspekte der marxistisch-leninistischen Ideologie in Frage zu stellen." [17.10]

Eine dritte Auseinandersetzung der Physik mit dem Marxismus erfolgte auf dem Gebiet der Kybernetik, wo es immerhin auch um Wirtschaftspolitik und Regierungsstruktur geht. Kapitsa selbst faßt dieses Problem 1962 so zusammen:

„Im ‚Philosophischen Wörterbuch' (Ausgabe von 1954) heißt es: „Die Kybernetik ... ist eine reaktionäre Pseudowissenschaft, die in den Vereinigten

Staaten nach dem zweiten Weltkrieg entstand und auch in anderen kapitalistischen Ländern weit verbreitet ist; eine Form der modernen mechanistischen Weltsicht." ... Philosophen sollten in die Zukunft voraussehen, und nicht Ansichten wiederholen, die wir schon überwunden haben." [17.1, S. 201]

Zunächst glaubte man, die Kybernetik wegen ihrer mechanistischen Sicht aus den Bereichen der Psychologie, der Pädagogik, der Biologie und der Ökonometrie verbannen zu müssen. Alle diese Bereiche standen unter strenger Kontrolle der kommunistischen Ideologie. Im übrigen wurde die Kybernetik mit den Versuchen des westlichen Kapitalismus, das Proletariat durch die Automation zu ersetzen, in Verbindung gebracht. In neuerer Zeit hat allerdings dieser Wissensbereich auch in Rußland an Popularität drastisch zugenommen. Zumindest teilweise ist dies auf den Einsatz des Computers in der Verwaltung zurückzuführen, der es erlaubt, eine zentrale Planwirtschaft mit den Anforderungen ausreichender lokaler Eigenständigkeit in Einklang zu bringen.

Der Fall Lisenko

Die bisherigen Beispiele illustrieren die Behinderung der Wissenschaft durch die Ideologie. Verglichen mit der Lisenko-Vasilov-Kontroverse über genetische Fragen, erscheinen diese Fälle aber harmlos. N. I. Vasilov leitete nach der Revolution in der UdSSR die landwirtschaftliche Forschung und hatte bis 1935 die sowjetische Genetik an die Weltspitze gebracht. Dann aber griff ihn der Genetiker T. D. Lisenko mit der Unterstellung an, sein Werk stehe im Widerspruch zum dialektischen Materialismus. Vasilov sollte sich „mehr mit dem Leben, der Praxis" beschäftigen. Er „verneige sich sklavisch vor der ausländischen Wissenschaft". In der Folge wurde Vasilov schließlich nach Sibirien verbannt, wo er 1942 starb. Lisenko versuchte mit Hilfe des dialektischen Materialismus zu beweisen, daß es keine stabilen und erbbestimmten Anlagen gibt, die unabhängig von der Umgebung sind; keine „reinen Arten", oder „konstanten Erntetypen". Alle Materie befindet sich in einem permanenten Zustand des Fließens. Folgt man Lisenko, so dominiert die Pflege des Saatgutes über dessen Natur: Neue Sorten können nicht durch selektive Zucht, sondern nur durch sorgsame Pflege zustande kommen. So gesehen, sind zufällige Mutationen ein Feind der Ideologie.

Diese Auseinandersetzung hatte einen sehr praktischen Hintergrund. Vasilov revolutionierte die sowjetische Landwirtschaft, dies allerdings benötigte Zeit. Die sowjetischen Führer verlangten aber rasche Ergebnisse, die ihnen Lisenko versprach. Eines der größten landwirtschaftlichen Probleme Rußlands war damals die Erzeugung von Kartoffeln. Man wollte jede Region des Landes durch Selbstversorgung unabhängig machen. Dies allerdings funktionierte gerade bei der Kartoffelernte nicht. Gesunde Knollen konnten nämlich nur in einem begrenzten Gebiet erzeugt werden. Lisenkos Versprechen, durch eine Veränderung der Saatzeit und durch eine sorgsame Pflege der Kartoffeln in allen Gebieten eigenständige Knollen erzeugen zu können, wurde von Stalin in aller Öffentlichkeit mit großem Beifall aufgenommen. Wie Lisenko behauptete, sei das Verderben einer Kartoffelsaat nicht Folge infektiöser Seuchen, sondern Ergebnis eines Alterungs- oder Schwächerungsprozesses der Pflanze infolge überhöhter Wärme. Nach Lisenkos Version der Genetik sollten anerzogene Eigenschaften der Pflanze vererbt werden können. Da Lisenko nur die besten Ergebnisse seiner Experimente publizierte und Fehlschläge auf Versagen im Management zurückführte, konnte er seine Interpretation viele Jahre aufrecht erhalten. Im Gegensatz zu seinen betrügerischen Statistiken führte diese Politik in Rußland zwischen 1925 und 1958 nur zu einem auf die Flächeneinheit bezogenen 10 %igen Anstieg der Kartoffelernte. (In diesem Zeitraum steigerte sich der amerikanische Ertrag um 13 %.) Lisenkos Theorie wurde schließlich im Jahre 1965 verworfen. Allerdings hatte dieses Beispiel einer Wechselwirkung von politischer Ideologie mit Wissenschaft sehr kostspielige Auswirkungen.

Die Zensur des Scientific American

Nun stellt sich die Frage, ob sich die Vereinigten Staaten hier anders verhalten haben. Tatsächlich gibt es politische Einflüsse auf wissenschaftliche Aktivitäten, allerdings vor allem auf der militärisch-politischen und nicht auf einer philosophisch-politischen Ebene. Da jedoch die Militärs vorgeben, die amerikanische Weltanschauung und Lebensweise zu schützen, ist dieser Unterschied möglicherweise gar nicht so groß.

Ein Beispiel für den politischen Einfluß auf wissenschaftliche Kommunikation findet sich im Jahre 1950. Wie bereits ausgeführt, ordnete Präsident Truman im Januar dieses Jahres die Fortsetzung der Entwicklungsarbeiten an der Wasserstoffbombe an. Mitte März forderte die Atomenergiekommission alle Mitarbeiter dieses Projektes auf, sich jeder öffentlichen Diskussion über „die thermonuklearen Reaktionen im Rahmen des thermonuklearen Waffenprogramms der Kommission" zu enthalten, ganz gleich um welche technischen Informationen es ginge. Damit wollte die AEC

„... die Verbreitung technischer Informationen verhindern, die auch in nicht geschützten Fällen durch die Mitarbeit des Sprechers an konkreten Projekten als Information über das thermonukleare Waffenprogramm interpretiert werden könnte." [17.11, S. 8]

Einige Wochen vorher hatte der Physiker Hans Bethe für die Zeitschrift Scientific American einen Artikel über das neue Wasserstoffbombenprojekt verfaßt, der als Teil einer Spezialserie über Fusionsprozesse erscheinen sollte. Während des zweiten Weltkriegs war Bethe Leiter der Abteilung für Theore-

tische Physik in Los Alamos. Im Jahre 1950 stand er noch als Konsulent bei der AEC unter Vertrag. Selbstverständlich war er bemüht, in diesem Artikel jede all zu hochwertige Information zu vermeiden. Trotzdem bestand die AEC im März auf der Streichung einiger Sätze seines Artikels und ließ die bereits gedruckten 3000 Exemplare des Magazins einstampfen. Dann wurde die „gesäuberte" Version publiziert. Bei den zensurierten Stellen ging es um folgendes:
1. Wie Bethe ausführte, müßte in einer solchen Bombe schwerer Wasserstoff (Deuterium oder Tritium) anstelle gewöhnlichen Wasserstoffs verwendet werden. Diese Information wurde bereits lange vor der Entdeckung der Kernspaltung im Jahre 1930 publiziert. Die Herausgeber des Scientific American veröffentlichten eine analoge Aussage in einem anderen Artikel dieser Reihe.
2. Wie Bethe weiter betonte, müßte der Fusionsprozeß durch eine Spaltungsbombe gezündet werden. Auch dies war eine offensichtliche Folgerung aus dem bereits publizierten Wissen über die für eine Einleitung der Fusion erforderlichen Zündungstemperaturen. Der österreichische Physiker Hans Thirring hatte diesen Aspekt bereits 1946 in einem Buch präsentiert.
3. Bethe stellte ferner fest, daß die Explosion einer Wasserstoffbombe einen Neutronenstrom zur Folge hätte, der ungefähr proportional zu ihrer Explosionskraft ist. Auch diese Information war der Öffentlichkeit bereits in früheren Publikationen präsentiert worden.
4. Ferner strich die AEC einige pessimistische Kommentare Bethes über den Zeithorizont dieser Entwicklungsarbeit, der von ihm mit Jahren statt mit Monaten veranschlagt wurde.

Die AEC rechtfertigte ihre Zensur mit dem Hinweis, hier sei die Quelle wichtiger als der Inhalt selbst: Da Bethe für die AEC arbeite, würden seine Kommentare ernst genommen und mit offiziellen Standpunkten der AEC identifiziert werden. So käme diesen Bemerkungen ein gewisser Enthüllungscharakter zu. Aus diesem Grund sei die gleiche Information, die von den Herausgebern einer separaten Tabelle präsentiert wurde, dort nicht zensuiert worden. Man muß sich allerdings die Frage stellen, ob der behauptete Grund mit den tatsächlichen Intentionen übereinstimmt. Immerhin waren die Russen sicher auch im Besitze dieser Information. So gesehen ging es bei dieser Zensur viel eher um die gewaltigen Auseinandersetzungen, die zu diesem Zeitpunkt in der AEC wüteten. Sollte die Wasserstoffbombe überhaupt gebaut werden? Welche Vor- und Nachteile würden den Vereinigten Staaten daraus erwachsen? War dies der Zeitpunkt, um sich in einem Vernichtungsprogramm zu engagieren? Die AEC wollte sich nicht nur über die technische und moralische Meinung von Wissenschaftlern, wie Bethe, hinwegsetzen, sondern wollte sie durch eine Art von Maulkorberlaß auch davon abbringen, diese Kontroverse an die Öffentlichkeit zu tragen. So konnten die wirklichen Experten davon abgehalten werden, der Öffentlichkeit autorisierte Informationen zu geben. Die Entscheidung über die Entwicklung der Wasserstoffbombe verblieb damit im wesentlichen im Schoße der Truman-Administration. Dies also ist ein Beispiel dafür, wie eine demokratische Entscheidung durch Vermeidung einer öffentlichen Diskussion verhindert werden konnte. Konstruktive Kritik war nicht möglich – nur desinformierte Hysterie. So wurde unter dem Vorwand der militärischen Geheimhaltung politische Geheimhaltung erreicht.

In der Sache J. Robert Oppenheimer

Die Frage der Entscheidung über die Wasserstoffbombe und das Problem der Geheimhaltung stellte sich auch im Zusammenhang mit der „Sache J. Robert Oppenheimer". Wie bereits früher dargestellt, war Oppenheimer während des zweiten Weltkriegs Direktor des Los Alamos-Laboratoriums, wo er zum „Vater der Atombombe" wurde. Nach dem Krieg war er als hochrangiger Berater bei der AEC tätig und führte den Vorsitz im angesehenen „allgemeinen Beratungskomitee". Darüber hinaus war er Mitglied von mindestens 34 anderen Regierungskomitees. In der Folge der heftigen inneren Kämpfe, die sich in der AEC um den Bau der Wasserstoffbombe entzündeten, begann er sich von diesen einflußreichen Positionen zurückzuziehen und widmete sich seiner Position als Direktor des Institute for Advanced Studies in Princeton.

Im Dezember 1953 erhielt er einen Brief mit 24 konkreten Vorwürfen. Seine Befähigung zur Mitarbeit in der AEC wurde bestritten und die Genehmigung zur Einsicht in Dokumente mit höchstem Geheimhaltungsgrad eingezogen. Die Verhöre über die konkreten Anschuldigungen wurden im April 1954 für drei Wochen angesetzt und die Ergebnisse wurden als Bericht mit dem Titel „In der Sache J. Robert Oppenheimer" publiziert: Dies war kein Gerichtsverfahren im üblichen Sinn. Es wurde nur entschieden, daß sich Oppenheimers Einsichtnahme in Geheimdokumente mit den Sicherheitsinteressen der Vereinigten Staaten nicht vertrage. Der Vater der Atombombe wurde zum „Sicherheitsrisiko". Die ersten 23 Vorwürfe beschäftigten sich mit Oppenheimers Verbindungen zu Kommunisten und Sympathisanten der Kommunisten, vor allem während seiner Beschäftigung in Los Alamos. Wie Oppenheimer selbst zugab, war er wahrscheinlich vor dem Krieg Mitglied jeder denkbaren kommunistischen Vorfeldorganisation, allerdings nicht der Partei selbst. Die diesbezüglichen Vorwürfe hatte General Groves vor der Einstellung Oppenheimers in Händen. Sie waren zum Zeitpunkt der Ausstellung aller früheren Genehmigungen bekannt. Die 24. Anschuldigung beginnt wie am Eingang dieses Kapitels zitiert. Dann heißt es weiter:

„Wie ferner berichtet wurde, haben Sie auch nach der endgültigen Entscheidung, die Wasserstoffbombe im Interesse der nationalen Politik weiter zu entwickeln, gegen dieses Projekt laufend opponiert und sich der bedingungslosen Mitarbeit entzogen." [17.12, S. 24]

Diese Beschuldigung beruht darauf, daß Oppenheimer gegen die Wasserstoffbombe auftrat, solange sie technisch nicht realisierbar erschien. Oppenheimers Einschätzung seiner eigenen Rolle beim Bau der Atombombe und der Wasserstoffbombe wird anhand des folgenden Wortwechsels offensichtlich, den er beim Verhör mit dem AEC-Vertreter Roger Robb führte:

Robb: Widersetzen Sie sich wegen moralischer Skrupel einem Abwurf der Atombombe über Hiroshima?
Oppenheimer: Wir setzten unsere —
Robb: Meine Frage ging nach „Ich", nicht nach „Wir".
Oppenheimer: Ich legte meine Ängste und Gegenargumente dar.
Robb: Heißt das, daß Sie gegen den Abwurf der Bombe auftraten?
Oppenheimer: Ich legte meine Argumente gegen den Abwurf dar.
Robb: Den Abwurf der Atombombe?
Oppenheimer: Ja, aber ich habe nichts unterzeichnet.
Robb: Sie haben also nach Ihrer eigenen Darstellung drei oder vier Jahre lang Tag und Nacht mit großem Erfolg an der Atombombe gearbeitet und waren dann gegen ihren Einsatz?
Oppenheimer: Nein. Ich argumentierte nicht gegen den Einsatz, ich wurde vom Kriegsministerium nach den Ansichten der Wissenschaftler gefragt. Und ich habe die Gründe dafür und die Gründe dagegen angegeben.
Robb: Aber Sie haben den Abwurf der Bombe auf Japan unterstützt. Nicht wahr?
Oppenheimer: Was meinen Sie mit unterstützt?
Robb: Haben Sie nicht bei der Auswahl des Zielpunktes mitgewirkt?
Oppenheimer: Ich habe die Arbeit getan, die man von mir erwartet hat. Schließlich traf ich in Los Alamos keine politischen Entscheidungen. Ich hätte auch Bomben einer anderen Form gebaut, wenn dies technisch möglich gewesen wäre.
Robb: Sie hätten auch die thermonukleare Waffe gebaut, nicht wahr?
Oppenheimer: Ich konnte es nicht.
Robb: Danach habe ich Sie nicht gefragt, Herr Doktor.
Oppenheimer: Ich hätte daran gearbeitet.
Robb: Wenn Sie in Los Alamos die thermonukleare Waffe entwickelt hätten, hätten Sie sich so verhalten. Wenn Sie sie hätten entwickeln können, hätten Sie dies ebenfalls getan, oder nicht?
Oppenheimer: Ja, gewiß." [17.12, S. 153 f.]

Offensichtlich betrachtete er sich als mehr oder weniger leidenschaftslosen Berater, der seine Empfehlungen und Meinungen zu Aufgaben bekanntgab und die gewünschten Apparate fern aller politischen Fragen entwickelte. Die große Mehrheit der Physiker unterstützte ihn dabei, mit Ausnahme Edward

Tellers. Sie alle waren der Meinung, man könne einen Mann nicht wegen seiner Meinung verurteilen. Bush formulierte dies so:

„Meiner Meinung nach kann diese Sonderanklage als Gerichtsverfahren gegen die standhafte Meinung eines Mannes interpretiert werden. Dies widerspricht dem amerikanischen System zutiefst und ist eine furchtbare Sache. Wenn ich herumhöre, stoße ich überall auf die energische Meinung, daß hier ein Mann wegen seiner ausgeprägten Ansichten und seinem couragierten Auftreten an den Pranger gestellt wird. Wenn wir in diesem Land jemals jenen Punkt erreichen, wo wir uns dem russischen System annähern, dann besitzen wir nicht die geringste Voraussetzung, die freie Welt auf dem Weg zu den Vorzügen der Demokratie anzuführen." [17.12, S. 38]

Und Rabi sagte:

„Ein sehr unglücklicher Vorgang, zu dem es niemals hätte kommen dürfen. ... Da war er nun einmal. Er war Konsulent und wenn man ihn nicht konsultieren will, dann soll man es lassen, und damit Punktum. Warum soll man aber die Aufhebung seiner Zulassung betreiben und alle diese Dinge machen? Er ist nur da, wenn er gerufen wird – und das ist alles. Das scheint mir nicht ausreichend, um dieses Vorgehen gegen einen Mann zu rechtfertigen, der das zustande gebracht hat, was Dr. Oppenheimer zustande gebracht hat. Es gibt eine ganze Reihe von wirklich hervorragenden und grandiosen Ergebnissen. Was will man mehr? Das alles ist eine furchtbare Angelegenheit." [17.12, S. 235]

Aber Teller gab zu Protokoll, daß er Oppenheimer für nicht vertrauenswürdig halte und daß Oppenheimers negative Ansichten den Fortschritt der Wasserstoffbombe gebremst habe. (Für diese Zeugenaussage wurde Teller einige Zeit hindurch von seinen Kollegen geächtet.)

Am Ende des Verhörs wurde empfohlen, Oppenheimers Sicherheitszulassung zu widerrufen:

1. „Wir stellen fest, daß Dr. Oppenheimers fortgesetztes Verhalten und seine Beziehungen eine ernste Mißachtung der Sicherheitserfordernisse widerspiegeln.
2. Wir haben einen Grad an Empfänglichkeit für bestimmte Einflüsse festgestellt, der für die Sicherheitsinteressen des Landes sehr ernste Auswirkungen haben kann.
3. Wir halten seinen Einfluß auf das Wasserstoffbombenprogramm für in einem Ausmaß störend, daß sich die Frage erhebt, ob sich seine weitere Teilnahme an einem nationalen Verteidigungsprogramm der Regierung mit den Sicherheitsinteressen vereinbaren läßt.
4. Wir mußten mit Bedauern feststellen, daß Dr. Oppenheimer in einigen Punkten seiner Aussage vor diesem Gericht weniger als offen war." [17.12, S. 184]

Der Manager der Atomenergie-Kommission pflichtete bei:

„Nach der Entscheidung des Präsidenten legte Oppenheimer nicht jene enthusiastische Unterstützung für das Wasserstoffbomben-Programm an den Tag, die vom obersten Berater der Regierung unter diesen Umständen zu erwarten gewesen wäre. Hätte er dieses Programm mit Begeisterung vorangetrieben, so hätte es bereits zu einem früheren Zeitpunkt umfassende Aktivitäten gegeben. So gesehen, wurden unabhängig von den dafür maßgeblichen Gründen, die Sicherheitsinteressen der Vereinigten Staaten jedenfalls beeinträchtigt." [17.12, S. 243]

Oppenheimer arbeitete nie wieder für die Regierung. Doch klang die nationale Hysterie über die Wasserstoffbombe und um die Sicherheit langsam ab. 1958 stimmten die Vereinigten Staaten einer Diskussion mit den Russen über einen Test-Sperrvertrag zu. Und wie das Weiße Haus am 22. November 1963 bekanntgab, wurde Oppenheimer von Präsident Kennedy persönlich mit dem Fermi-Preis, der höchsten nationalen Auszeichnungen auf dem Gebiet der Kernforschung, geehrt. Als Präsident Kennedy am Nachmittag desselben Tages ermordet wurde, übernahm Präsident Johnson diese Verpflichtung mit den Worten: „Eine der wichtigsten Entscheidungen Präsident Kennedys war die Verleihung dieses Preises."

Die Verurteilung Oppenheimers erfolgte offensichtlich nicht auf der Basis von Tatsachen, sondern wegen vergangener Beziehungen und ehemals geäußerter Meinungen. Hinter dem Verhör steht der verhängnisvolle Streit um die Wasserstoffbombe. Es ging gar nicht um einen Mangel an Zuverlässigkeit, sondern nur um jene „enthusiastische Unterstützung, die vom obersten Atomberater zu erwarten sei". Daß es Oppenheimer an diesem Enthusiasmus fehlen ließ, führte schließlich zum Entzug der Genehmigung für den Einblick in Geheimpapiere. Die wissenschaftlichen und technischen Gründe für seine mangelnde Begeisterung standen gar nicht zur Diskussion.

Zusammenfassung

Einzelfälle einer Verfolgung von Wissenschaft und Wissenschaftlern aus politischen Gründen gibt es in der UdSSR und in den USA. Dabei gingen die Forderungen so weit, daß wissenschaftliche Tatsachen sich an einer Philosophie, an einer militärischen Situation oder an der Notwendigkeit technischer und wissenschaftlicher Resultate orientieren sollten, ohne daß die Erreichbarkeit solcher Resultate ernsthaft diskutiert wurde. Gehen die Probleme aber einmal über die Schaffung einer technischen Grundhaltung hinaus, werden einmal die wissenschaftlichen Tatsachen selbst bestritten, dann kommt es natürlich zu einem Konflikt mit der Grundlage der Wissenschaft, mit dem Konsenskonzept. Weltanschauungen und militärisch-politische Systeme sind ihrer Natur nach nicht auf Konsens abgestellt. Sie können daher eine wissenschaftliche Wahrheit nicht beeinflussen, ohne sich selbst oder die Wissenschaft zu beeinträchtigen. Weltanschauungen und politische Systeme erscheinen unsinnig, wenn sie durch Fakten widerlegt werden können. Wird die Wissenschaft einem derartigen Systen untergeordnet, dann werden Fachleute mit unterschiedlichen nichtwissenschaftlichen Ansichten vielleicht nicht einmal mehr über den Inhalt ihres Faches übereinstimmen.

Waren also die Gründe für die Verfolgungen in den Vereinigten Staaten so grundsätzlich anders, als jene für die Aktionen gegen Kapitsa, Einstein oder Vasilow? Eigentlich nicht. Von unterschiedlichen Ideologien ausgehend, wurde unter dem Deckmantel einer bestimmten technischen Nutzung der Wissenschaft jeweils das Konsenskonzept in Frage gestellt. Als Wissenschaftler die technische Beratung der amerikanischen Regierung übernahm, mußten sie — wie Oppenheimer — für ihren Einfluß auch bezahlen. Dieses unentrinnbare Schicksal, der Preis für die Faustische Gewalt, machte Oppenheimer zum tragischen Helden der Wissenschaft.

Fragen

1. „Wie die Geschichte der Wissenschaft zeigt, kann auch eine irrige philosophische Theorie zu Einsichten führen, die die Entwicklung der Wissenschaft in einem bestimmten Zeitraum vorantreiben." Tatsächlich hat sich unter dem Einfluß des dialektischen Materialismus die russische Wissenschaft so stark entwickelt, daß sie heute eine Herausforderung für die alten Wissenschaftszentren, etwa in den USA darstellt. Allerdings besteht die Gefahr, daß die gleiche philosophische Theorie in der Folge zu einem Hindernis für die weitere Entwicklung der Wissenschaft wird. In welchem Stadium befindet sich Rußland heute?
2. Gibt es wesentliche Unterschiede zwischen den Unterdrückungsmaßnahmen in der UdSSR und in den USA?
3. Thirrings Buch über die Fusionsbombe aus dem Jahre 1946 war in Österreich unbeschränkt erhältlich und wurde trotzdem in den Vereinigten Staaten wegen seines geheimen Inhalts nicht für den Import zugelassen. Warum?
4. Vor kurzem wurde vorgeschlagen, daß alle Personen, die in den amerikanischen Waffenlaboratorien arbeiten, von hauptberuflicher wissenschaftlicher Lehrtätigkeit ausgeschlossen sind. Ist das vernünftig?

Literatur zu Kapitel 17

[17.1]   A. Perry, Peter Kapitsa on Life and Society, Simon and Schuster New York 1968.
[17.2]   D. Jarovsky, „The Lysenko Affair", Scientific American 207, 1962.
[17.3]   J. B. S. Haldane, Marxist Philosophy and the Sciences, George Allen and Unwin, London 1939.
[17.4]   H. Kipphardt, In der Sache J. Robert Oppenheimer, Suhrkamp, Frankfurt a. M. 1972.
[17.5]   P. Goodchild, J. Robert Oppenheimer, British Broadcasting Corp. London 1980.
[17.6]   L. Kolakowski, Hauptströmungen des Marxismus, Band III, Piper, München 1979.
[17.7]   G. Wetter, Der Dialektische Materialismus, Herder, Wien 1952.
[17.8]   G. Fischer, Hrsg. Science and Ideology in Soviet Society, Atherton Press, New York 1967.
[17.9]   A. Vavoulis and A. W. Colver, Hrsg., Science and Society, Holden-Day, San Francisco 1966.
[17.10] L. Graham, Quantum Mechanics and Dialectical Materialismen, The Slavic Review 25, 1966.
[17.11] G. Piel, Science in the Cause of Man, Alfred A. Knopf, New York 1962.
[17.12] C. P. Curits, The Oppenheimer Case – The Trial of Security System, Simon and Schuster, New York 1955.

18 Der Mann am Mond

Prometheus hat einst die heilige Flamme aus dem Himmel entwendet und sie den Menschen als Geschenk auf die Erde gebracht; und heute reitet der Mensch auf einem flammenden Flugkörper zurück in die Wohnung der Götter. Welche göttlichen Kräfte bleiben uns noch zu entdecken – und zu erforschen?

(Arthur Clarke)

Dieses Jahrhundert hat die Herrschaft über die Natur angestrebt und hat Tod, Vernichtung, Verschmutzung hervorgerufen. Nun ist dieses Jahrhundert von der Idee besessen, daß der Mensch das Prinzip seines Lebens zu den Sternen hinaustragen muß. Dieses war das seelenvernichtendste und apokalyptischeste von allen Jahrhunderten.

(Norman Mailer)

Wir wollen hier die wichtigsten Gründe analysieren, die für die Realisierung des amerikanischen Mondprogrammes entscheidend waren. Dabei geht es uns nicht um die aktuellen Ziele der heutigen Raumforschung, die wir viel besser an Hand der heutigen Programme darstellen könnten. Wir wollen am Fall „Apollo" exemplarisch und heute schon aus historischer Sicht die Entscheidungsvorgänge rund um ein derartiges Monsterprojekt beleuchten, das aus zwei Gründen noch zusätzliches Interesse verdient: Zum ersten ist der Flug zum Mond ein mindestens jahrhundertealter Menschheitstraum, der die Phantasie zahlreicher Literaten und Wissenschaftler inspiriert hat; und zum anderen war die menschliche Mondlandung für die amerikanische Nation ein wichtiges politisches Ziel im Wettkampf der Weltmächte, von dessen Verwirklichung sich die damalige Regierung der Vereinigten Staaten Impulse für ein neugestärktes Selbstbewußtsein der Amerikaner erhoffte. Etwas überspitzt formuliert, ergaben sich die wissenschaftlichen und technologischen Nebenprodukte des Apolloprogrammes als „Abfall" einer großen politischen Anstrengung, in deren Dienst sich viele der besten Köpfe Amerikas gestellt hatten.

Einleitung

Über die Reise zum Mond phantasieren ganze Berge von Literatur, sie war schon immer ein Traum der Menschheit. Einer von den vielen Träumern war Cyrano de Bergerac, ein Dichter des 17. Jahrhunderts. Edmond Rostand beschreibt in seinem Theaterstück aus dem Jahre 1897 einige der Vorschläge, die Cyrano für die Reise zum Mond präsentiert hatte:

Doch entlieh
Nichts von des Regiomontanus Possen,
Noch vom Archytas
Selbständig hab ich mir den Weg erschlossen!
Sechs Mittel hab ich, himmelwärts zu fliegen.
Erstens könnt' ich splitterfasernackt,
Den Leib mit kleinen Flaschen rings bepackt,
Die voll vom Nass der morgendlichen Au,
So lang behaglich in der Sonne liegen,
Bis ihre Glut mich aufsaugt mit dem Tau.
Zweitens, ich überliste
Die Luft, damit sie hinter Schloß und Riegel
Zum Flug mir dient, nachdem durch glüh'ne Spiegel
Ich sie verdünnt in einer Cederkiste.
Dann, als Feuerwerker von Beruf
Laß ich durch starke Flammen von Salpeter
Auf einem Stahlgeschoß, das ich mir schuf,
Mich schleudern in den himmelblauen Äther.
Dann in einer Kugel samml' ich Rauch;
Er steigt empor, und ich natürlich auch.
Phöbus saugt gern Ochsenmark; ich reibe
Mich damit ein: das weitre wie zuvor.
Endlich: Fest auf eine Eisenscheibe
Gestellt, werf ich ein Stück Magnet empor.
Da der Magnet verfolgt wird von dem Eisen,
Dient er mir zur Erreichung meines Zwecks;
Ich werf ihn schnell von neuem und kann reisen,
So hoch und weit ich irgend wünsche.
Und schließlich: Die Flut! —
Ich nahm zur Stunde, wo der Mond die Wogen
Anzieht, ein Seebad, und als ich am Strand geruht,
ward ich, das Haupt voraus, emporgezogen,
Weil ja das meiste Wasser in den Locken
Zu haften pflegt. So schweb' ich sanft hinan
Gleich einem Engel. Da, zum Tod erschrocken,
Spürt' ich 'nen Ruck. Und dann ... [18.4]

Nicht alles davon ist realisierbar. Manche Vorschläge lassen außer acht, daß zwischen der Erde und dem Mond Vakuum herrscht; andere verletzen den Impulssatz; der Grundgedanke des Rakenantriebs hat sich allerdings als richtig herausgestellt.

Am 16. Juli 1969 landete der Mensch am Ziel seiner Träume und setzte seinen Fuß auf den Mond. In diesem Kapitel wollen wir diskutieren, warum das geschah. Die wichtigste Frage stellt sich hier zweifellos im Zusammenhang mit jener Rolle, die der Wissenschaft bei der Apollo-Entscheidung und bei der Durchführung des Programmes zukam.

Die Geschichte des Raumfahrtprogrammes

Eine der konkretesten und in ihren Fiktionen faszinierendsten Beschreibungen der Reise zum Mond findet sich in Jules Vernes „Von der Erde zum Mond und rund um den Mond". Seine Darstellung enthält viele konkrete Details, aber auch einige wichtige Irrtümer. Die Fluchtgeschwindigkeit, die zur Erreichung des Mondes benötigt wird, ist korrekt mit rund 11 km pro Sekunde angegeben. Allerdings wird diese Geschwindigkeit bei Jules Verne mit Hilfe der Kanone „Columbiad" erzielt, deren Länge nur 300 m beträgt. Um mit einer solchen Kanone die Fluchtgeschwindigkeit zu erreichen, müßte das Projektil beim Abschuß im Kanonenrohr die 20 000-fache Erdbeschleunigung erhalten. Man stelle sich vor, wie es einem Astronauten ergeht, der plötzlich 1500 Tonnen wiegt. Während des Jules Verne-Fluges stirbt der Hund an Bord und wird im Raum begraben; und wie Verne korrekt feststellt, fliegt sein Körper friedlich neben dem Schiff einher. Falsch ist es jedoch, wenn der Astronaut einmal auf dem Boden und dann wieder auf dem Plafond der Raumkapsel einherwandelt, anstatt im freien Fall dahinzuschweben.

Die Verwirklichung all dieser Vorstellungen ist nicht zuletzt das Verdienst einiger realistischer Träumer, die ihr ganzes Leben diesem Ziel gewidmet haben. In den Vereinigten Staaten war es Dr. Robert Hutching Goddard, der bereits im Jahre 1908 mit Raketen zu spielen begann und teilweise vom Smithsonian Institut in Washington unterstützt wurde. Sein russisches Pendant war der Visionär Konstantin Eduardovich Tsiliakovsky. In Deutschland inspirierten Hermann Oberth und Willy Ley die Ingenieure des Landes, sich mit dem Raketenbau zu beschäftigen, der bereits 1930 von der Armee finanziell unterstützt wurde. Dieses Programm führte zur Entwicklung der sehr erfolgreichen V2-Geschosse. (Bezeichnenderweise wurde im Jahre 1944 einer der wichtigsten Mitarbeiter des deutschen Projektes, Wernher von Braun, von der Gestapo verhaftet: Man beschuldigte ihn, im Widerspruch zur absoluten Priorität der militärischen Ziele, den Raumflug als Hauptaufgabe des Raketenprogrammes zu verfolgen. Schließlich mußte Hitler persönlich intervenieren, um von Braun aus dem Gefängnis zu befreien.)

Bild 18-1 Wie eine zeitgenössische Zeichnung zeigt, erinnert die Bergungsaktion für Jules Vernes Raumschiff sehr stark an die heutigen Methoden.

Es war nicht einfach, diese frühen und eher unbeholfenen Anstrengungen bis zur zeitgenössischen Raumfahrttechnik weiterzuentwickeln. Anfang 1945 wurden von Braun und seine Mitarbeiter in den Süden Deutschlands gebracht, noch bevor die Russen das Raketenlaboratorium in Peenemünde besetzten. Als von Braun seine Gruppe der amerikanischen Armee unterstellen wollte, wurde er zunächst abgewiesen; deutsche Kräfte hatten sich nämlich dort einzuordnen, wo sie zuletzt stationiert gewesen waren: Demnach wäre die Raketengruppe den Russen „zugefallen". Schließlich transferierte man jedoch die Forscher im Rahmen der „Operation Paperclip" in die Vereinigten Staaten. Dort war nun ein ungeheures Wissen über Raketentechnik verfügbar. Trotzdem bedurfte es eines politischen Schocks, um den Anstoß für das amerikanische Raketenprogramm zu geben. Der Report des National Advisory Committee of Aeronautics (NACA, Vorgänger der NASA) an die Luftwaffe widmet im Jahre 1959 dem „Satelliten als konkreter Möglichkeit" nur einen einzigen Satz. Wie der Direktor der NASA, Dr. Hugh Dryden, später zugab: „Wir waren relativ konservative Ingenieure. Im Jahre 1953 habe ich festgestellt, daß ein Satellitenfahrzeug nunmehr durchaus realisierbar erscheine und daß die Reise zum Mond innerhalb der nächsten 50 Jahre erfolgreich sein könnte". Dr. Theodore von Karman sagte: „Ernsthafte Versuche, ein Raumschiff zu bauen, sollten die Entwicklung einer nuklearen Rakete abwarten". Für das internationale geophysikalische Jahr 1958 planten die Vereinigten Staaten eine Versuchsreihe mit Hilfe der wissenschaftlichen Vanguard-Satelliten.

Dann kam am 4. Oktober 1957 der Sputnik I. Die erste Reaktion der Amerikaner war abfällig: So sagte der Chef der Marineoperationen Admiral Arleigh Burke: „Ein Eisenstück kann fast jeder in den Himmel schießen". Und der Präsidentenberater Clarence Randall spottete: „Ein dummes Spielzeug". Irgendetwas mußte die Eisenhower-Administration allerdings unter dem wachsenden öffentlichen Druck tun; als ersten Schritt ernannte man Dr. James R. Killian, den Präsidenten des MIT, zum offiziellen Wissenschaftsberater des Präsidenten. Unter dem Vorsitz von Senator Lyndon B. Johnson schlug ein Unterkomitee des Senats die Einrichtung einer unabhängigen Raumfahrtbehörde vor. Die Reaktion der wissenschaftlichen Gemeinde war zwiespältig: Einerseits fürchtete man eine Verlagerung der Forschungsmittel auf die Raumfahrt und die Reduzierung anderer wichtiger Forschungszweige; andererseits wollte man den Militärs die Raumfahrt nicht allein überlassen. So forderte die Nationale Akademie der Wissenschaften im Januar 1958 die Gründung einer gemeinsamen Institution für die wissenschaftliche Erforschung des Weltraumes. Um mit Dr. Dryden zu sprechen:

„Der wesentliche Grund für unseren Vorschlag einer neuen zivilen Behörde liegt auf der Hand. Verständlicherweise fürchten die Wissenschaftler, daß im Rahmen eines rein militärischen Programmes die nichtmilitärischen Aspekte der Raumforschung zu kurz kommen oder überhaupt verloren gehen". [18.1]

Schnell wurde ein NASA-Gründungsgesetz vorgelegt, um in dieser Frage einer Verschwörung der Militärs mit dem Kongreß vorzubeugen. Jedenfalls war das Militär nun in der Lage, im Rahmen des Büros für höhere Forschungszwecke einen Teil der Raumforschungsmittel an sich zu ziehen. Gleichzeitig war den Wissenschaftlern durch die Einrichtung eines Nationalen Rates für Aeronautik und Raumfahrt die totale Kontrolle über die NASA entzogen. Dieser Rat wurde auch vom Verteidigungsministerium beschickt und sollte den Präsidenten im Hinblick auf das Raumfahrtprogramm beraten. Der Einfluß der Wissenschaftler war angesichts ihrer Mißerfolge beim Vanguard-Programm reduziert. Zum einen waren sie nicht in der Lage, für den raschen Start eines Satelliten zu sorgen, zum anderen erkannten sie offensichtlich nicht alle politischen Implikationen des Raumfahrtprogrammes.

Als Präsident Eisenhower das Raumfahrtbudget einschränken wollte, blieb auch die NASA für einige Zeit auf einem niedrigen Investitionsniveau. Zunächst konzentrierte man sich auf die Konstruktion der Saturnrakete und auf die Weiterverfolgung des Mercury-Programmes für bemannte Umlaufsatelliten. Dann kam Präsident John F. Kennedy. Er wollte zunächst ebenfalls das bemannte Raumfahrtprogramm nicht intensivieren. Angesichts der Armut in West-Virginia bewegte ihn die Frage: „Könnt ihr für die Erde nicht eine andere Rasse erfinden, die irgend etwas Gutes tut?" Aber Vizipräsident Johnson trat massiv für die Raumfahrtforschung ein. „Wollen Sie, daß die Vereinigten Staaten zu einer zweitrangigen Nation absinken?" Diese Frage richtete Johnson an die Mitglieder des NASA-Rates. Er wollte das Mondlandungsprogramm zum nationalen Ziel erklären; die Alternativen einer Raumstation oder eines bemannten Fluges rund um den Mond schienen nicht eindrucksvoll genug, da sehr bald bedeutende russische Erfolge erwartet wurden. Dann brach über Amerika die fehlgeschlagene Kuba-Invasion herein und bald darauf Yuri Gagarins 89-minütige Erdumkreisung.

Das Apollo Mond-Programm

Mit folgenden Worten verkündete Präsident John F. Kennedy am 25. Mai 1961 vor dem Kongreß das Mondprogramm:

„Wenn wir die weltweite Schlacht zwischen Freiheit und Tyrannei gewinnen wollen, dann sollten wir aus den dramatischen Fortschritten der Raumfahrt − wie etwa aus dem Sputnik-Start des Jahres 1957 − gelernt haben, welche Auswirkungen dieses Abenteuer allerorts auf den Geist der Menschen gehabt hat. Nun ist es Zeit, größere Schritte zu machen − Zeit für ein großes und neues amerikanisches Unternehmen − Zeit für diese Nation, in der Raumforschung eine klare Führungsposition einzunehmen und auf diese Weise den Schlüssel für die Zukunft unserer Erde zu ergreifen.

Wir wissen, welche Startvorteile die Sowjets mit ihren großen Raketen haben, und wir wissen um die Wahrscheinlichkeit, daß sie diese Führungsposition einige Zeit hindurch dazu ausnützen werden, eindrucksvolle Erfolge zu erzielen. Nichtsdestotrotz müssen wir in unserem eigenen Interesse entsprechende Bemühungen starten. Wir können zwar nicht garantieren, daß wir eines Tages die ersten sein werden; aber wir können garantieren, daß das Versagen bei diesem Programm uns zu den letzten machen wird.

Es geht uns dabei aber nicht nur um ein Wettrennen, denn der Raum steht uns offen; und unsere Ungeduld, ihn zu entdecken, hängt nicht von den Bemühungen anderer ab. Wir schicken uns an, in den Weltraum zu gehen, weil dies ein Menschheitsunternehmen ist, an dem der freie Mensch teilhaben muß.

Wie ich meine, muß diese Nation bis zum Ende des Jahrzehnts das Ziel einer menschlichen Mondlandung und einer gesicherten Rückkehr erreichen. Kein anderes Raumprojekt wird in dieser Zeit für die Menschheit eindrucksvoller sein oder gleich wichtig für die langfristige Erforschung des Raumes; und kein Projekt wird in seiner Realisierung so schwierig oder so teuer sein.

Ich sage ganz klar, daß ich den Kongreß und das Land um eine massive Unterstützung für dieses neue Aktionsprogramm bitte; ein Programm, das uns viele Jahre beschäftigen und beträchtliche Kosten verursachen wird. Wenn wir auf halbem Wege stehenbleiben oder angesichts von Schwierigkeiten zaghaft werden, dann sollten wir erst gar nicht antreten.

So glaube ich, daß wir uns auf den Weg zum Mond machen sollten. Ebenso wie die Mitglieder des Kongresses sollte jeder Bürger dieses Landes bei der Urteilsbildung sehr sorgfältig vorgehen. Wir haben dafür viele Wochen und Monate benötigt; immerhin ist es eine schwere Aufgabe und es wäre sinnlos, wenn wir in der Sehnsucht übereinstimmen, daß die Vereinigten Staaten im Weltraum eine starke Position haben müssen, und wenn wir nicht gleichzeitig für diese Arbeit gerüstet sind und die Bereitschaft haben, jene Lasten zu tragen, die allein dieses Programm erfolgreich machen können!"

Immerhin wurden für die Raumforschung im Anschluß an diese Rede recht beträchtliche Mittel ausgegeben: bis 1970 waren es rund 40 Milliarden Dollar für die NASA. Dazu kommt noch ein vergleichbarer Betrag für die militärische Raumfahrt (Spionage-Satelliten usw.). Allein das Apollo-Mondprogramm hat etwa 25 Milliarden Dollar gekostet. Sein Maximum erreichte das NASA-Budget im Jahre 1965 mit 5,2 Milliarden Dollar. Seit damals sind – nach der erfolgreichen Mondlandung – die Ausgaben stetig zurückgegangen. Das Geld für das Apollo-Programm kam verschiedenen Regionen des Landes zugute. An seinem Höhepunkt waren im Rahmen des Projektes 300 000 Menschen beschäftigt. Auf Cape Kennedy in Florida arbeiteten 23 000 Leute, die über eine halbe Milliarde Dollar verdienten. Für diese Region war das nach dem Fremdenverkehr und der Produktion von Zitrusfrüchten der drittgrößte Wirtschaftszweig. Die Michoud-Saturn-Raketenfabrik in Louisiana beschäftigte 11 000 Personen; dann gab es noch die Bay

Saint Louis-Teststation in Mississippi und schließlich das Houston-Zentrum für die bemannte Raumfahrt mit 13000 Leuten sowie das Marshall Space-Flight-Center in Huntsville, Alabama.

Dieser Aufwand und die eingesetzten Mittel brachten das Mondlandungsprogramm zu einem erfolgreichen Abschluß. Die Schwierigkeiten, die Leonard Wibberly in seinem Buch „Die Maus auf dem Mond" vorhergesehen hatte, traten nicht ein (1965 sollte eine Rakete der „Duchy of Grand Fenwick", getrieben vom Wein des letzten Jahres, auf dem Mond landen.):

„Gott schütze die Fürstin Gloriana XII. Möge sie ewig leben". Mit diesen Worten hißte Vincent die Flagge und drängte die Mannschaft auf den bimssteinartigen Stein der Böschung. Kaum hatte er dies getan, fiel ein Hagel von Zinnkannen aus dem Himmel auf ihn herunter, als ob die Erde seinen Spruch gehört hätte. Leere Dosen von Bier, Bohnen, Frankfurtern, Sauerkraut, Kondensmilch und Coca-Cola, Glastöpfe für Kokosbutter, gesalzene Heringe und Traubengelee – also all der Mist, den er während seiner 9-tägigen Reise aus der Rakete geworfen hatte. All das ratterte nun herunter und begrub ihn und die Fahne unter einem Berg von Unrat.

„Verflucht" schrie Vincent und bahnte sich den Weg aus diesem Hügel. „Wer hat das getan?" „Du" sagte Kokintz, „das ist der ganze Mist, den Du aus der Rakete geworfen hast." Er blickte traurig auf den widerlichen Haufen. „Auch ohne Fahne", sagte er, „ist es klar, daß Leute von der Erde hier waren". [18.3]

War das Raumfahrtprogramm gerechtfertigt?

Nun, nachdem das Geld ausgegeben ist und das Ziel der Mondlandung erreicht wurde, bleibt die Frage: Warum sind wir zum Mond geflogen, was hat uns die Reise tatsächlich gebracht? Bei der Beurteilung dieser Frage muß man sorgfältig zwischen den Ergebnissen der unbemannten und jenen der bemannten Raumfahrt unterscheiden.

Das unbemannte Raumfahrtprogramm kann mit rationalen Argumenten begründet werden. Die wissenschaftlichen Erfolge liegen auf der Hand:
a) Die Satelliten haben uns neue Informationen über die Erde gebracht.
b) Die Satellitenteleskope haben uns ebenso wie die Proben von Mond, Mars und Venus hautnahe Informationen über das Sonnensystem geliefert.
c) Wir wissen heute mehr über den Weltraum als je zuvor und
d) physiologische Tierversuche haben uns Kenntnisse über die medizinischen Aspekte des Raumfluges gebracht.

Die technischen und ökonomischen Ergebnisse lassen sich leicht zusammenfassen. Wir haben heute die Satellitenkommunikation. Wettervorhersagen sind wesentlich verbessert worden (nach den Schätzungen des National Aeronautic Space Council helfen die Wettersatelliten heute durch ihre Beobachtungen, auf den Gebieten der Landwirtschaft, der Wasserfindung und der Oberflächenbewegung jährlich rund 6 Mrd. Dollar einzusparen). Und es gibt zahlreiche technische Nebenprodukte, deren industrielle Verwertung die NASA vorangetrieben hat: Hoch- und tieftemperatur-resistente Überzüge, feuerfeste Materialien, Nuklearbatterien und superminiaturisierte Elektronikkomponenten. Das militärische Satellitenprogramm ist hier ebenfalls zu erwähnen; heute sind U-2-Aufklärungsflüge überflüssig. Fotosatelliten nehmen das Gelände auf, werfen den Film zur Erde ab, wo er von hochfliegenden Flugzeugen aufgefangen wird. Das Auflösungsvermögen dieser Spionagesatelliten erreicht heute bereits den Zentimeterbereich.

Das bemannte Raumprogramm läßt sich wesentlich schwerer begründen. Die Entscheidung für das Apollo-Projekt hatte mehrere Wurzeln. Vordergründig ging es um die wissenschaftliche Erforschung des Mondes; und tatsächlich haben die durchgeführten Experimente viele Informationen über die Entstehung des Mondes und der Erdoberfläche geliefert. Angesichts der Anstrengungen um die Sicherheit der Astronauten blieb allerdings beim Apollo-Programm wenig Raum für die wissenschaftlichen Ziele; anstelle einer profunden Flugausbildung hätte man der wissenschaftlichen Qualifikation des Raumfahrtpersonals höhere Bedeutung beimessen sollen.

So ist es verständlich, daß die wissenschaftliche Gemeinde damals nach gelungener Mondlandung deutliche Präferenzen für die Fortführung des unbemannten Raumprogramms an den Tag legte, mit dessen Hilfe man bei geringeren Kosten und Risiken rascher zu neuen Erfolgen kommen konnte, als dies mit Hilfe von Astronauten möglich ist. An der Grenze zwischen bemanntem und unbemanntem Raumflug bewegt sich in gewisser Hinsicht das Space-Shuttle-Programm, in dessen Rahmen mit Hilfe von bemannten Raumfähren zu ökonomisch günstigen Bedingungen eine Vielzahl von Instrumenten auf Satellitenbahnen gebracht werden kann.

Aus ökonomischer Sicht hat das Apollo-Programm bestimmten Regionen des Landes finanzielle, bildungsmäßige und industrielle Impulse gebracht. Diese hätten allerdings auch durch ein anderes technisches Programm erreicht werden können. Was die militärischen Ziele betrifft, so haben die Vereinigten Staaten mit der Mondlandung einen Teil ihrer Vorstellungen realisiert; militärische Überraschungen aus dem Weltraum können heute verhindert werden, der Mond ist als militärisch neutrales Terrin deklariert worden; allerdings hätte man eine solche Vereinbarung auch ohne die Mondlandung abschließen können.

So ging es also beim Apollo-Programm vor allem um das internationale Prestige und um das nationale Selbstvertrauen der Vereinigten Staaten; Präsident John F. Kennedy wollte ein nationales Ziel stecken und auf diese Weise jenen Pessimismus bekämpfen, der seine Ursache in den russischen Raumerfolgen und im militärpolitischen Debakel der Kuba-Invasion hatte. Tatsächlich konnten diese Ziele aus internationaler Sicht erreicht werden. Es muß für die ganze Welt wohl sehr eindruckvoll gewesen sein, in welcher Art diese Aufgabe angekündigt und dann in technologisch perfekter Weise gelöst wurde. Dem inneren Druck nach Realisierung eines technologischen Meisterstückes konnte so entsprochen werden. Die Einigung des Landes konnte aber auch durch diesen Erfolg nicht erreicht werden. Stattdessen kam es zu heftigen Diskussionen, ob für ein derart technisches und ,,inhumanes" Unternehmen solche Summen investiert werden sollen, während die sozialen Bedürfnisse des Landes immer unlösbarer erscheinen. Der Kontrast zwischen dem Astronautenbuch ,,First on the moon" und Norman Mailers ,,Of a Fire on the Moon" ist fast unglaublich. Im übrigen hat sich in den Vereinigten Staaten seit 1969 soviel geändert, daß für eine Mehrheit der heutigen Amerikaner die Mondlandung wahrscheinlich gar kein besonderes Abenteuer mehr ist.

Zusammenfassung

Das interessanteste am Apollo-Projekt ist nicht die Frage nach dem erreichten Erfolg, sondern nach den Gründen für dieses Unternehmen, die vor allem in den russischen Raumerfolgen liegen. Hätte man der NASA wissenschaftliche Ziele gesetzt, so wäre die Entwicklung wahrscheinlich langsamer, aber auch ausgewogener verlaufen. Im übrigen hätte man sich wohl auf unbemannte Flüge konzentriert. Angesichts des Wunsches, Amerika als erste Nation auf den Mond zu bringen, mußten allerdings die Wissenschaftler und deren Ziele an die 2. Stelle treten.

1961 ging es um Impulse für das Wirtschaftsleben, um eine spektakuläre technische Leistung und um die Wiederherstellung von internationalem Prestige. All dies konnte erreicht werden. Seit damals allerdings haben sich die sozialen Prioritäten Amerikas verlagert und die Ziele der Raumfahrt scheinen nicht mehr so wichtig wie seinerzeit. Nur so ist es zu erklären, daß die NASA im Augenblick des größten Erfolges an nationaler Unterstützung eingebüßt hat und daß das Raumprogramm eher zur Polarisierung als zur Einigung der Nation beitrug. Aus heutiger Sicht wurden die Gründe für die Mondflug-Entscheidung wahrscheinlich nicht präzise genug analysiert; und vielleicht entdecken wir erst jetzt, daß wir gar nicht um jeden Preis als erste an dieses Ziel gelangen wollten.

Fragen

1. Warum wollte der Mensch schon immer auf den Mond? Sind die Gründe dafür mit dem technischen und unprosaischen Weg verträglich, auf dem wir dieses Ziel erreicht haben?
2. Wernher von Braun hat im Dienste der Militärs gearbeitet, um das Mondprogramm zu verwirklichen. Hatte er eine andere Wahl?
3. War der Mondflug als technisches Programm notwendig?
4. Ist es vernünftig, wenn ein nationales Ziel ohne angemessene Analyse der ökonomischen und sozialen Konsequenzen, sozusagen auf gut Glück, realisiert wird?

Literatur zu Kapitel 18

[18.1] *D. W. Cox*, Americas's New Policy Makers: The Scienticts Rise to Power, Childton Books, New York 1962
[18.2] *H. Wright* and *S. Rapport*, Hrsg. To the Moon! Meredith Press, New York 1968
[18.3] *L. Wibberly*, The Mouse on the Moon, Bantam Books, New York
[18.4] *E. Rostand*, Cyrano de Bergerac, Relam, Stuttgart

Bildquellenverzeichnis

Bild 1-1   Copyright © 1965 by A. Michael Noll
Bild 5-1   Photo von Jon H. Gardey
Bild 5-2   © Walt Disney Productions
Bild 8-1   The Bettmann Archive, Inc.
Bild 11-1 Aus Camille Flammarions *La Fin du Monde,* Paris, 1894; S. 115
Bild 12-1 Sidney Harris
Bild 13-1 Museum Bogmans-van Beuningen, Rotterdam
Bild 13-2 Bernard S. Myers
Bild 13-3 Yale University Art Gallery, Schenkung der Collection Société Anonyme
Bild 13-4 Collection of the Museum of Modern Art, Ney York, Hillman Periodicals Fund
Bild 13-5 Collection of the Museum of Modern Art, New York, Mrs. Simon Guggenheim Fund
Bild 14-1 Akademie der Künste, Berlin
Bild 15-1 United Press International
Bild 15-2 United States Atomic Energy Commission
Bild 16-1 United States Atomic Energy Commission

Facetten der Physik

herausgegeben von Prof. Dr. Roman Sexl

Bisher erschienene Bände:

Band 1	Weber/Mendoza, Kabinett physikalischer Raritäten
Band 2	Boltzmann, Populäre Schriften
Band 3	Marder, Reisen durch die Raum-Zeit
Band 4	Gamov, Mr. Tompkins' seltsame Reisen durch Kosmos und Mikrokosmos
Band 5	Kuhn, Die Kopernikanische Revolution
Band 6	Voigt, Physicalischer Zeit-Vertreiber
Band 7	Ziman, Wie zuverlässig ist wissenschaftliche Erkenntnis?

„Naturwissenschaft kümmert sich nicht um Philosophie: Sie versucht nicht, ihre Wahrheit zu erklären (Alfred North Whitehead)." Woher sie allerdings ihre Glaubwürdigkeit und Zuverlässigkeit bezieht, darüber machen sich zunehmend auch Naturwissenschaftler Gedanken. „Wie zuverlässig ist wissenschaftliche Erkenntnis?' Das ist Thema und Titel eines erkenntnistheoretischen Kompendiums des amerikanischen Physikers John Ziman, das jetzt in der Reihe „Facetten der Physik" des Vieweg-Verlags erschien.
Wie bei den sechs vorangehenden „Facetten" (alle von R. Sexl herausgegeben) gehen hier fachkundige Information und anregende Darstellung Hand in Hand. Das zeigt sich an einer (auch in der Übersetzung) bildreichen Sprache, die trotz einer Fülle von Fachausdrücken nichts an Klarheit und Lebendigkeit eingebüßt hat.

(Spektrum der Wissenschaft)

Facetten der Physik

herausgegeben von Prof. Dr. Roman Sexl

Band 8   Schilpp, Einstein als Philosoph und Naturforscher — Eine Auswahl

Band 9   Born, Physik im Wandel meiner Zeit

Band 10 Selleri, Die Debatte um die Quantentheorie

Band 11 Baumann/Sexl, Die Deutungen der Quantentheorie

Band 12 Forman/von Meyenn, Quantenmechanik und Weimarer Republik (1984)

Band 13 Lichtenberg, Aphoristisches zwischen Physik und Dichtung

Band 14 Fraunberger/Teichmann, Das Experiment in der Physik

Band 15 Pauli, Physik und Erkenntnistheorie

Band 16 Schroeer, Physik verändert die Gesellschaft? Die gesellschaftliche Dimension der Naturwissenschaft

Band 17 Franks, Polywasser. Betrug oder Irrtum in der Wissenschaft?

MIX
Papier aus verantwortungsvollen Quellen
Paper from responsible sources
FSC® C105338

If you have any concerns about our products,
you can contact us on
ProductSafety@springernature.com

In case Publisher is established outside the EU,
the EU authorized representative is:
**Springer Nature Customer Service Center GmbH
Europaplatz 3, 69115 Heidelberg, Germany**

Printed by Libri Plureos GmbH
in Hamburg, Germany